SCHÄFFER
POESCHEL

Roswita Königswieser
Alexander Exner

Systemische Intervention

**Architekturen und Designs
für Berater und Veränderungsmanager**

Unter Mitarbeit von Gesellschaftern
und Kooperationspartnern der
Beratergruppe Neuwaldegg
sowie anderer Beratungsfirmen

9. Auflage 2006 – Sonderausgabe 2019

2019
Schäffer-Poeschel Verlag Stuttgart

Systemisches Management

Für unsere geduldigen und anregenden Partner Hella und Reinhard

Bibliografische Information der Deutschen Nationalbibliothek
Die Deutsche Nationalbibliothek verzeichnet diese Publikation in der Deutschen Nationalbibliografie; detaillierte bibliografische Daten sind im Internet über http://dnb.dnb.de abrufbar.

Print: ISBN 978-3-7910-4322-7 Bestell-Nr. 20347-0002
ePub: ISBN 978-3-7910-4324-1 Bestell-Nr. 20347-0100
ePDF: ISBN 978-3-7910-4323-4 Bestell-Nr. 20347-0151

Roswita Königswieser/Alexander Exner
Systemische Intervention – Architekturen und Designs für Berater und Veränderungsmanager
9. Auflage 2006 – Sonderausgabe 2019

www.schaeffer-poeschel.de
service@schaeffer-poeschel.de

Produktmanagement: Dr. Frank Baumgärtner
Januar 2019

Schäffer-Poeschel Verlag Stuttgart
Ein Tochterunternehmen der Haufe Group

Inhalt

Danksagung

Wir haben vielfachen Dank auszusprechen.

Ohne die Beiträge der „Neuwaldegger“ Kollegen und die unserer Netzwerkpartner fehlte die Vielfalt.

Ohne Michaela Schenkermayers und Kerstin Rommels Konsequenz beim Schreiben, beim Stichwörter- und Suchbegriffe-Erstellen, beim Organisieren usw. wäre nicht alles so reibungslos verlaufen.

Ohne Herrn Rathgebs Engagement und Kreativität wäre das Buch nicht in diesem Verlag erschienen.

Ohne Nora Stuhlpfarrers Sprachgefühl, Geduld, Genauigkeit und jahrelange Lektoratserfahrung mit uns wären die Designs und Fallbeschreibungen wie „Kraut und Rüben“, ohne einheitlichen Guß und sicher unverständlich.

Wir danken den Kollegen, dem Team und allen Netzwerkpartnern!

1 Einleitung

Es gibt kaum ein Unternehmen, das nicht durch die atemberaubenden Veränderungen seines Umfelds gezwungen wäre, selbst Prozesse einzuleiten, die den Wandel zu verarbeiten helfen und das Lernenlernen unterstützen. Nicht nur Berater, auch immer mehr Manager stehen vor der Frage: Auf welche Weise können wir intervenieren, um den Prozeß der Identitätsveränderung – sei es in Form von Rationalisierung, Prozeß-, Kunden- und Teamorientierung oder mit Hilfe genereller Entwicklungsprozesse – zu unterstützen?

Als Berater und Begleiter komplexer Veränderungsprozesse, als Weiterbildner und Supervisoren versuchen wir seit Jahren, auf Basis des systemischen Paradigmas Konzepte, Architekturen und Designs zu entwickeln, die fruchtbare Impulse in soziale Systeme setzen.

Wir führen seit Mitte der achtziger Jahre Langzeitgruppen für bereits professionell tätige Berater wie auch zunehmend für in verschiedensten Funktionen tätige Menschen, die für die Gestaltung von Veränderungsprozessen verantwortlich sind. Durch diese systemischen Langzeitgruppen sind wir gezwungen, unsere Interventionsstrategien zu begründen und Prinzipien und Haltungen zu vermitteln. Wir lernen aus eigenen Fehlern wie aus den Erfahrungen anderer. Den Wunsch der Teilnehmer, einen Blick in unsere „Schatzkiste" zu werfen, verstehen wir gut, weil wir dieses Bedürfnis früher selbst hatten, es aber nie befriedigen konnten.

Wir haben uns entschlossen, dieses Buch zu machen, weil wir gelernt haben, daß die Weitergabe von Wissen intelligenter, Wissen für sich zu behalten aber dumm macht. Wir wollen mit diesem Buch Beratern und Veränderungsmanagern Anregungen geben. Wir wollen Mut machen, eigene Lernarchitekturen zu entwickeln. Die wirkungsvollsten Interventionen sind solche, die „Herzen öffnen" und somit Strukturveränderungen tragen.

Natürlich sind Interventionen weder bezüglich ihres Verlaufs noch hinsichtlich des Resultats genau vorhersehbar, folglich immer riskant. Also gibt es auch keine Erfolgsgarantie, weder genaue Rezepte noch strenge Richtlinien. Mit der Präsentation der von uns ausgewählten Interventionen wollen wir die Intuition – den künstlerischen Aspekt unseres Berufs – in den Vordergrund stellen. Nur von Hypothesen geleitet, müssen wir Projektarchitekturen vorschlagen und Designs entwerfen. Den Ausschlag gibt letztlich die Haltung, wenn wir eine Intervention setzen.

Ein Buch kann wohl kaum die Haltung, das Erleben, die Bedeutung der Arbeit an sich selbst und die Reflexion im Beraterstaff vermitteln. Aber die

Lektüre kann ein Streifzug durch das Labyrinth der systemischen Interventionspraxis sein.

Wenn wir eine Reise in ein interessantes Land unternehmen, bemühen wir uns, die charakteristischen Landschaften zu durchqueren, die „typischen" Leute kennenzulernen und die signifikanten Sehenswürdigkeiten zu besichtigen, um die Eigenheiten des Landes zu erfassen. Woran denken wir etwa bei Südspanien? An Mauren? Juden? Spanier? Die Alhambra? An Gärten? Tapas? An die Sonne? Paradores? Enge Gassen? Zistrosen? Stierkampf? Dieser Vielfalt entsprechend, wird die Reiseroute individuell sehr unterschiedlich gestaltet sein.

So verhält es sich auch mit den in die Auswahl aufgenommenen Interventionen – es handelt sich um unsere sehr subjektive Selektion. Was war uns wichtig? Vielfalt, Buntheit, persönliche Nähe zu den Mitautoren aus unserem Beraternetzwerk, gute Erfahrungen. Interventionstechniken, die bereits vielfach veröffentlicht sind – z. B. zirkuläres Fragen, Splitting oder Skulpturen, Aufstellungen, Bilderzeichnen usw. –, haben wir nicht aufgenommen, sondern als vierten Punkt in Kapitel 2 kurz dargestellt.

Dieses Buch versteht sich nicht als Lehrbuch, nicht als Nachschlagewerk, sondern quasi als Fotoalbum, als Bericht von einer für uns spannenden Reise.

Die Anwendungsfelder könnten die Regionen sein, in denen man sich als Berater in Veränderungsprozessen befindet – Situationen, in denen Fragen auftauchen. Wir haben 50 Berater und Veränderungsmanager befragt, welche Begriffe ihr Interesse und ihre Neugierde erwecken, und haben danach unsere Anwendungsfelder entwickelt.

Wir alle, die wir versuchen, Entwicklungs- und Veränderungsprozesse mitzugestalten, wissen, daß wir immer wieder ungewöhnliche, auch emotional überraschende Wege beschreiten müssen, um ein Heraustreten aus Routinen zu beschleunigen, um Bewegung in Systeme zu bringen – Strukturveränderungen allein genügen nicht.

In diesem Sinn wollen wir mit diesem Buch einen Beitrag zur Professionalisierung von Entwicklungsprozessen, aber auch zur Freude und zum Spaß am Experiment hinsichtlich dieser und noch zu kreierender Interventionen leisten.

2 Systemische Intervention in der Beratung

Roswita Königswieser, Alexander Exner, Jürgen Pelikan

Einleitung

Wir versuchen mit diesem Kapitel zu klären, was systemische Intervention für uns ist. Wir nähern uns dieser Thematik von einer theoretischen Seite und entwerfen ein Modell, setzen aber auch gleichzeitig aus der systemischen Beratungserfahrung praktische Beispiele dazu in Beziehung. Anliegen dieses Kapitels ist es auch, die in der Praxis oft intuitiv getroffenen Interventionsentscheidungen in einen systematischen Bezugsrahmen zu stellen. Unsere Weiterbildungsaktivitäten mit systemisch orientierten KollegInnen und vor allem deren Fragen haben uns dafür wichtige Impulse gebracht.

Was verstehen wir unter **systemischer Intervention** im Rahmen einer **Organisationsberatung**? Mit Willke (1987, S. 333) verstehen wir unter **Intervention** eine zielgerichtete Kommunikation (d. h., eine bestimmte Wirkung beim Kommunikationspartner wird in das Kalkül der Kommunikation einbezogen) zwischen psychischen und/oder sozialen Systemen, in der die Autonomie des intervenierten Systems respektiert wird. **Systemische Intervention** könnte eine zielgerichtete Kommunikation genannt werden, in der man sich der prekären Ausgangslage des Versuchs der wirkungsvollen Beeinflussung eines autonomen sozialen Systems bewußt ist.

Systemtheoretisch aufgeklärte Interventionsstrategien zeichnen sich demnach vor allem dadurch aus, daß sie das Risiko von Interventionen in autonome Systeme klarer bestimmen, stärker eingrenzen und deshalb wohl eher tragbar machen (Willke 1987, S. 357).

Mit **Organisationsberatung** meinen wir eine professionelle, vertraglich geregelte Fach- oder Prozeßberatung von Organisationen durch außenstehende Einzelberater oder Beratungsfirmen. **Systemische Intervention in der Organisationsberatung** bedeutet dann zielgerichtete beraterische Kommunikation in Organisationen – wobei diese als soziale Systeme begriffen werden und der gesamte Prozeß der Beratung methodisch unter Gesichtspunkten der modernen Systemtheorie reflektiert und angeleitet wird.

Aus der Beobachterperspektive unterscheiden wir Interventionen

- von bloßem Verhalten: Die Berater gehen zum Seminarraum, begrüßen die Teilnehmer, ziehen sich einen wärmeren Pullover an – diese Tätigkeiten sind keine Interventionen;
- von anderen Handlungen: Das Anstellen des Videogerätes, das Austeilen von Metaplankärtchen usw. sind keine Interventionen;
- und von Handlungen, die dem Aufbau des Beratungssystems dienen.

Das Setting beim Erstgespräch dient dazu, eine tragfähige Beziehung zwischen Klientensystem und Beratersystem herzustellen, und nicht der Entwicklung des Klientensystems.

Aus dem Blickwinkel der Klienten dagegen kann fast jedes Verhalten der Berater als beabsichtigte Intervention interpretiert werden. Allein durch die mit den Beratern assoziierten Funktionszuschreibungen können Phantasien mobilisiert werden, die fast jedes Verhalten der Berater als „interventionsverdächtig" erscheinen lassen. Fragen wie „Was bedeutet das? Was wollen uns die Berater damit sagen?" laufen meist permanent mit.

Wir jedoch bezeichnen Beraterhandlungen nur dann als Interventionen, wenn sie am Klientensystem orientiert sind und eine bestimmte Wirkung erzielen wollen, was voraussetzt, daß vor den Interventionen vom Beratersystem Hypothesen über die Situation und die gewünschte Wirkung der Interventionen gebildet wurden. Dieser Begriff von Intervention unterscheidet sich von einer linearen Vorstellung von Eingreifenkönnen, Verändernkönnen. Wir gehen davon aus, daß lebende Systeme nur in ihren tradierten, spezifischen Mustern reagieren können. Gleichzeitig meinen wir mit Willke, daß jedes System „Druckpunkte und Stellen" hat, auf die es sensibel reagiert (Willke, 1992). Grundsätzlich sollen durch Interventionen Impulse für eine Weiterentwicklung des Klientensystems gegeben werden: Freiräume für Handlungsalternativen, Strategien und Entscheidungen sollen vergrößert und Energie soll deblockiert werden.

Oft wird die traditionelle Form der Betriebsberatung mit einem chirurgischen Eingriff verglichen, der systemische Ansatz mit der homöopathischen Methode. Beide Bilder sind einseitig – es geht vielmehr darum, die Selbstheilungskräfte und Energien eines Systems zu mobilisieren. Aber auch Berater, die sich dem systemischen Ansatz zugehörig fühlen, setzen nicht nur systemische Interventionen – im engeren Sinne –, sondern häufig auch sehr linear orientierte. Systemische Interventionen sind vor allem dann zweckmäßig, wenn es in einer Organisation zu „rigiden Schleifen", d. h. zu über lange Zeit nicht veränderbaren, sich stets wiederholenden Mustern, die vom System als dysfunktional erlebt werden, kommt.

Ein Beispiel dafür: In einem Großunternehmen wird der Marketingvorstand innerhalb kürzester Zeit zum vierten Mal neu von außen besetzt. Jedesmal wird der neue Vorstand am Anfang als großer Experte herzlich willkommen geheißen. Nach einiger Zeit treten Zweifel an seinen Branchenkenntnissen auf, und kurz darauf muß er gehen. Was wird wohl mit dem fünften Marketingvorstand, der selbstverständlich von außen besetzt werden muß, weil es keine entsprechende interne Persönlichkeit gibt, geschehen?

Der Vorteil von Beratern liegt vor allem darin, mit anderen Vorstellungen die Wirklichkeitskonstruktionen und Selbstbeschreibungen der Organisation und ihre Handlungen zu beobachten und daraus Interventionen abzuleiten (Wimmer, 1992). Aus der Differenz zwischen der eigenen und der fremden Sicht kann das System Informationen ableiten, die zu Entwicklungsimpulsen führen, die wieder schöpferisches Verhalten ermöglichen (Bernd Schmid, 1987). Dieser Effekt tritt dann ein, wenn sich die Problemlösungskapazität des Systems insgesamt steigert und alternative Selbstentwürfe möglich werden (Wimmer 1992).

Die an der Beratung beteiligten sozialen Systeme

Überblick

Bei der Organisationsberatung lassen sich drei Typen von sozialen Systemen, die den Beratungskontext konstituieren, unterscheiden: das Klientensystem (KS), das sich beraten läßt, das Beratersystem (BS), das die Beratung durchführt, und das Beratungssystem (BKS), ein neuer, gemeinsamer Kontext, der von den beiden genannten Systemen eigens eingerichtet werden muß, damit Beratung wirksam stattfinden kann. Sind der Klient und der Auftraggeber einer Beratung nicht identisch, so ist der Auftraggeber als zusätzliches eigenständiges System zu berücksichtigen. Der Auftraggeber ist vor allem bedeutsam für die Rahmenbedingungen des Beratungssystems (Zielsetzungen, Ressourcen, Terminsetzungen). Auftraggeber werden von uns aber nicht als Teil des BKS, sondern als eine seiner relevanten Umwelten angesehen. Alle drei (bzw. vier) Systeme sind im Regelfall soziale Systeme vom Typus Organisation (Ausnahmen: Einzelberater oder einzelne Personen als Auftraggeber).

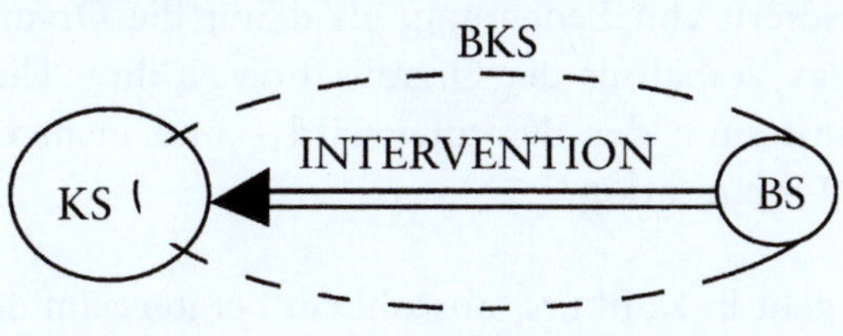

Die an der Beratung beteiligten sozialen Systeme

Gemeinsamkeit

Folgt man der modernen Systemtheorie, wie sie in den beiden letzten Jahrzehnten in der Biologie (Maturana, Varela), in der Erkenntnistheorie (v. Förster) bzw. in der Soziologie (Luhmann, Willke) entwickelt wurde, so lassen sich die an der Beratung hauptsächlich beteiligten Organisationen folgendermaßen qualifizieren: Es handelt sich gleichermaßen um Systeme

- im Gegensatz zu Umwelten, und zwar
- um komplexe – im Gegensatz zu einfachen;
- um autonome bzw. autopoietische und damit auch
- um selbstreferentielle – im Gegensatz zu trivialen oder heteronomen;
- um soziale – im Gegensatz zu maschinellen, organischen oder psychischen und
- um Organisationen – im Gegensatz zu Interaktionssystemen, Gruppen, Netzwerken, funktionalen Teilsystemen oder Gesellschaften.

Was bedeuten diese Kennzeichnungen, und welche Konsequenzen haben sie für Interventionen in diese Arten von Systemen? Statt mit der Differenz Teil/Ganzes arbeitet die moderne Systemtheorie mit der Differenz System/Umwelt. Im Gegensatz zu Umwelten haben Systeme Grenzen und weisen hinsichtlich ihrer Strukturen und Prozesse Ordnung auf.

Für Beratung folgenreich sind zunächst die Grenzen der beiden involvierten Systeme. Berater gehören in dieser Betrachtungsweise gleichermaßen zur Umwelt von potentiellen Klienten, wie diese Teil der Umwelt von Beratern sind.

Beide müssen durch den Abschluß eines Beratungsvertrags zunächst zur für sie wechselseitig relevanten Umwelt definiert werden. Die Grenzen der beiden Organisationen müssen dann durch die Einrichtung von geeigneten intermediären Beratungsstrukturen und -prozessen zumindest prinzipiell für gegenseitige Beobachtungen und Kommunikationen durchlässig gemacht werden.

Inhaltlich ist der Wechsel von Teil/Ganzes zu System/Umwelt als Beobachtungsdifferenz insofern von Bedeutung, als damit die Organisation in ihrer Umwelt bzw. das Verhältnis der Organisation zu ihrer Umwelt zum Thema und Erfolgskriterium der Beratung wird – und nicht einfach die innere Ordnung der Organisation.

Beispiel:

Ein Unternehmen geht in Konkurs, obwohl ein Beraterteam das Zusammenwirken von Arbeitsvorbereitung und Produktion wesentlich besser organisiert hat. Leider hat diese Strategie nicht geholfen, die Erwartungen der relevanten Umwelten – Kunden und Banken – zu befriedigen.

Für alle drei in der Beratung involvierten Typen von sozialen Systemen gilt in der Regel, daß sie komplex sind. „Als komplex wollen wir eine zusammenhängende Menge von Elementen bezeichnen, wenn auf Grund immanenter Beschränkungen der Verknüpfungskapazität der Elemente nicht mehr jedes Element jederzeit mit jedem anderen verknüpft sein kann." (Luhmann, 1984, S. 46).

Was heißt das für den Beratungsprozeß und für beraterische Interventionen?

Das heißt auf der Ebene von Beobachtungen: Diese Systeme können weder durch sich selbst noch durch Außenbeobachter vollständig beschrieben oder modelliert, sondern nur (hoch)selektiv erfaßt werden – mit allen Risiken, die das beinhaltet. Ein Mittel der Risikominimierung ist – zumindestens auf seiten der Berater – eine adäquate Organisationstheorie. Ein anderes ist arbeitsteilige Teamarbeit und Intervision der Berater zur Erzeugung und Verbindung unterschiedlicher Beobachterperspektiven hinsichtlich ein und desselben Klientensystems. Eine für Beobachter methodisch höchst bedeutsame Strategie zur Komplexitätsreduktion ist das aktive Fragenstellen an Repräsentanten des Klientensystems – also kommunikative Interventionen – statt passiven Beobachtens im Alltagssinn.

Für Interventionen heißt das: diese können immer nur hypothetisch ins relative System-Dunkel erfolgen und müssen aufgrund ihrer – auch nur begrenzt erfaßbaren – Folgen für das System Schritt für Schritt überprüft und modifiziert werden. Das heißt natürlich auch: Einfach-universelle Erfolgsrezepte für Veränderungen sind für komplexe Systeme nicht möglich, sondern nur iterative, maßgeschneiderte – und dennoch riskante – theoriegeleitete Interventionen.

Die beteiligten Systeme sind autopoietisch und selbstreferentiell. Autopoiese im Falle sozialer Systeme heißt mit Willke (1987, S. 336): „Die operative Schließung eines sozialen Systems zu einem autopoietischen ist also dann gegeben, wenn die ablaufenden Kommunikationen sich an den (vorausgegangenen) Kommunikationen dieses Systems orientieren, d. h. sich bilden als Reaktion auf Kommunikationen, die sich im System ereignet haben." Nach Maturana können diese strukturdeterminierten, selbststeuernden Systeme von Umweltereignissen nur zu eigenen Operationen angeregt oder angestoßen, nicht aber determiniert werden (Maturana nennt diese Art der Umweltbeziehung „strukturelle Kopplung").

Was heißt das für Organisationsberatung? Es gibt keine einfachen, direkt „steuernden“ bzw. determinierenden Interventionen von Beratern in eine von ihnen beratene Organisation. Das System spielt nur seine eigene Melodie und kann nur seine eigene Musik hören. Sogar für Manager mit Linienfunktionen ist in Frage zu stellen, inwieweit sie ihre Mitarbeiter bzw. Organisationen direkt steuern können. Für Berater wird nicht nur die Problemadäquatheit, sondern auch die operative Anschlußfähigkeit und das Irritationspotential zur Voraussetzung für den Erfolg von Interventionen.

Besonderheiten

Das Klientensystem

Die Systeme, d. h. Organisationen, Firmen, Unternehmen oder Teile von diesen, die im Kontext eines Beratungsauftrags zu Klientensystemen werden, existieren zunächst unabhängig vom Beratungskontext. Hinsichtlich Branche (z. B. Industrie, Handel, Dienstleistung, Non-Profit), Größe, Zielsetzung, Verhaltensmuster und Struktur gibt es beträchtliche Unterschiede innerhalb der potentiellen Klientensysteme. In der Regel nimmt nur eine Auswahl der in einer Gesellschaft existierenden Organisationen – und diese auch nur für bestimmte Phasen ihrer Entwicklung – die Rolle des Klienten in einem Beratungssystem ein.

Man kann davon ausgehen, daß man als externer Berater so „behandelt“ wird, wie es das System grundsätzlich gewohnt ist, seine Beziehungen zu gestalten. Man spürt schon beim Erstkontakt, ob z. B. Vertrauen und Verbindlichkeit vorhanden sind, ob Respekt oder Abwertung, Mißtrauen und Unverbindlichkeit in den Verhaltensmustern reproduziert werden. In einem Wirtschaftsunternehmen wird man die Logik des Kosten-Nutzen-Denkens zu spüren bekommen, in Non-Profit-Organisationen ist man häufig mit politischen Überlegungen oder Moral konfrontiert (Wimmer 1992).

Eine interessante Frage ist es, ab welchem Zeitpunkt ein System sich selbst als Klientensystem versteht. Ist es das bereits bei der Diskussion darüber, ob ein Berater(system) eingesetzt werden soll, beim Bekanntwerden mit dem Beratersystem, beim Angebot oder erst beim Vertragsabschluß? Dieselben Fragen stellen sich natürlich auch für das Beratersystem. Unserer Meinung nach ist aus Sicht des Beratersystems das Klientensystem vom Erstkontakt an als ein solches zu definieren.

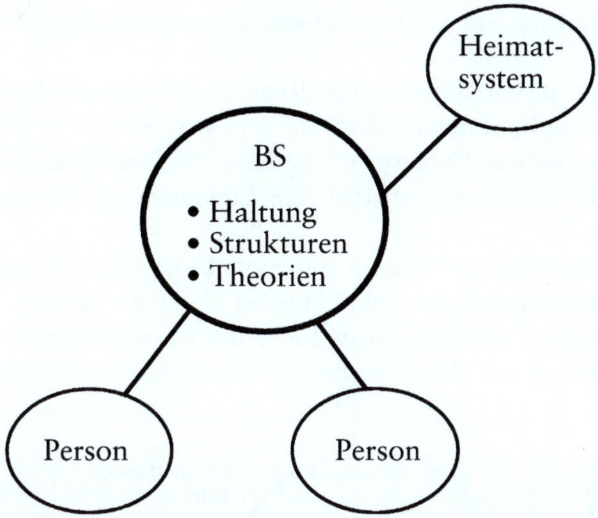

Das Beratersystem (BS)

Das Beratersystem

In dem einen möglichen Grenzfall besteht das Beratersystem aus einem einzelnen Berater, der als Experte Beratungen durchführt, im anderen haben sich mehrere Beratungsfirmen zusammengeschlossen, um gemeinsam zu arbeiten.

In der Regel bilden mehrere Berater einer Beratungsfirma ein Team, um gemeinsam einen bestimmten Auftrag hinsichtlich eines Klientensystems zu bearbeiten. Bei Beratungsfirmen handelt es sich um Expertenorganisationen, die auf kommunikative Dienstleistungen spezialisiert sind und je nach Größe und Struktur mehr team- oder mehr organisationsartig operieren.

Zur Beschreibung des Beratersystems möchten wir drei Dimensionen, nämlich Haltung, Theorien und Strukturen, sowie zwei relevante Umwelten, nämlich Personen und Heimatsystem, heranziehen.

Haltung

Sind Menschen und Organisationen lernfähig? Wie steuerbar sind Systeme? Wieviel Veränderung kann ein System verkraften? Wieviel Nähe können Berater zum Klienten entwickeln? Wann ist die Beratung ein Erfolg?

Hinter diesen Fragen stehen Annahmen, Haltungen und Werte, die Prämissen für das beraterische Vorgehen bilden.

Systemische Beratung läßt sich nach unserem Verständnis durch folgende Punkte skizzieren:

- Interventionen sind nur Impulse, aus denen das KS das macht, was es machen kann. Die Einflußmöglichkeit ist sehr begrenzt.
- Berater können nur den Widerspruch bezüglich Verändern und Bewahren öffnen. Das Klientensystem trifft die Entscheidung, wie es damit umgeht, selbst.
- Alles hat seine Funktion in Relation zum Sinn. Es ist hilfreich, nach dem Guten im Schlechten und dem Schlechten im Guten zu fragen.
- Die Definition von Funktionalität ist Sache des Klientensystems.
- Für das BS geht es um das permanente Durchlaufen der Reflexionsschleife:

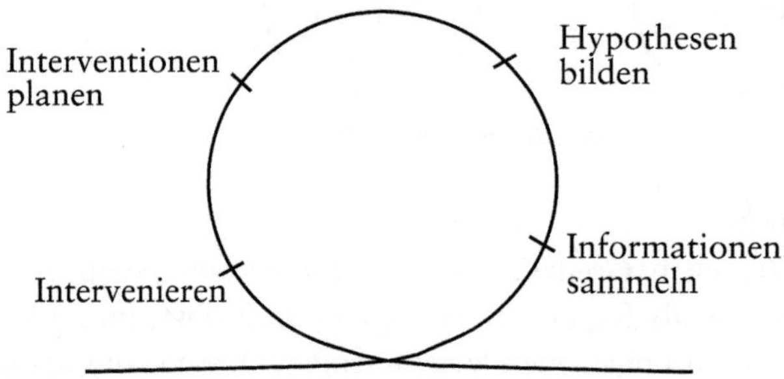

Vor der Intervention sind Hypothesen über die Situation zu bilden und ist die beabsichtigte Wirkung der Intervention zu planen. Gleichzeitig gilt es aber, nicht der Illusion zu verfallen, daß die erwünschte Wirkung eintreten wird.

- Das Beratersystem selbst muß ein stabiles System sein (die Qualifikation des BS ist mehr als die der einzelnen Berater).
- Zwischen Berater- und Klientensystem ist eine klare Grenze zu ziehen und zu erhalten.
- Das Beratersystem hat sich zu bemühen, die Werte des Klientensystems zu verstehen und zu akzeptieren (Neutralität). Wenn die Werte des Klientensystems aus Sicht des BS untragbar sind, ist die Beratung zu beenden.
- Berater sind Beobachter zweiter Ordnung – im Gegensatz zu den Mitarbeitern des Unternehmens, die Beobachter erster Ordnung sind.
- Als Berater hat man darauf zu achten, nicht Personen, sondern die hinter den Personen wirkende Kommunikationsstruktur des Systems erkennen zu wollen.

Struktur

Welche Struktur sich das Beratersystem gibt, ist ebenfalls von Bedeutung. Ob es aus einem oder mehreren Beratern besteht, kann Einfluß darauf haben, wieviel Zeit für Reflexion und Staffarbeit eingeplant ist. Interventionen wirken unterschiedlich – je nachdem, ob es einen Seniorberater mit Junioren gibt, ob gleichwertige Kollegen miteinander arbeiten, ob interne oder externe Berater ein Projekt betreuen. Auch Differenzierungen (etwa in Projektleiter und Berater) oder die Zusammensetzung von Beraterteams (nur aus Frauen bzw. Männern oder gemischt zusammengesetzt) oder Unterschiede in der Honorierung sind Strukturmerkmale, die wesentlichen Einfluß haben. Je mehr Klarheit im Beratersystem vorhanden ist, desto besser ist die Eigendynamik der Beziehung zum Klientensystem zu handhaben. In diesem Zusammenhang wollen wir auch auf die Wichtigkeit der Staffarbeit aufmerksam machen. Gemeinsame Reflexion, Hypothesenbildung und Interventionsplanung sind nötig, um erfolgreich und professionell arbeiten zu können und die Arbeitsfähigkeit zu erhalten. Nur so schafft man es, die nötige Distanz zu behalten (Wimmer, 1992).

Theorien

Alle impliziten und expliziten Theorien beeinflussen die Interventionsentscheidungen. Wir unterscheiden zwischen Paradigmen bzw. Weltsicht und Beratungstheorien. Auf der Ebene des Paradigmas macht es sicherlich einen Unterschied, ob man der systemischen Sichtweise eines „Gärtners und Kultivators" oder der traditionellen eines „Machers und Beherrschers" anhängt (Capra, Exner, Königswieser, 1992). Wir vertreten die Meinung, daß der systemische Ansatz – bei allen unterschiedlichen Praxisweisen – die Art und Weise ist, wie die Welt wahrgenommen werden sollte. Er ist letztlich eine Haltung.

Auch die explizite Arbeit an Beratungstheorie erscheint uns wichtig. Haben wir vor einigen Jahren noch kritisch angemerkt, daß es sehr wenige Arbeiten zu diesem Thema gibt (Exner, Königswieser, Titscher, 1987), so ist erfreulicherweise in den letzten Jahren eine verstärkte Auseinandersetzung auf diesem Gebiet zu beobachten. Insbesondere verweisen wir auf das Buch *Organisationsberatung* von Wimmer (1992).

Personen

Natürlich sind die einzelnen Berater – als eine sehr relevante Umwelt des Beratersystems – eine zentrale Einflußgröße für die Interventionsentscheidungen und deren Auswirkungen. Sie spielen mit ihrer Geschichte, ihren Charakteren und ihren persönlichen Haltungen eine wesentliche Rolle. Es geht um Authentizität, um die soziale Kompetenz des Intervenierenden, um die eigene Reflexions- und Kommunikationsfähigkeit. Professionalität bedeutet einen hohen Aus- und Fortbildungslevel und damit permanente Arbeit an sich selbst. Ohne diese fortgesetzte Selbstreflexion ist die nötige Distanz zum Klientensystem und zu sich selbst schwer aufrechtzuerhalten.

Heimatsystem

Eine andere wichtige Umwelt kann das Heimatsystem der Berater sein. Besteht das Beratersystem aus mehreren Beratern, die alle derselben Firma angehören, wird dieser Einfluß dann besonders wirksam werden, wenn diese Beraterfirma starke Normen und Regeln über die Art von Interventionen gebildet hat. Dieses Heimatsystem schaut sozusagen über die Schultern der Berater und kanalisiert die vielfältigen Möglichkeiten von Interventionen.

Beratungssystem (BKS)

Das BKS ist ein neues System und begrenzter als die beiden es konstituierenden sozialen Systeme. Es stellt sozusagen eine gemeinsame sachliche, zeitliche, soziale und räumliche Schnittmenge des KS und des BS dar, in der eine aufeinander bezogene und folgenreiche Kommunikation zumindest prinzipiell ermöglicht werden soll. Es ist sachlich beschränkt auf die Lösung von Problemen des KS, zeitlich befristet durch die Dauer des Auftrags und sozial eingeschränkt auf bestimmte Vertreter des KS und des BS. Beratung bedarf also eines gemeinsamen Problemfokus. Beratung erfordert, wie alle Prozesse, Zeit – nicht nur die eigens zu bezahlende Arbeitszeit der Repräsentanten des BS, sondern als Opportunitätskosten auch entsprechende Zeit von den involvierten Rollenträgern des KS. Und Beratung ist auf soziale Verankerung im KS und im BS angewiesen.

Das BKS wird also von zumindest zwei Kooperationspartnern mit asymmetrischer, aber komplementärer Aufgabenstellung und Funktion, nämlich sich beraten zu lassen bzw. zu beraten, für eine bestimmte Zeit zur Lösung eines oder mehrerer, genau spezifizierter oder noch offener Probleme des Klientensystems eingerichtet. Ein einmaliger oder in Schritten immer wieder bzw. kontinuierlich auszuhandelnder Vertrag (Auftrag, Arbeitsbündnis) regelt die sachlichen, zeitlichen, sozialen und ressourcenmäßigen Grenzen des Beratungssystems, innerhalb welcher der Kommunikationsprozeß der eigentlichen inhaltlichen Beratung stattfinden kann. Diese Vorstellung von Beratungssystem schließt nicht aus, daß es sich bei Beratung zeitlich auch um ein fraktioniertes Unterfangen handeln kann, das mit Unterbrechungen in der Zeit stattfindet. Bezüglich der sozialen Dimension ist es auch möglich, daß getrennt an der gemeinsamen Beratungsaufgabe gearbeitet wird: im Klientensystem in Abwesenheit der Berater bzw. im Beratersystem ohne Anwesenheit der Klienten.

Aus der Differenz zwischen Aufbau und Erhaltung der Beratungsstruktur (siehe soziale Architektur) und Beratungsprozeß resultieren für das Beratungshandeln Interventionen unterschiedlicher Zielrichtung und Funktionalität – sozusagen Interventionen *für das* und Interventionen *in das* Beratungssystem. Einerseits müssen Verhandlungen geführt und Interventionen gesetzt werden, um die notwendigen strukturellen Bedingungen für die Möglichkeit von Beratung überhaupt erst herzustellen und kontinuierlich aufrechzuerhalten. Sind bei einem Auftrag Auftraggeber und Klient nicht identisch, so ist die grundsätzliche Struktur des Auftrags – und damit des Beratungssystems – zunächst mit dem Auftraggeber abzuklären. Danach ist das Beratungssystem mit dem Klienten zu konstituieren, ein Arbeitsbündnis ist zu begründen und zu erhalten. Für die Herstellung dieses für die soziale Architektur der Beratung notwendigen Rahmens, also für die Grenzen und Möglichkeiten des BKS, trägt das BS die Verantwortung. Es ist ein wesentliches Kennzeichen von beraterischer Professionalität, die für die eigene Arbeit notwendigen Bedingungen zu kennen und diese entweder herstellen zu können – oder einen Auftrag unter für ein bestimmtes Beratersystem „unmöglichen“ Bedingungen abzulehnen.

Andererseits müssen dann innerhalb dieser Struktur im Prozeß der Beratung Interventionen gesetzt werden, die auf die sachliche Bearbeitung der inhaltlichen Probleme des Klientensystems abzielen. Die gewählten Interventionstechniken zur Aufrechterhaltung des BKS bzw. zur Bearbeitung der Probleme des BS mögen sich häufig nicht sehr stark voneinander unterscheiden, wichtig ist aber, daß das BS während der gesamten Beratung beide Aufgaben (Beratungssystemaufrechterhaltung und Problembearbeitung) als zumindest gleichgewichtig im Auge behält.

Alles beraterische Intervenieren muß durch das Nadelöhr der kommunikativen Interaktion (Luhmann). Wie aber sollen durch gemeinsame Kommunikation im Beratungssystem Veränderungen in den Handlungen und Operationen des Klientensystems induziert werden, um die es letztlich gehen muß, soll die Überlebens- oder Entwicklungsfähigkeit des Klientensystems tatsächlich verbessert werden? Erklärtermaßen können die Operationen des KS nicht direkt im BKS durch Interventionen des BS verändert werden. Dies ist nur im KS selbst möglich. Für direkte operative Veränderungen müßte das BS ein Teil des KS werden und dort Positionen einnehmen, die direkte Eingriffe in operative Vollzüge zulassen (in Ausnahmefällen geschieht dies auch, wenn z. B. Berater in einem Unternehmen Managementfunktionen auf Zeit einnehmen). In der Kommunikation des BKS können nichtkommunikative Handlungen oder Operationen des KS, aber auch seine Selbstbeschreibungen, lediglich thematisiert oder bestenfalls in Rollen- oder Planspielen simuliert werden. Es muß bei einer erfolgreichen Beratungsarbeit also darum gehen, jene Selbstbeschreibungen des KS im BKS zu thematisieren, die konstitutiv für sein tatsächliches, als problematisch bewertetes Operieren sind.

Kontexte der systemischen Intervention

Jede Intervention – als eine zielgerichtete Kommunikation zwischen BS und KS – kann einerseits von analytischen Kalkülen und andererseits von Intuition getragen sein.

Wir versuchen in diesem Abschnitt, Kontexte, in denen Interventionen ablaufen, aufzuzeigen. Natürlich ist die Ausdifferenzierung dieser Kontexte eine willkürliche Angelegenheit, und zusätzlich sind diese Kontexte miteinander vernetzt und in Wechselwirkung. Wir haben jedoch in unserer Praxis die Erfahrung gemacht, daß diese Kontexte für das Planen und Reflektieren von Interventionen hilfreich sind, und möchten sie daher hier näher beschreiben.

Gestaltungsebenen der Intervention

Die Gestaltung der Form, in der sich soziale Prozesse und Interventionen entwickeln können, nennen wir **Interventionsarchitektur** und **Interventionsdesign**, weil diese Entwürfe einige Parallelen mit der Arbeit von Architekten und Designern aufweisen. Auf der Basis von Annahmen und Rahmenbedingungen (Zielsetzungen, Zeit, Geld, Bedürfnisse, räumliche Gegebenheiten) werden soziale Räume entworfen, die wiederum ihrerseits einen Rahmen für soziale Ereignisse und Kommunikationsprozesse darstel-

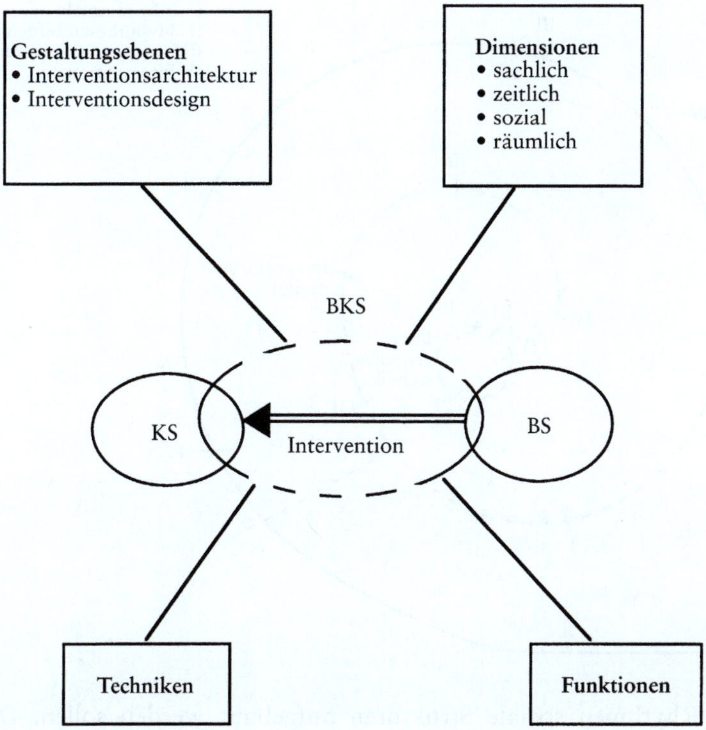

len. Interventionsarchitektur und Interventionsdesign determinieren Kommunikationsflüsse, strukturieren Entscheidungsabläufe und Konfliktbearbeitungsmöglichkeiten.

Wir unterscheiden zwischen Interventionsarchitektur bzw. Interventionsdesign und Interventionstechniken.

Interventionsarchitektur

So wie ein Architekt die Umgebung, den Baugrund und die Bedürfnisse des Bauherrn als Basis seiner Entwürfe berücksichtigen muß und die Planung immer wieder überarbeitet, gestaltet der Berater seine Interventionsplanung abhängig von der Organisation des Klientensystems und schafft Strukturen, die die erwünschten Kommunikationsabläufe erleichtern und Blockaden verhindern sollen. So wie der Architekt Räume gestaltet, muß das Beratersystem den Gesamtablauf eines Beratungsprozesses planen und gemeinsam mit dem KS gestalten. Es muß sich überlegen, an welchen manifesten und latenten Inhalten gearbeitet werden soll und in welcher Abfolge,

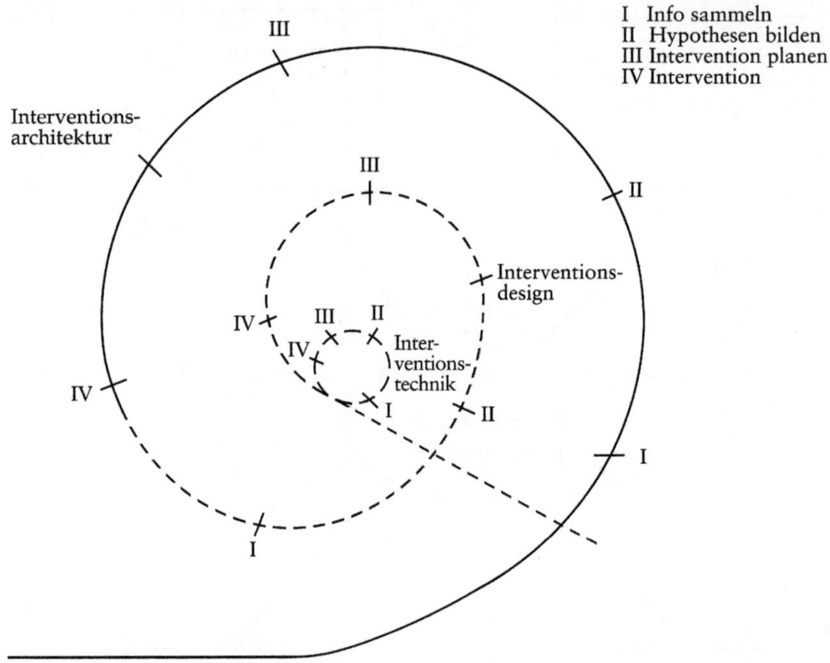

in welchen Rhythmen soziale Strukturen aufgebaut werden sollen. Die Klärung der Frage, wie der Berater als solcher das Problem beantwortet, ist eine wichtige Weichenstellung für den weiteren Prozeß.

Beispiel:

Zielsetzung einer Beratung ist es, die Arbeitsfähigkeit des Vorstands einer Tochterfirma eines großen Industriekonzerns zu erhöhen. Als Interventionsarchitektur wurde folgendes geplant: Schwerpunkte der inhaltlichen Arbeit sollen die Relation zum Gesamtkonzern und die Teamfähigkeit des Vorstands sein. Es wird ausschließlich mit dem Vorstand gearbeitet, ansonsten gibt es nur Interviewkontakte mit relevanten Umwelten. Es wird vierteljährlich in Form einer eintägigen Klausur mit dem Gesamtvorstand – immer im gleichen Hotel – gearbeitet. Dazwischen gibt es zwei- bis dreistündige „Minicoaching"-Termine mit den einzelnen Vorstandsmitgliedern.

Interventionsdesign

Interventionsdesign läßt sich mit der Arbeit eines Innenarchitekten vergleichen. So wie der Innenarchitekt die vom Architekten vorgegebenen Räume mit Einrichtung und Leben füllt, gilt es – im Rahmen der Metaentscheidungen der sozialen Architektur –, soziale Räume weiterzugestalten, die der Erreichung der Zielsetzungen des Beratungsprozesses hilfreich sind.

Beispiel:

Im Rahmen des o. a. Beispiels wird folgendes Interventionsdesign für die erste Klausur mit dem Gesamtvorstand geplant: Zuerst werden die Interviewergebnisse mit relevanten Umwelten rückgespiegelt und dann die Reaktionen der Vorstände eingeholt. Abschließend sollen die Themenschwerpunke für die nächsten Monate festgelegt und in Form von Aktivitätenplänen verabschiedet werden. Es werden Arbeitsformen für die einzelnen Arbeitsschritte innerhalb der Klausur geplant (z. B. die Reaktionen auf die Interviewrückspiegelung in Gesinnungsgruppen durchzuführen) und Arbeitszeiten für diesen Tag festgelegt. Bezüglich der räumlichen Ordnung wird entschieden, daß im Plenum mit einer kreisförmigen Sitzordnung ohne Tische gearbeitet wird und die Gruppenarbeiten in verschiedenen Räumen durchgeführt werden.

Dimensionen der Intervention

Einen anderen Kontext stellen die sachlichen, zeitlichen, sozialen und räumlichen Dimensionen für die Intervention dar.

Sachliche Dimension

Eine wesentliche Weichenstellung erfolgt durch die Definition der Aufgabe bzw. der inhaltlichen Schwerpunkte und Zielsetzungen des Beratungsprojekts. Das Einbringen eines inhaltlichen Inputs kann dann als systemische Intervention gesehen werden, wenn es im Verständnis einer Energiezufuhr bzw. „Verstörung“ des KS erfolgt und es dem KS überlassen bleibt, was es damit macht.

Beispiel:

Es kann das Aufzeigen von möglichen Varianten einer Aufbauorganisation oder die Gestaltungsmöglichkeiten eines strategischen Planungsprozesses als Intervention eingesetzt werden. Im Unterschied zu einer Fachberatung dient das Aufzeigen möglicher Varianten dem Vitalisieren des KS, und es wird kein inhaltlicher Einfluß durch das BS auf die entstehende Problemlösung genommen. Als vorteilhaft hat sich für solche Phasen ein Splitting (siehe Abschnitt **Interventionstechniken**) zwischen einem Berater, der

Input gibt, und einem zweiten, der die Verarbeitung der Informationen durch das KS leitet, herausgestellt.

Zeitliche Dimension

Häufig ist uns nicht bewußt, daß nicht nur das Timing der Intervention auf der Interaktionsebene ein wesentlicher Erfolgsfaktor ist, sondern auch die unsichtbaren bzw. impliziten Zeitdimensionen eine Rolle für den Beratungsverlauf spielen.

Schon im Gesamtprojekt sollte es einen klaren Anfang – das ist meist eindeutig inszenierbar – und eine klares Ende geben. Im Sinne des Projektmanagements sind auch die Meilensteine als Zwischenchecks eine günstige Erfolgskontrolle. Damit verknüpft sind die zeitgerechte Terminplanung, das Einhalten der Termine und damit Verbindlichkeit. Die Entscheidung, wieviel Geschichtsaufarbeitung etwa bei Interviews oder in Konfliktsituationen angebracht erscheint oder ob vor allem die Zukunft fokussiert werden soll, liegt ebenfalls in dieser Dimension.

Die zeitlichen Rhythmen und Fixierungen strukturieren Rahmenbedingungen und Sinnzusammenhänge. So verlieren zu häufige oder zu seltene Standortklausuren ihren Sinn als Reflexionsform von Rückblicken und Entwürfen für die Zukunft. Die Erfüllung dieser Funktion ist an den Jahres- und Planungsrhythmus gebunden: Ein- bis zweimal im Jahr scheint meist passend.

Je nach Arbeitsgeschwindigkeit und Unternehmenskultur sind auch die Zeiten für Gruppenarbeiten oder Plenumsprozesse verschieden zu bemessen. Will man keine tiefergehende Auseinandersetzung, gibt man weniger Zeit – mehr Zeit bringt eher auch latente Themen nach oben.

Zeitliche Strukturen geben sozialer Architektur und sozialem Design erst ihren spezifischen Charakter und sind ein wesentliches Strukturelement der Gestaltung. Gruppendynamik etwa ist in aller Tiefe nicht innerhalb nur eines Tages erlebbar.

Soziale Dimension

Es ist wichtig, welche personelle Zusammensetzung das Beratersystem hat und welche Personen des Klientensystems in das Beratungssystem direkt involviert werden. Innerhalb der sozialen Architektur und des sozialen Designs ist großes Augenmerk darauf zu legen, welche Personen zu welchen Ereignissen, in welcher Zusammensetzung eingeladen bzw. kontaktiert werden. Oft scheitern Beratungen schlicht daran, daß die zentralen Entscheidungsträger nicht genügend integriert waren oder es verabsäumt wurde, das „Problemsystem“ (K. Deissler, unveröffentlichtes Manuskript) zusammenzubringen, d. h. jene Leute, die für die Lösung relevant sein können. Man kann z. B., wenn der Vertrieb „schwach ist“, mit einer Vertriebsgruppe arbeiten oder aber auch Vertreter der Produktion, der Händler oder auch interne Dienstleiter miteinbeziehen.

Es ist von unterschiedlicher Auswirkung – und sozial ein massiver Eingriff –, ob bestimmte Themen (z. B. Konflikte zwischen zwei Subsystemen) in einer Großgruppe, in mehreren Untergruppen (vier bis zehn Leute) oder in Kleingruppen (drei bis vier Leute) durchgearbeitet werden. Entscheidungen über die soziale Dimension hängen eng mit unseren eigenen Annahmen, Erfahrungen und Theorien zusammen.

Beispiel Großgruppen

Sind mehr als sechzehn Menschen in einem Raum zusammen, muß man mit Großgruppenphänomenen rechnen. Massenpsychologische Phänomenen sind gleichzeitig eine Gefahr und eine Chance für und in Großgruppen:

- Heimatgefühle, Empfindungen von Stärke, Energie;
- Anonymität für den einzelnen;
- starke Emotionalität, Mitschwingen;
- Feindbilder, Idealisierungen;
- Regressionstendenzen, reduzierte Eigenverantwortlichkeit;
- Projektionen (gut/schlecht, Latentes wird mehr spürbar als in kleineren sozialen Räumen);
- Gefahr der Manipulation (Kritikfähigkeit und Reflexionsfähigkeit sind reduziert).

Beispiel Gruppen

Arbeitsfähige Gruppen für Problemlösungen haben erfahrungsgemäß vier bis zehn Mitglieder. Ein zusätzliches architektonisches Element ist hier die Zusammensetzung der Mitglieder. Eine bereichsübergreifende Mischung zentriert die Kommunikation auf die Auseinandersetzung über die Unterschiede, homogenere Zusammensetzungen streichen die Gemeinsamkeiten heraus. Die Auseinandersetzung findet dann eher bei der Präsentation vor den anderen Gruppen statt.

Hier soll nur auf die vielbeschriebenen Phänomene von Gruppen hingewiesen werden, die es zu berücksichtigen gilt. So brauchen Gruppen Zeit, um arbeitsfähig zu werden, die einzelnen Personen sind nicht ohne weiteres austauschbar, die Identifikation mit einem gemeinsamen Ergebnis hat eine breite Akzeptanzbasis. Das Sicherheitsgefühl ist größer, aber der entstehende Gruppendruck kann auch Nachteile bringen.

Beispiel Kleingruppen

Von Kleingruppen sprechen wir bei drei bis vier Mitgliedern. Man kann grundsätzlich mit großer Offenheit rechnen. Intimere Gespräche sind möglich, und es tritt weniger Angst auf. Gleichzeitig besteht die Gefahr der Koalition zwei gegen einen.

Beispiel Paare

Die Paarstruktur generiert durch geringere Komplexität raschere Annäherung und Gesprächsmöglichkeit, wenn die „Chemie“ stimmt.

Beispiel Einzelarbeiten

Will man extreme Konzentration und Besinnung auf die Person selbst, ist die autokommunikative Form der Einzelarbeit sinnvoll.

Räumliche Dimension

Der räumlichen Dimension wird eigenartigerweise in der Praxis häufig viel zu wenig Aufmerksamkeit gewidmet. Dabei bedeutet es z. B. ein wesentliches Gestaltungselement, ob die Beratungsarbeit mit dem Klienten innerhalb oder außerhalb der Firma stattfindet. Normalerweise läuft eine Klausur in einem Hotel ungestörter ab als in Unternehmensräumlichkeiten. Natürlich spielt auch die Gestaltung des Raumes eine Rolle: von der Beleuchtung, den Farben bis zur „Aufgeräumtheit“, der Sitznähe und den Tischen. Ob Arbeitsgruppen in eigene, Intimität schaffende Räume geschickt werden oder ob man sie alle in einem großen Plenumsraum arbeiten läßt, in dem man die Energie aller spürt, bewirkt Unterschiedliches.

Outdoor-Übungen geben der Arbeit einen anderen Charakter als ausschließlich Indoor-Übungen. Sie nutzen das landschaftliche Umfeld.

Die relevanten Unterschiede zwischen Teilnehmern werden schlagartig sichtbar, wenn sie sich auch durch die Sitzordnung im Raum sinnlich ausdrücken – so fühlt man die Zusammengehörigkeit und Abgrenzung verschiedener Bereiche intensiver.

Interventionstechniken

Die Art und Weise, wie wir als Berater versuchen, mit verschiedensten Interventionstechniken zu intervenieren, hängt von unseren Erfahrungen, unseren inneren Bildern und Vorstellungen ab, aber auch von allen anderen beschriebenen Kontexten. In jedem Fall sind sie ein wesentlicher Fundus für unsere Arbeit. Wir nennen sie auch „Schatztruhe". Das drückt ihren Sinn besser aus als das Wort „Techniken".

Es haben sich in Praxis und Theorie oft unterschiedliche Begriffe für zum Teil sehr ähnliche oder gleiche Techniken herausgebildet, so daß es nahezu unmöglich erscheint, einen systematisierten Überblick zu geben.

In dem „Interventionsbaum" sind die für uns wichtigsten Techniken als Äste, Blätter und Früchte dargestellt. Sie werden vom Stamm der Interventionsarchitektur und des Interventionsdesigns getragen und wurzeln in dem durch die Beratung betroffenen System.

Sehr häufig wird übersehen, daß abgesehen von den mündlich – face to face – durchgeführten Interventionen auch schriftliche Interventionen (Briefe, Faxe, Berichte) große Wirkung erzielen können.

Beispiel:

Ein schriftliches Angebot – mit der Darstellung von Ausgangssituation, Zielvorstellungen und vorgeschlagenen Vorgangsweisen –, das von mehreren Personen im Klientensystem diskutiert wird, kann bereits eine so erhebliche Wirkung haben, daß die Beratung unter Umständen schon damit sehr wirkungsvoll durchgeführt wurde.

Wir möchten im folgenden einige typische systemische Interventionstechniken vorstellen.

Zirkuläres Fragen

Um die relationalen Strukturen eines Wirkungsgefüges ausfindig zu machen, um komplexe Handlungsabläufe klarer zu machen und um die selbstregulierenden Mechanismen zu erkennen, braucht man Informationen. Um diese zu bekommen, ist **zirkuläres Fragen** gut geeignet. Zirkuläre Fragen sind in der Praxis fast immer mit offenen Fragen kombiniert. Das zirkuläre Fragen, das von Selvini-Palazzoli entwickelt wurde, bringt aber nicht nur Informationsgewinn, sondern hat auch die Funktion einer Intervention, weil dadurch bereits im Laufe des Interviews für das KS verschiedene Blick-

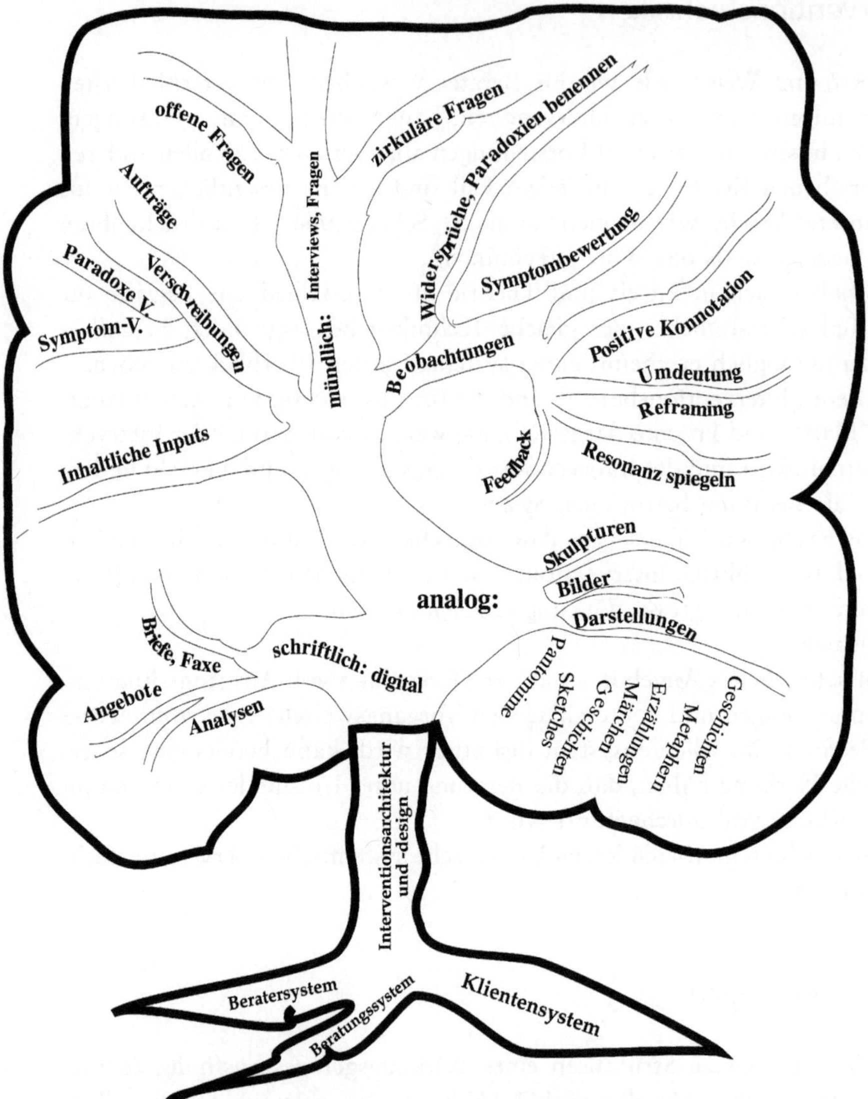

Der Interventionsbaum

winkel transparent werden und so bereits Bewegung in starre Muster kommt. Steve de Shazer nennt das das „Mehrbrillenprinzip".

Indem die Befragten über Beziehungen von Personen und Ereignissen sprechen, vermittelt sich auf einer Metaebene eine Systemstruktur, die der Zirkularität Rechnung trägt.

Wir unterscheiden zirkuläres Fragen im engeren und im weiteren Sinne. Im weiteren Sinne zählen dazu alle Fragen nach Unterschieden:

- Fragen nach Rangfolgen: Wer hat die größte Belastung mit diesem Problem?
- Fragen nach vorher/nachher: Was hat sich seit der Fusion verändert?
- Fragen nach Alternativen: Angenommen, der Chef wird noch unsicherer – was passiert dann?
- Fragen nach Unterschieden von Subgruppen: Welches Bild würde die Verkaufsabteilung von der Firma zeichnen?
- Wann wäre die Beratung für die Geschäftsleitung erfolgreich?

Zirkuläres Fragen im engeren Sinn bezieht sich auf Beziehungen: Wie sehen Sie die Beziehung der Gruppenleiter zu den Abteilungsleitern?

Diese Art des Fragens ist eine Art Klatsch über andere in deren Anwesenheit. Dadurch können verdeckte Koalitionen und Tabus relativ leicht in Erfahrung gebracht werden.

Paradoxe Intervention

Wir wollen unter der paradoxen Intervention **alle jene Interventionsformen verstehen, die entgegen den Erwartungen des Klientensystems darauf abzielen, dem Klientensystem zu signalisieren: Sie können sich nur ändern, wenn Sie so bleiben, wie Sie sind,** oder Sie können nur so bleiben, wie Sie sind, indem Sie sich ändern. Paradoxe Interventionen sind alle Interventionsrichtungen, die nicht eine auf Veränderung drängende Position einnehmen und die es dem Klientensystem überlassen, die Gegenposition selbst auszutragen.

Ziel der paradoxen Intervention ist es nicht, alles oder nichts zu verändern, sondern kreative Alternativen zu ermöglichen.

Daher zählen wir Interventionsformen wie positive Konnotation, Umdeutung, Reframing, Splitting, positive Symptombewertungen, paradoxe Verschreibungen oder Symptomverschreibungen dazu.

Da oft in einem Satz einer Intervention mehrere Techniken miteinander verknüpft sind, ist die Trennung nur analytisch sinnvoll.

Schon der Wiener Therapeut Viktor Frankl hatte vor ca. 30 Jahren mit der paradoxen Intervention großen Erfolg.

Vor allem die Familientherapeuten griffen diese Technik auf, um scheinbar unlösbare Double-bind-Situationen auflösen zu können: M. Selvini-Palazzoli, Erickson, Haley, Weakland, Papp, Watzlawick u. a.

Die Autoren zählen unterschiedliche Formen der Intervention dazu. Peggy Papp (1988) z. B. spricht von drei Arten der paradoxen Intervention: der Umdefinition, der Symptomverschreibung und der Warnung vor einer Veränderung. Häufig wird systemische Intervention überhaupt mit paradoxer Intervention gleichgesetzt. Die Familientherapeutin Peggy Papp meint auch, daß eine paradoxe Vorgangsweise nur dann sinnvoll sei, wenn der Widerstand gegen Veränderung sehr groß ist und direkte aufdeckende Interventionen nicht ankommen. Unangebracht seien paradoxe Interventionen in Krisensituationen wie Trennung und Tod. Hier seien als Hilfe besser Strukturkontrollen anzubieten.

Peggy Papp führt aus, daß paradoxe Interventionen für die verdeckt laufenden, altgewohnten und sich stets wiederholenden Interaktionsmuster (rigide Schleifen) gedacht sind, die auf direkte Interventionen nicht ansprechen.

Warum hat die paradoxe Intervention oft eine größere Wirkung als andere Interventionsformen?

Ohne Paradoxon bleibt jede Beziehung steril. Luhmann sagt, das Leben sei das schönste Beispiel für ein Paradoxon. Daher trifft die paradoxe Intervention auf jene Widersprüche, die das Leben ausmachen.

Schon das Aufzeigen und Beschreiben der vorhandenen Widersprüche und Paradoxien kann ein Reflexionsschub für das Klientensystem sein.

Wir möchten im folgenden drei Spielarten der paradoxen Interventionen – Symptomverschreibung, Umdeutung und Splitting – etwas näher beschreiben.

Symptomverschreibung

Es wird von den Beratern gerade das verordnet, was als symptomatisch oder krank gilt. Dadurch verändern sich der Schuldkontext und die Interaktionsmuster. Dahinter steht die Annahme, daß Symptome eine Kommunikationsfunktion haben, daß sie eine Art Sprache, eine Verständigungsform sind, eine eigene Dynamik und daher im Gesamtsystem eine wichtige Bedeutung haben. Sie dienen oft als Schlüssel zu besserem Verstehen. Durch die Verschreibung gerade dieses Symptoms – daß z. B. immer eine Abteilung schuld sein muß, wenn es Probleme gibt – übernehmen oft Mitglieder der Organisation die Rolle, Zusammenhänge zu analysieren, statt Schuldige zu suchen.

Umdeutung oder Reframing

Damit soll die innere Sicht des Klientensystems in einem anderen Licht erscheinen. Durch die Verschiebung des Rahmens wird auch das jeweilige Denken, Fühlen und Handeln eher veränderbar.

Durch Umdeutungen können mehr Flexibilität, Beweglichkeit und Selbstbewußtsein erreicht werden, und dadurch wird die Eigenkomplexität erhöht, was wiederum eine gute Voraussetzung für die komplexere Informationsverarbeitungskapazität gegenüber den Umwelten ist. Oft läuft es auch auf eine Entdramatisierung hinaus, weil im Kontext verschiedener Logiken auch scheinbar dramatische Ereignisse normal sein können. Aus Schuldigen werden Helden, aus Chaoten werden Kreative, aus Sturheit wird Stärke, aus Dominanz wird Verantwortung, aus Paranoia wird Verzicht usw.

Bei der Umdeutung von Rollen z. B. sind auch Verdichtungen zu erkennen. Wird ein autoritärer Chef etwa als Mann beschrieben, der bereit ist, viel Verantwortung auf seine Schultern zu nehmen, wird das Verhalten somit positiv beschrieben, umgedeutet, und damit wird signalisiert, daß Veränderung nicht erwünscht ist.

Splitting

Wenn es eine dem Klientensystem explizit sichtbar gemachte Rollenteilung im Beratersystem gibt, sprechen wir von Splitting.

Was im System strukturell an Widersprüchen vorhanden ist, wird in die Intervention übernommen. Je ein/e Berater/in repräsentiert eine Seite des Widerspruchs. Arbeitet man allein, kann das Splitting durch ein „Einerseits/Andererseits“ angebracht werden (Definition: Fritz Simon). Dadurch, daß beide Widersprüche des Systems repräsentiert sind, sorgt man für Verwirrung und Überraschung – gute Voraussetzungen für Veränderung. Durch diese Art der Intervention wird gleichzeitig die Neutralität der Berater gewahrt und Partei ergriffen. Die Widersprüche werden nicht abgewertet.

Eine andere Rollenteilung ist das „Drinnen/Draußen“. Diese aus der systemischen Familientherapie stammende Arbeitsform besteht in einer Arbeitsteilung zwischen zwei BeraterInnen. Während ein Kollege die Gruppe „innen“ moderiert, setzt sich der zweite „hinaus“, beobachtet während der Arbeitssequenz und sagt am Ende seine Eindrücke – meist in einer positiven Umdeutungsform.

Positive Konnotation, positive Symptombewertung

Durch eine positive Reaktion auf eine Situation oder auf ein Symptom, über das sich ein System ärgert, soll ein verändertes Bewertungssystem eingebracht werden, das einen Denkanstoß bieten soll. Wieder gilt, daß das Akzeptieren einer Situation bereits der erste Schritt zu deren Beseitigung bedeutet.

Analoge Intervention

Die häufigsten Formen sind: Metaphern, Bilder, Skulpturen, Sketches, Pantomimen, Märchen, Geschichten.

Beispiel: **Metaphern**

Metaphern sind bildliche Redewendungen, die in einem übertragenen Sinn verwendet werden. Sie erhalten die wesentlichen Elemente analoger Kommunikation, weil sie das gefühlsmäßige Erleben ansprechen und weniger das logisch-analytische Denken. Die Symbolik, die in Metaphern ausgedrückt wird, fördert die Assoziationsdynamik und wirkt dadurch als Anregung, auch über tabuisierte Inhalte zu sprechen.

Beispiel: **Märchen, Geschichten erzählen**

Eine andere Möglichkeit der analogen Kommunikation ist das Erzählen von Geschichten, um zu intervenieren. Die Berater können ihren Eindruck entweder selbst in Geschichtenform bringen, oder man kann Teilnehmer dazu anregen, ihren Eindruck z. B. von einer anderen Gruppe oder einer Situation als Märchen wiederzugeben. Märchen haben durch ihre verdichtete Form eine hohe Aussagekraft über Rollen, zwischenmenschliche Beziehungen und die zentralen Muster des Systems. Simon (Simon/Stierlin 1984) bringt in Erinnerung, daß Bateson sagt, Menschen dächten in erster Linie in Geschichten, diese seien Muster in der Zeit, und durch ihre Metaphern würden Identifikationsmöglichkeiten geschaffen, die neue Perspektiven für Problemlösungen eröffnen könnten. Auch die räumliche Dimension (siehe Seite 34) hat oft beträchtliche Wirkung.

Beispiel:

Bei einer Großveranstaltung der obersten Führungskräfte eines in strategische Geschäftseinheiten (SGE) strukturierten Konzerns setzt man die jeweiligen für eine SGE verantwortlichen Geschäftsführer an einen Tisch. Bei Doppelmitgliedschaften bleibt der Stuhl, der gerade nicht besetzt werden kann, weil der Geschäftsführer sich bei der anderen SGE aufhält, bei der er auch Geschäftsführer ist, frei. Haben nun alle Geschäftsführungen parallel unter Zeitdruck zu einem Thema zu arbeiten, wird sehr schnell analog spürbar, was Doppelmitgliedschaft in dieser Situation bedeutet.

Funktionen der Intervention

Je nachdem, was mit einer Intervention erreicht werden soll, werden – sowohl intuitiv als auch bewußt geplant – die verschiedenen Kontexte miteinander verknüpft sein.

Wir unterscheiden zwischen folgenden **idealtypischen Funktionen der Interventionen**, die schwerpunktmäßig angestrebt werden:

- **Entlastung von Einzelpersonen:** z. B. beim Auftreten von sogenannten Symptomträgern, an denen strukturelle Probleme festgemacht werden. Beispiel für Techniken: positive Symptombeschreibung, Umdeutung.
- **Widersprüche öffnen:** wenn eine Seite des Widerspruchs tabuisiert ist (z. B. strategische versus operative Orientierung).
  Beispiel für Techniken: paradoxe Verschreibung, paradoxe Intervention, Rollenteilung zwischen den Beratern (Splitting, drinnen/draußen).
- **Informationssammlung:** kann auf den Ebenen von KS, BKS und BS erfolgen.
  Beispiel für Techniken: Interviews
- **Nähe-Distanz-Regulierung:** Es ist wichtig, einerseits die Anschlußfähigkeit zum KS nicht zu verlieren und andererseits klare Grenzziehungen zwischen BS und KS aufrechtzuerhalten. Dies kann z. B. auf der sozialen und räumlichen Ebene durch gemeinsam/getrennt eingenommene Mahlzeiten bzw. gemeinsam/getrennt verbrachte Pausenzeiten bei Workshops, auf der zeitlichen Ebene durch Vereinbarungen bezüglich der Anfangs- und Endzeitpunkte von Beratungen und auf der sachlichen Ebene durch die Definition des durch die Beratung angestrebten Ziels erreicht werden.
- **Systembildung anregen:** Sichtbarmachen von bestehenden bzw. entstehenden Systemen/Subsystemen/Unterschieden.
  Beispiel für Techniken: Skulpturen, durch Sitzordnungen bestehende und relevante Strukturen verdeutlichen.
- **Alternative Sichtweisen vermitteln:** ist oft zum Deblockieren erforderlich. Beispiel für Techniken: positive Symptombeschreibung, Reframing, die relevanten Umwelten zu Wort kommen lassen (live – oder im Rollenspiel).

- **Emotional – rational:** Nach zu kopflastigen Diskussionen sind oft emotional berührende Übungen sinnvoll: z. B. in Kleingruppen Interviews zu persönlichen Bezügen machen oder Bilder über kollektive Träume zeichnen lassen.

Faustregeln

Zum Abschluß möchten wir einige für uns wichtigen Regeln darstellen.

Systemische Interventionen sollen:

1. die Grundhaltung des systemischen Ansatzes ausdrücken;
2. auf der Basis von überlegten Hypothesen gesetzt werden;
3. eine dosierte Diskrepanz zwischen Fremd- und Selbstbild des Klientensystems setzen. Die neuen Sichtweisen sollten aber nicht überfordernd sein. Sie sollen überraschen, zum Nachdenken anregen, aber keinen Widerstand erzeugen;
4. einen Kontext des Nichtbedrohtseins schaffen;
5. bildhaft, „künstlerisch“ sein, da das Ansprechen der rechten Gehirnhälfte der Intuition latente, unbewußte Inhalte leichter aufnehmen läßt;
6. auch Latentes berühren, aber nicht aufdeckend sein, sondern behutsam vorgehen (sachte Verstörung);
7. anschlußfähig sein, d. h. die Sprache des Klientensystems sprechen, an ihr Weltbild anknüpfen, den dem Klientensystem adäquaten Komplexitätsgrad treffen;
8. die vorher klar definierte Grenzziehung des zu beratenden Klientensystems reflektieren;
9. bei Handlungsmustern und -spielen ansetzen, um sie besprechbar zu machen, nicht aber an der Personenebene;
10. nicht nur in Richtung Veränderung intervenieren, sondern auch auf Bewahrenswertes achten;
11. das Gute im Schlechten und das Schlechte im Guten herausarbeiten, d. h. die Funktionalität fokussieren;
12. die Widersprüche aufgreifen, sie in eine Balance bringen;
13. eine bewußte Entscheidung über die soziale Architektur und das soziale Design treffen.

Literatur

Capra, Fritjof; Exner, Alexander; Königswieser, Roswita. „Veränderung im Management – Management der Veränderung“. In: Königswieser, R.; Lutz, Christian. *Das systemisch-evolutionäre Management. Neue Horizonte für Unternehmer*, Orac-Verlag, Wien 1992.

Exner, Alexander; Königswieser, Roswita; Titscher, Stefan. „Unternehmensberatung – systemisch“. In: Die Betriebswirtschaft, Heft 3, 1987, S. 266.

Luhmann, Niclas. *Soziale Systeme*, Suhrkamp, Frankfurt a. M. 1984.

Papp, Peggy. „Paradoxien“. In: Minuchin Fishman. *Praxis der strukturellen Familientherapie*, Lambertus Verlag, Freiburg 1988.

Schmid, Bernd. „Die wirklichkeitskonstruktive Perspektive – Systemisches Denken und Professionalität morgen“. In: GOE 4/87, S. 21–42.

Selvini-Palazzoli, Mara; Boscolo, L.; Cecchin, G.; Prata, G. *Paradoxon und Gegenparadoxon*. Klett-Cotta, Stuttgart 1981.

Shazer, Steve de. *Der Dreh*. Carl Auer Verlag, Heidelberg 1990.

Simon, Fritz B.; Stierlin, Helm. *Die Sprache der Familientherapie. Ein Vokabular*, Klett-Cotta, Stuttgart 1984.

Willke, Helmut. „Strategien der Intervention in autonome Systeme“. In: D. Baecker; J. Markowitz u. a. (Hrsg.). *Theorie als Passion*, Suhrkamp, Frankfurt a. M. 1987.

Willke, Helmut. Beobachtung, Beratung und Steuerung von Organisationen in systemtheoretischer Sicht. In: R. Wimmer (Hrsg.). *Organisationsberatung*, Gabler, Managementperspektiven, Wiesbaden 1992.

Wimmer, R. „Was kann Beratung leisten? Zum Interventionsrepertoire und Interventionsverständnis der systemischen Organisationsberatung“. In: Ders. (Hrsg.). *Organisationsberatung*, Gabler, Managementperspektiven, Wiesbaden 1992, S. 59–111.

3 Interventionsarchitektur

3.1 Zur Interventionsarchitektur von Beratungsprojekten

Begriffsklärung

Wieso sprechen wir von der „Architektur" von Beratungsprozessen? Bei einer Architektur handelt es sich doch um Festes, Gebautes, Fixes, Statisches – bei Beratungsprozessen hingegen um Ereignisse und Kommunikationsprozesse, also um Fließendes, Bewegtes.

Da Architektur ja nicht nur das Endprodukt ist, sondern das Wort auch den Planungsprozeß, den Entwurf bedeutet, möchten wir den Architekturbegriff entlehnen, weil er den Prozeß des künstlerischen Entwurfs mit transportiert und es ermöglicht, die Differenz bzw. Gemeinsamkeit zwischen Design und Architektur analytisch aufzuzeigen.

In der Literatur haben wir nichts gefunden, was uns in unserer Selbstbeobachtung und Selbstbeschreibung weitergeholfen hätte. Dennoch haben Berater eine Menge Know-how bezüglich dessen, wie man Beratungen „angeht", worauf man achten sollte und was Erfolgsfaktoren sind. Es scheint sich bei diesem Wissen einerseits um tradiertes Erfahrungswissen zu handeln – andererseits um intuitives, implizites Wissen, das analytisch schwer auf den Punkt zu bringen ist.

Architektur als Intervention

Die Bezeichnung „Architekt" stammt aus dem Griechischen und bedeutet Baumeister. Im Lexikon heißt es, „er vereinigt Kunst, Technik und Wissenschaft. Er plant und gestaltet Räume aller Art, auch ihre Inneneinrichtung, sowie Gärten, Städte und Dörfer".

So, wie Architekten Räume planen und dadurch Rahmen schaffen, in denen sich Unterschiedliches ereignen kann, so entwerfen wir als Berater soziale, zeitliche, räumliche und inhaltliche Gestaltungselemente und Fixpunkte, die Prozesse vorstrukturieren. In diesem Sinn sind Architekturen Interventionen. Aber wie alle Interventionen können sie auch völlig Unvorhergesehenes bewirken. Die Basis dafür sind – wie bei allen unseren Interventionsentscheidungen – Hypothesen (vgl. R. Königswieser; A. Exner; J. Pelikan, Systemische Intervention, Zs. f. Organisationsentwicklung 2/95).

Beim Bild der Architektur bleibend, verstehen wir uns als Architekten, die den Bauherrn bei der Renovierung, beim Umbau des Gebäudes unterstützen, sich danach aber wieder zurückziehen. Je nach Situation werden Durchbrüche gemacht, Brücken gebaut, Rutschen gelegt, Anbauten gefertigt, Gärten angelegt. Oft müssen Zelte aufgestellt werden. Die Projekte der Umbauten, der Renovierungen können sehr unterschiedlich sein. In der Beziehung zwischen Bauherrn (Auftraggeber) und Architekt (Berater) ist schon allein deshalb viel Vertrauen nötig, weil bestimmt Phasen großer Unsicherheit auftreten, durch die der Architekt „lotsen" muß.

So, wie gute Architekten gemeinsam mit den Bauherren ihre Entwürfe entwickeln und alle Rahmenbedingungen berücksichtigen (Generalbebauungspläne, Gesetze, Umgebung, gegenwärtige und zukünftige Bedürfnisse der Bauherren, Budgetrahmen usw.), so konstruieren auch wir als Berater gemeinsam mit Vertretern des Klientensystems die Gesamtkonzeption des Beratungsprozesses auf der inhaltlichen, der sozialen, der zeitlichen und der räumlichen Ebene. In jedem Beratungsprojekt – unabhängig von der Größe des Auftrags – werden anfangs die Weichen für entscheidende Interventionen gestellt. Meist definieren die Berater – je nach Können, subjektiver Einschätzung und eigenen Werten –, was eine adäquate beraterische Unterstützung auf die Anfrage eines Klienten sein könnte.

Ein Kunde in einem jungen Unternehmen der Informationstechnologiebranche, ging z. B. davon aus, daß er ein gruppendynamisches Teamtraining benötigte. Unser Nachfragen brachte Faktoren ans Tageslicht, die uns eine Organisationsentwicklung als sinnvoller erscheinen ließen – was dem Klienten wiederum gefiel. Für uns waren damit einige Architekturelemente, die noch erläutert werden, fixiert: z. B. Steuergruppe, Projektleitung, Subprojekte, „sounding-board". Sicherlich sind bezüglich ein und derselben Anfrage unterschiedliche Vorgangsweisen, Architekturen möglich.

Von unserer Begrifflichkeit her meinen wir mit „Architektur" die Struktur und den Rahmen des Beratungsprozesses. Es wird dabei klar, daß die Grenze zwischen Architektur und Design fließend ist.

Was ist der Unterschied zwischen Architektur und Design?

Die Architektur entscheidet, *daß* etwas stattfindet und *was* stattfindet, sozusagen die Überschriften, die Eckpfeiler, die Grobplanung. Mit dem Design wird entschieden, *wie* die inhaltliche, soziale, zeitliche und räumliche

Dimension im vorgegebenen Rahmen gestaltet wird. Das Design ist also mit der Raumgestaltung, der Inneneinrichtung eines Gebäudes vergleichbar. Gleichzeitig wissen wir, daß die Trennung oft nur analytisch ist, denn Inneneinrichtungen müssen oft schon in der Architekturplanung Berücksichtigung finden – und umgekehrt.

Bei der Gestaltung von Gärten etwa unterscheidet man nicht zwischen Gartenarchitektur und Gartendesign, da die Elemente der Struktur, der Anlage, der Raumgestaltung und der Bepflanzung sehr stark ineinander verwoben sind.

Beim oben angeführten Beispiel gingen wir von der Annahme aus, daß ein junges Unternehmen Zeit brauche, um seine Identität zu definieren (zeitliche Ebene). Im Erstgespräch hatten wir den Eindruck, daß nicht nur Führungskräfte involviert sein sollten, damit die Akzeptanz wachse (soziale Dimension), daß es keine Vision gab, also „Nebel" erlebt wurde, den es zu lichten galt (sachliche Dimension), und daß wegen der betrieblichen Hektik – typisch für die Informationstechnologiebranche – ein bestimmter, gleichbleibender Raum für kontinuierliche gemeinsame Arbeit außerhalb des Unternehmens von Vorteil wäre (räumliche Dimension).

Funktion von Architektur

Die Funktion der architektonischen Elemente ist eine paradoxe: Es werden fixe Räume für Freiräume geschaffen (z. B. eine bunt zusammengesetzte Steuergruppe, die einmal im Monat 1,5 Tage gemeinsam arbeitet), und es werden Strukturen für Prozesse geschaffen (z. B. in der Steuergruppe, in Subprojekten usw.). Mit Hilfe ungewohnter Elemente sollen Energien im System freigesetzt werden, die neue Optionen schaffen, die so in der gewohnten Organisation nicht möglich wären. So wird etwa in einer Steuergruppe das Aufbrechen von Wahrnehmungsroutinen (z. B. der üblichen Entscheidungswege, der üblichen Zuständigkeiten) erleichtert, wird Raum für Neues geschaffen, werden „rigide Schleifen" aufgelöst, findet Deblokkierung von Energie statt.

Gute Architekturen von Beratungsprozessen erleichtern also neue Sichtweisen, ermöglichen vielfältige Perspektiven (z. B. durch heterogene Gruppenzusammensetzungen), führen neue Unterschiede ein (z. B. durch Interviews mit Kunden) und eröffnen neue Beobachtungs- bzw. Reflexionsmöglichkeiten (z. B. durch Elemente wie das Sounding-board). Dadurch werden

Unterbrechungen von Mustern erleichtert, Gesamtentwicklungen gefördert, das Lernenlernen und die Selbststeuerung werden beschleunigt.

An dieser Stelle möchten wir auf die Verbindung verwandter Prozeßgestaltungen – wie organisationales Lernen, Wissensmanagement – hinweisen. Auch bei diesen Themenschwerpunkten und Anliegen sucht man nach Antworten auf die Fragen: Was ist zu machen? Wie ist vorzugehen? All diese Konzepte haben eines gemeinsam: Sie müssen gegen die menschliche Abneigung gegenüber Reflexion ankommen, wollen auch nonverbale Medien einsetzen, sich mit dem Phänomen kollektiver Energie beschäftigen.

Bei den Prozessen, von denen wir sprechen, reichen die „normalen" Kommunikationsformen bezüglich der Linie – Stäbe, Hierarchien, Projekte, Handbücher, Schriftliches, Anweisungen usw. – nicht aus; viel mehr geht es um symbolisch-analytische Formen der Kommunikation. Bei unserem Thema geht es also nicht darum, *wie* man etwa Lean-Konzepte inhaltlich realisiert, dezentralisiert, optimale Belieferungssysteme oder Prozeßstrukturen schafft, sondern darum, *mit Hilfe welcher* Vorgangsweise Verbesserungen, Veränderungen und Lernenlernen organisiert werden können; *wie* solche Prozesse geplant bzw. gestaltet werden können. Die Ergebnisse solcher Planungsprozesse nennen wir „Architektur". Für komplexere Entwicklungs- bzw. Veränderungsprozesse haben sich die folgenden Architekturelemente bewährt, die wir in Variationen immer wieder einsetzen.

Zentrale Architekturelemente und ihre Funktionen

1. Klare Kontrakte, klare Projektrollen (Auftraggeber, Projektleitungen usw.), definierte Projektdauer
2. Diagnose
3. Rückspiegelungs-Workshop
4. Steuergruppe
5. Subprojekte
6. Dialoggruppe (z. B.: Kommunikation zwischen Steuergruppe und Vorständen/Auftraggebern)
7. Sounding-board
8. Großveranstaltungen
9. Arbeit mit der internen Projektleitung
10. Arbeit mit der Geschäftsleitung
11. Multiplikatorenforen bzw. Schlüsselpersonentreffen

12. Coachings (fachlich, prozeßorientiert, persönlich); z. B. Auftraggeber/Vorstände, Subprojektleiter
13. „Train the trainer"-Module
14. Evaluierung, d. h. Erfolgskontrolle (quantitativ und qualitativ)
15. Moderierte Abteilungs- und Teamgespräche über die Qualität ihrer internen Zusammenarbeit. Und natürlich:
16. Staffarbeit im Beratungssystem

Im folgenden wollen wir die zentralen Architekturelemente beschreiben.

1. **Klare Projektrollen (z. B. Auftraggeber, interner Projektleiter)**
   Zur Funktion der Auftraggeber:
   - Sie initiieren das Projekt.
   - Sie geben ihm eine strategische Ausrichtung in Form von allgemeinen Zielvorgaben.
   - Sie entscheiden über Umfang und Stellenwert des Projekts – im Kontext der anderen Aufgaben des Unternehmens und seiner Mitarbeiter.
   - Sie entscheiden, welche Ressourcen zur Durchführung des Projekts zur Verfügung stehen.
   - Sie treffen die Entscheidungen, die die Unterstützung durch externe Berater betreffen.
   - Sie machen sich in regelmäßigen Abständen ein Bild von den Fortschritten und Ergebnissen des Projekts.
   - Sie beziehen sich selbst in ihren Führungs- und Vorbildfunktionen in das Projekt mit ein.

   Zur Funktion der internen Projektleitung:
   - Der internen Projektleitung obliegt die Führung der strategischen und operativen Geschäfte und des Managements des Projekts. Sie muß nicht alle dabei anfallenden Aufgaben selbst übernehmen, steht aber kraft ihrer Funktion verantwortlich dafür ein, daß diese im gegebenen Zeitrahmen mit den dafür vorgesehenen Ressourcen und auf qualitativ hohem Niveau erledigt werden.
   - Sie führt die Beschlüsse der Steuergruppe aus und setzt die zur Umsetzung notwendigen Schritte und Initiativen.
   - Es gibt eine enge Zusammenarbeit mit den externen Beratern. Die Klarheit der Rollen korreliert mit der Klarheit des Kontrakts.

2. **Funktion der Diagnose des Unternehmens**
   - Orientierung für die Berater;
   - Basisinformationen für Hypothesen und Interventionen;
   - Aufbauen persönlicher Vertrauensbeziehungen zwischen Berater- und Klientensystem durch Gespräche, Einzel- und Gruppeninterviews, Beobachtungen usw.
   - Intervention (Anregung zur [Selbst-]Reflexion des Klientensystems)

3. **Funktion des Rückspiegelungs-Workshops**
   - Herstellen der Anschlußfähigkeit an das Klientensystem, indem die Diagnose zurückgespiegelt und diskutiert wird;
   - Vertiefung der Vertrauensbeziehung;
   - Schaffung einer Basis für eine gemeinsame Entscheidung über das weitere Vorgehen, d. h. für die Projektarchitektur.

4. **Funktion der Steuergruppe**
   Innerhalb des Projekts übernimmt die Steuergruppe zentrale Funktionen:
   - eine Reflexions-Funktion:
     um die Ereignisse laufend zu reflektieren, daraus zu lernen und Konsequenzen abzuleiten;
   - eine Katalysatoren-Funktion:
     um neue Ideen anzustoßen, neue Initiativen zu starten, zur Mitarbeit anzuregen etc.;
   - eine Adressaten-Funktion:
     um für alle Fragen, Entscheidungen und Folgeprobleme in unternehmenskulturellen Belangen eine Anlaufstelle und einen Ansprechpartner zu haben;
   - eine Monitor-Funktion:
     um kulturrelevante Diskussionen, Stimmungen, Handlungen und Entscheidungen im Unternehmen aufzufangen, abzubilden und im Hinblick auf notwendige Schritte zu diskutieren;
   - eine Management-Funktion:
     um notwendige Entscheidungen vorzubereiten, zu treffen und für deren operative Umsetzung Sorge zu tragen;
   - eine Controlling-Funktion:
     um Feedback-Schleifen ins Vorgehen einzubauen und nachzuhalten, wie der laufende Veränderungsprozeß läuft, wo er gut läuft, wo Probleme entstehen und wie nachzusteuern ist;

- eine Auftraggeber-Funktion:
  im Initiieren von Subprojekten;
- eine Informationsplattform-Funktion:
  („2-Weg-Kommunikation“);
- eine Entscheidungsvorbereitungs-Funktion;
- eine interne Marketing-Funktion.

5. Funktion der Subprojekte

- Erarbeitung von Konzepten, Entscheidungsgrundlagen und deren Umsetzung in Projektstruktur;
- Priorisierung von Themen, die wieder symbolische Wirkung haben;
- Erweiterung der Mitarbeiterbeteiligung und dadurch Verbesserung der Qualität der Ergebnisse und Erhöhung der diesbezüglichen Akzeptanz.

6. Funktion der Dialoggruppe

In komplexeren Projekten wird durch den Dialog zwischen Steuergruppe, Auftraggebern, Betriebsräten und anderen wichtigen Umwelten die Gefahr, daß die Steuergruppe „abhebt“, sich also von der Realität des Machbaren entfernt, reduziert.

- gegenseitige Abstimmung zentraler Akteure;
- wechselseitiger Informations- und Kommunikationsbedarf wird befriedigt;
- Abbau von Mißtrauen, Mißverständnissen, Fehlentwicklungen.

7. Funktion des Sounding-board

(Teilnehmer: Steuergruppe, Vorstände, evtl. Betriebsrat, Schlüsselpersonen)

Das Sounding-board soll „klingen“ (to sound), d. h. ein Resonanzkörper sein.

Angesichts der begrenzten Möglichkeiten, die relevanten Unterschiede des Unternehmens in der Zusammensetzung der Steuergruppe abzubilden, hat das Sounding-board die allgemeine Funktion, die Steuergruppe beratend zu unterstützen. Im Sounding-board sind, soweit möglich, alle wichtigen Strömungen, alle Gliederungen, Gruppierungen und Unterschiede des Unternehmens durch Schlüsselpersonen vertreten.

Das Sounding-board hat folgende Funktionen:

- Rückmeldung der Wahrnehmungen bezüglich des Projekts aus der jeweiligen Perspektive;

- Resonanz auf die Arbeit der Steuergruppe und ihrer Subprojekte;
- Information über die Umsetzung und die Fortschritte des Projekts in Einzelbereichen;
- Hinweise auf bisherige Versäumnisse, zusätzlich notwendige Initiativen;
- Multiplikatorenfunktion.

8. **Großveranstaltungen**
Schriftliche Information ist Einwegkommunikation, anonym und abstrakt. Da Menschen sinnliche Wesen sind, bieten Großveranstaltungen – neben vielen Gefahren – große Vorteile, wenn man die Herzen der Menschen erreichen will. Wir sehen folgende Funktionen:
- direkte Kommunikation und daher Dialogmöglichkeit;
- Aufbau eines Wir-Gefühls;
- Sinnstiftung;
- direkter Energieaufbau und -transport;
- die Möglichkeit, viele Menschen gleichzeitig zu erreichen.

9. **Arbeit mit der internen Projektleitung**
Beratungsprojekte haben immer direkt oder indirekt mit Veränderung, also auch mit Verunsicherung zu tun. Daher gerät die Projektleitung unter großen Druck. In komplexeren Projekten geht es um permanente Meta-Entscheidungen, Weichenstellungen, Gesamtreflexionen.
Eine kontinuierliche Arbeit mit der Projektleitung
- stabilisiert das Projekt und den Prozeß;
- trägt zur Verselbständigung des Klientensystems bei, weil diese Prozeß-Know-how, Projektmanagement usw. aufzubauen hilft;
- entlastet die Steuergruppe;
- bildet eine wichtige Brücke zwischen Berater- und Klientensystem;
- beschleunigt Entscheidungen.

10. **Arbeit mit der Geschäftsleitung**
„Die Stiege kehrt man von oben“, lautet ein altes Sprichwort. In unserem Zusammenhang heißt das, daß die Geschäftsleitung in die Veränderungsprozesse persönlich und emotional involviert und als Team motiviert und gefordert sein muß, damit diese ein Erfolg werden können. Das gilt insbesondere für Beratungsprojekte mit kulturellen Anliegen und Veränderungsansprüchen. Wenn „die oben“ zwar Verände-

rung predigen, aber selbst nichts lernen, bewegt sich nichts. Daher erfüllt dieses Architekturelement folgende Funktionen:

- Vorbildwirkung;
- Normsetzer können rascher Bewegung ins System bringen;
- Steigerung der Glaubwürdigkeit bezüglich des Projekts;
- symbolische Aussagen: z. B. „Jeder muß bei sich selbst anfangen. Teamarbeit ist wichtig!“ etc.

11. Multiplikatorenforen bzw. Schlüsselpersonentreffen

Sie haben folgende Funktionen:

- Verteilung der Verantwortung auf mehrere Schultern;
- Beschleunigung der Wirkung des Selbstorganisationsferments;
- Öffnen sozialer Energiebahnen;
- Nutzen der internen Ressourcen.

12. Coaching

Je nach Kontext und Unternehmenskultur kann Coaching vorerst auf der perönlichen Ebene folgende Funktionen erfüllen:

- persönliche Entlastung, Unterstützung;
- Entlastung des Systems durch Stabilisierung einzelner;
- Aufbauen kollektiver Ressourcen durch Qualifizierung einzelner.

13. „Train the trainer“-Module

Dieses Architekturelement ist besonders in der Umsetzungsphase wichtig, wenn sich die Berater schrittweise zurückziehen und dem Klientensystem allmählich die gesamte Prozeßverantwortung übergeben. Es erfüllt folgende Funktionen:

- Aufbauen interner Beratungs- und Prozeßkompetenz;
- Förderung der Eigenverantwortung;
- Multiplikatorenfunktion.

14. Evaluierung

Unter Evaluierung verstehen wir das Mitverfolgen des Ablaufs der Zielerreichung, des Erfolgs der Beratung. Obwohl sich im Laufe eines längeren Prozesses die Bewertungen, Sichtweisen und Erfolgskriterien verändern, empfehlen wir immer häufiger, den Prozeß zu evaluieren. Das geschieht bei uns vorzugsweise mit Hilfe qualitativer Methoden. Auch quantitative Methoden können funktional sein, spiegeln aber zumeist eine nicht erfüllbare Objektivität vor. Wir setzen mehr auf qualitative Methoden wie die Auswertung von Interviews, die zu Beginn und am Ende des Projekt durchgeführt werden, auf Begleitung und Dokumentation der Arbeit von Teams, auf systematische Reviews usw. Die Funktionen der Evaluierung sind:

- Erfolgskontrolle;
- Bewußtmachen der erreichten Veränderungen bzw. der Stolpersteine;
- Rechtfertigung gegenüber den Geldgebern bzw. Skeptikern.

15. Moderierte Abteilungs- und Teamgespräche über die Qualität ihrer internen Zusammenarbeit

Eine simple Stärken-Schwächen-Analyse in konkreten Arbeitseinheiten (z. B. bereichsübergreifende Teams) ermöglicht Feedbackprozesse und damit Lernen wie in einem Brennpunkt. Gerade in Umsetzungsphasen gelingt es auf diese Weise jedem Mitarbeiter, den Bezug zwischen dem Gesamtprozeß und der eigenen täglichen Praxis, zu seinen konkreten Problemen also, herzustellen. Wenn dann auch noch die Möglichkeit eingebaut wird, die Anliegen dieses Teams an die Steuergruppe heranzubringen, ist die Lernschleife rund. Die Funktionen für den Beratungsprozeß sehen wir in folgenden Punkten:

- rasche Umsetzung, „Runterbrechen“ auf die operative Ebene;
- Verbindung von Konzeptarbeit und Praxis;
- Herstellen eines Kommunikationsflusses zwischen Steuergruppe, Linie und Basis;
- Förderung von Feedback-Schleifen – quer über alle hierarchischen Ebenen, quer über Schnittstellen und verschiedene Bereiche.

Die Beziehung zwischen den Subprojekten und den Teamentwicklungen ist als Matrix vorzustellen. Die Arbeit in den Teams bzw. Einheiten berührt alle für sie relevanten Themen in den konkreten Problemstellungen.

Beispiel:

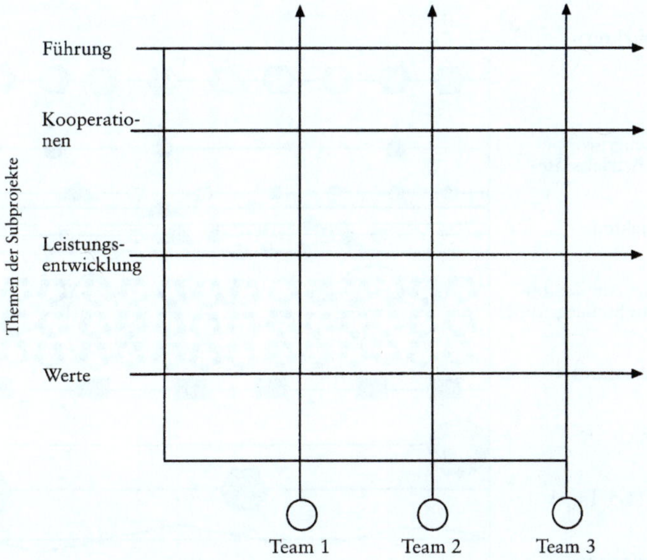

16. Staffarbeit im Beratungssystem

In unserem Ansatz gehen wir von der Beraterarbeit in Paaren bzw. in Teams, also „Staffs“ aus. Ohne ständige Koordinierung, Abstimmung, Interventionsplanung, Reflexion der eigenen Rolle, Beziehung, Resonanzen, Spiele usw. ist unserer Meinung nach professionelle Arbeit nicht möglich. Daher erfüllt die Staffarbeit folgende Funktionen:

- Festigung und Orientierung im Beratersystem, um den immer auftretenden Provokationen gewachsen zu sein;
- Auffangen der unvermeidlichen Unsicherheiten;
- Reflexivität;
- Interventionsplanung und Gesamtsteuerung;
- Festigung des Teamcharakters;
- Lernenlernen.

Beispiele von Interventionsarchitekturen

Wir möchten hier zwei Darstellungsformen von Interventionsarchitekturen präsentieren – die erste ist diagrammartig, die zweite bildlich (vgl. Kap. 3.2, Fall 1 und Fall 3).

„Der Eisberg"

Elemente der Architektur:

- Steuergruppe (à 1,5 Tage)
- Dialoggruppe (Steuergruppe +Auftraggeber + Betriebsräte) (à 3 Stunden)
- Arbeit in Subprojekten (à 0,5 Tage)
- Gruppengespräche zur Zusammenarbeit (Info an Steuergruppe) (à 0,5 Tage)
- Arbeit mit dem Vorstand (à 1,5 Tage)
- Großveranstaltung (1 Tag)
- Sounding-board (1,5 Tage)
- Verbindung zum Konzern (über Delegierte)
- Evaluierung (Interviews, Auswertung), Präsentation

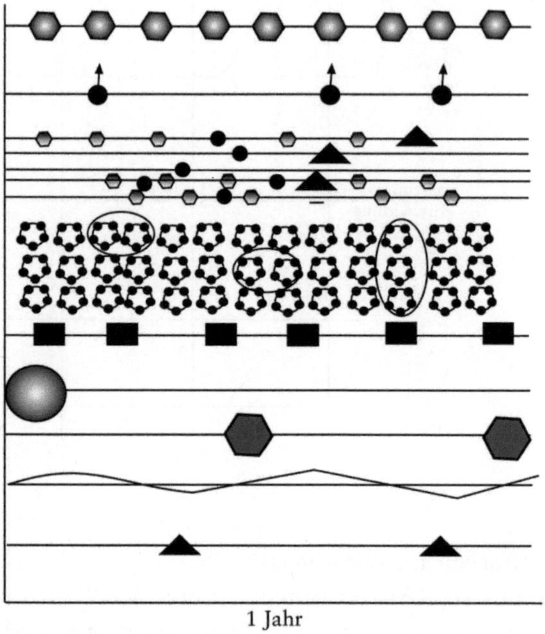

Architekturdiagramm

Es handelt sich hier um die Darstellung der Architekturelemente eines Beratungsprojekts zum Thema „Neue Formen der Zusammenarbeit" in einem deutschen Industrieunternehmen. Das erste Jahr der Konzeptarbeit ist vorbei. Es geht jetzt um die Umsetzung im zweiten Jahr.

Es gibt weiterhin die Steuergruppe, die Arbeit mit den Vorständen und das Sounding-board. Das Evaluierungsanliegen wird fortgesetzt. Neu eingerichtet wird die Dialoggruppe, weil die Abstimmung oft unbefriedigend war. Neu konzipiert wird eine Großveranstaltung mit einigen tausend Mitarbeitern, weil die Kommunikation und das interne Marketing des Projekts zu wünschen übrig läßt. Neu eingerichtet wird auch die Verbindung zum Konzern, weil die diesbezügliche Abhängigkeit nicht länger verleugnet werden kann. Allerdings werden auch flächendeckende Teamgespräche über die Stärken und Schwächen der internen Zusammenarbeit völlig neu eingeführt. Diese ermöglichen eine rasche Umsetzung und den direkten Praxisbezug.

Das Architekturelement „Arbeit mit der Projektleitung“ ist hier nicht eingezeichnet. Aus der knappen Darstellung wird ersichtlich, daß einige Architekturelemente von Anfang an gesetzt sind. Andere entwickelten sich aus Notwendigkeiten und Problemen heraus und stellen selbst wieder eine massive Intervention ins System dar.

„Die Vertreibung aus dem Paradies“

Die Abbildung auf der folgenden Seite zeigt die zentralen Elemente auf einen Blick: Es gibt außer den Auftraggebern eine Steuergruppe, ein Sounding-board mit 100 Teilnehmern, Subprojekte, die Arbeit mit den Vorständen und die Dialoggruppe.

In diesem Unternehmen, das teilprivatisiert und aus einem Monopolmarkt hinauskatapultiert wurde und folglich Stellenabbau hinnehmen mußte, ging es um einen grundsätzlichen kulturellen Wandel. Dieser sollte vor allem in den Köpfen und Herzen der Mitarbeiter stattfinden.

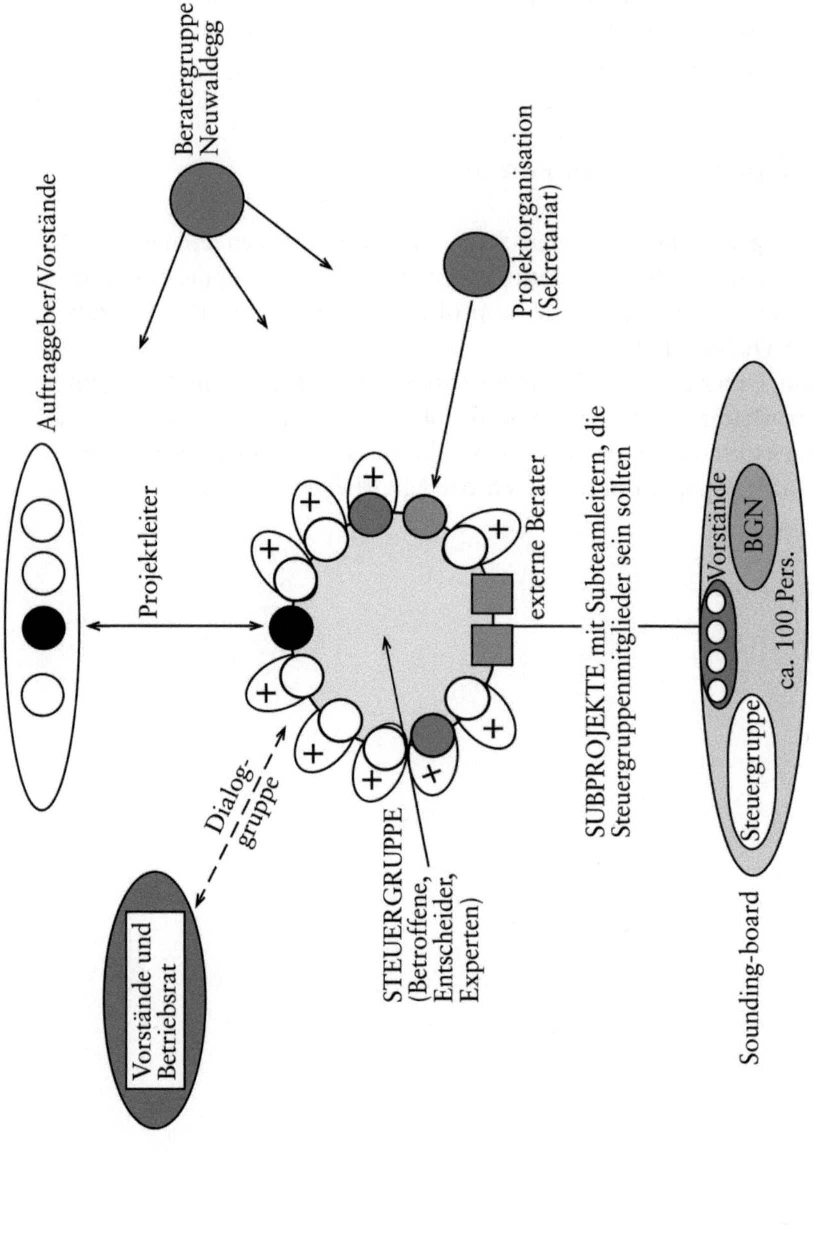

Interventionsarchitektur für das Beispiel „Die Vertreibung aus dem Paradies“

Geschichtliche Entwicklung der Interventionsarchitektur

Die oben skizzierten Elemente der Interventionsarchitektur haben sich für uns im Laufe der Jahre erst durch Versuch und Irrtum, also durch Lernen, herauskristallisiert.

Traditionell war anfangs immer schon eine „größere" oder „kleinere" Diagnose zu machen, die wir Vertretern des Klientensystems zurückspiegelten. Erst dann hatten wir eine sichere Basis, um maßgeschneiderte Vorschläge zu machen. Dort, wo uns die Klienten erfolgreich unter Druck setzten, ohne Diagnose einzusteigen *(„Sie brauchen ja nur den Workshop zu moderieren!")*, erlitten wir Schiffbruch. Einige Elemente knüpfen an die Tradition des Projektmanagements an. Die Weiterentwicklung fokussiert die Gesamtsteuerung und die Kommunikationselemente. Das Element der Steuergruppe und das Sounding-board z. B. entwickelten sich später zu fixen Elementen für komplexere Projekte. Für uns sind sie – in Variationen – unverzichtbar geworden, weil sie Selbststeuerungsprozesse initiieren. Insbesondere die Steuergruppe ist ein zentraler Akteur, der Motor des Veränderungsprozesses. Alles, was hier möglich ist (Offenheit, Konfliktfähigkeit, ganzheitliches Denken), wird auch im Unternehmen möglich sein – so lautet das Motto.

Erst in den beiden letzten Jahren vertreten wir mit viel Überzeugung das Element „Großveranstaltung", da wir die Erfahrung machten, daß diese auch dann noch als sinnliche Kommunikationsform eine Wirkung erzielt, wenn alle anderen Formen der Kommunikation (schriftlich, Versammlungen usw.) nicht mehr imstande sind, die Komplexität zu managen, und wenn die Sinnlichkeit und die Erlebnishaftigkeit anderer Möglichkeiten ausgeschöpft sind. Allerdings ist die Notwendigkeit sorgsamer und langfristiger Vorbereitungen (in Teams natürlich) nicht zu unterschätzen. Großveranstaltungen können aufgrund ihrer Sinnlichkeit in unvergleichlicher Weise Energie transportieren. Gleichzeitig sind sie hoch riskant, und es gibt noch wenig Know-how bezüglich exzellenter Designs. Hier stehen wir am Beginn einer explosiven Entwicklung.

Teams als Architekturelemente

Die meisten von uns angeführten Architekturelemente basieren auf der Grundannahme und -erfahrung, daß Gruppen bzw. Teams Hyperexperten für komplexe neue Aufgabenstellungen sind. Für uns sind sie beinahe eine Zauberformel für Selbststeuerung und für Lernen in sich verändernden Systemen. Man kann es aber nicht deutlich genug sagen: Das gilt nur für sogenannte „reife Teams", die Zeit hatten, arbeitsfähig zu werden (vgl. Königswieser/Heintel: Teams als Hyperexperten des Komplexitätsmanagements. In: Ahlemeyer, Königswieser u. a., Komplexität managen. Gabler Verlag, Wiesbaden 1997). Solche Teams sind dann Hyperexperten des Komplexitätsmanagements und daher für komplexe Beratungsprozesse als zentrales Architekturelement bestens geeignet.

Aber nicht nur die Reife, die Reflexions- und die Arbeitsfähigkeit der Gruppe spielen eine zentrale Rolle, sondern auch deren Zusammensetzung. Es haben sich folgende vier Kriterien, die gleichzeitig „Kapitalformen" repräsentieren, bewährt:

Aus der Organisationsdynamik heraus ist es verständlich, daß es funktionaler ist, heterogene, vielfältige statt homogene Teams (z. B. nur aus Führungskräften) zusammenzusetzen. Damit sind wieder viele systemische Prinzipien berücksichtigt: Vielfalt, Emotionalität, Ganzheitlichkeit, Ressourcenorientierung usw. In ideal zusammengesetzten Teams gibt es nicht nur Mächtige, die dazu beitragen können, daß Konzepte auch klar und rasch entschieden werden (wenn möglich sollte ein Vorstandsmitglied in der Steuergruppe sein), sondern es sollten auch Betroffene mitarbeiten, die die relevanten Strömungen und Emotionen – je nach Schwerpunkt des Projekts – live ins Team mit einbringen (z. B. Meister oder Skeptiker, Bewahrer oder Minderheitenvertreter).

Wenn diese Personen auch noch in wichtigen Subsystemen Akzeptanz genießen, erleichtert das die Arbeit an sich und beschleunigt die Umsetzung. Know-how-Träger (inhaltlich, aber auch prozeßbezogen) bringen Ressourcen des Systems ins Projekt. Prozeß-Know-how bringen nicht zuletzt die Berater ein.

Unsere Basisannahmen und Erfahrungen

Von welchen Basisannahmen und Erfahrungen gehen wir aus, wenn wir mit den genannten Architekturelementen arbeiten?

Soziale Dimension

- Für neue Prozesse der Kommunikation und der Problemlösungsgenerierung müssen auch neue Kommunikations- und Interaktionsmöglichkeiten geschaffen werden, z. B. in ungewohnter Weise zusammengesetzte Teams, Foren usw. Diese sollen einen Unterschied zu den sonstigen Gremien spürbar machen.
- Es sollen bewußt ungewohnte Perspektiven und Beobachtungen hereingeholt werden, z. B. mit Hilfe der Kriterien zur Rekrutierung der Mitglieder von Steuergruppen, Subprojekten usw. Gleichzeitig ist auf die Balance zwischen Veränderern und Bewahrern zu achten.
- Ganzheitliche Veränderung findet nur dann statt, wenn auch in der Steuergruppe und in den anderen neu geschaffenen Einheiten Transformation und Musterveränderung stattfindet.
- Das Herstellen der Verbindung zwischen den genannten Architekturelementen und anderen energetisch relevanten Subgruppen, Netzwerken oder informellen Beziehungsgefügen (z. B. Meisterbund, Sportleistungsgruppen, informelle Seilschaften) ist unserer Erfahrung nach höchst bedeutsam. Diese Relationen haben für Beratungsprojekte die Bedeutung von „Energiebahnen".

Zeitliche Dimension

- Die Dauer der Treffen sollte berücksichtigen, daß Selbststeuerung zentral über die „Reflexionsschleifen" gelernt wird. Das heißt aber, daß die Zeit der gemeinsamen Arbeit nicht zu kurz bemessen sein darf.
  Auch der Rhythmus der gemeinsamen Arbeit muß an das Klientensystem „anschlußfähig" sein. Jeden Monat ein Workshop macht schnell überdrüssig. Zu seltenen und zu kurzen Steuergruppentreffen etwa mangelt es hingegen an der nötigen Dichte.
  Das Motto „quick and dirty" vermittelt, daß es besser ist, kleine Erfolge

rasch zu erzielen, selbst auf die Gefahr hin, daß die Problemlösung nicht hundertprozentig ist. Priorität hat die rasche Umsetzung als Symbol dafür, daß sich gleich etwas „bewegt". Z. B. werden Parkplatzprivilegien rasch abgeschafft, ohne deshalb gleich alle anderen Ungleichheiten zu verändern.

Räumliche Dimension

- Da Menschen sinnliche Wesen sind und auf Rituale ansprechen, scheint es günstig, Klausuren immer am selben Ort stattfinden zu lassen, weil damit der Genius loci, das geistige Klima des Ortes, rasch wiederauflebt.
- Symbolische Kommunikation über den Raum – wie das Herstellen von Ruhe, Ungestörtheit, Konzentration – oder die Ästhetik des Ortes tragen beachtlich zur Intensität der Lernprozesse bei.

Inhaltliche Dimension

- Je nach Ziel und Inhalt der Beratung werden die Gesamtarchitekturen zu bauen sein (vgl. Fallbeispiele). Ein Leitbild- oder Strategieprozeß erfordert z. B. eine andere Architektur als ein Kulturveränderungsprozeß.
- Es ist dennoch günstig, bei der Architekturplanung darauf zu achten, daß – wie bei einem Mobile – durch die Fokussierung eines beliebigen Themas, das man in den Gesamtzusammenhang stellt, auch andere wichtige Themen in Bewegung geraten. Das passiert wie von selbst, wenn genügend Raum und Zeit eingeplant werden, um Kontexte, Vernetzungen und Auswirkungen mit zu reflektieren.

Arbeit mit Symbolischem

Wir möchten die symbolische Dimension speziell herausheben, weil sie einerseits besonders wirkungsvoll ist, gleichzeitig aber diesbezüglich noch wenig Bewußtheit – oder sozusagen greifbares Wissen – vorhanden ist. Sie wird meist intuitiv gesetzt. Immer wieder begegnen wir auch skeptischen Fragen, wo denn die Grenze zwischen sinnvoller Symbolik und abzulehnender Manipulation liege. Unsere Antwort ist simpel: Es hängt vom Kontext, vom Ziel der Wirkung und der Absicht ab; aber das gilt für alle Interventionen.

Symbolik spielt nicht nur auf der Ebene der Interventionstechnik und des Interventionsdesigns eine Rolle, auch in den Architekturen und deren Planungsprozessen stecken für Symbole große Möglichkeiten zu wirken. Z. B. hat die Einrichtung eines Sounding-board oder einer Großveranstaltung, in der man ja fast gezwungen ist, mittels symbolischer Kommunikation zu arbeiten – will man nicht einwegkommunikativ sein –, starke Signalwirkung.

Beispiele für Symbole:

- Eine heterogen zusammengesetzte Steuergruppe etwa vermittelt – symbolisch – Wertschätzung: Unterschiede bereichern, werden ernst genommen. Man spürt: Konflikte sind dann funktional, wenn sie konstruktiv ausgetragen werden. Auch das Kriterium „Prozeßkette berücksichtigen" kann Bewußtheit hin auf den Prozeß und weg von den traditionellen Arbeitsteilungen lenken.
- Die wünschenswerten Resonanzen eines Sounding-board etwa zeigen das Interesse an Mitbeteiligung, an Mitsteuerung, signalisieren Offenheit und Glaubwürdigkeit. Wenn z. B. Diagnosen, also die Ergebnisse von Gruppeninterviews, an alle Interviewten zurückgespiegelt werden, zeigt sich dadurch der Wille zu Transparenz und Reflexivität. Wenn interne Ausschreibungsverfahren die Basis für die Akquisition und Besetzung der Subprojekte sind, ist das eine symbolische Intervention in Richtung Mitgestaltung.
- Die „Train the trainer"-Maßnahmen zeigen ohne lange Erklärungen, daß ein schrittweiser Rückzug der Berater Hand in Hand mit dem Aufbau von Prozeß-Know-how gehen sollte, und machen Hilfe zur Selbsthilfe deutlich.
- Auch die Auswahl der Subprojektthemen trifft eine Aussage darüber, was wichtig ist. Wenn z. B. ein Subprojekt „Gewinner ohne Verlierer" heißt, bedeutet das: Wir wollen mit diesem Unterschied möglichst verantwortungsbewußt umgehen, auch wenn Stellenabbau unumgänglich ist.
- Ein Teamcoaching, zu dem die Vorstandsgruppe offiziell steht, zeigt, daß man sich auch in persönlichen Themenstellungen Unterstützung organisieren darf, daß der Mensch nicht nur ein „Arbeitstier" ist und daß Emotionen „erlaubt sind", d. h. daß Menschlichkeit ein Wert ist.

- Die Bezeichnung „Traumteam“ für eine Arbeitsgruppe suggeriert: Auch die Beschäftigung mit Träumen hilft uns bei der Gestaltung der Zukunft weiter. Irrationales ist auch wertvoll.
- Klare Anfangs- und Endereignisse helfen, Rollenklarheit, mehr Bewußtheit hinsichtlich Zeit, Rhythmen und Verantwortungen zu generieren. Sie erleichtern Erfolgserlebnisse und verhindern, daß die gesetzten Interventionen und deren Wirkung im Strom des Alltags untergehen.
- Ist im Rahmen eines Potentialentwicklungsprozesses eines der Architekturelemente die Projektleitung einer Aufgabe, die „eine Schuhnummer zu groß ist“, so wird vermittelt, daß man an extrem herausfordernden Aufgaben wächst, daß Fehler unvermeidlich sind und daß das daraus resultierende Lernen das eigentliche Ziel der Entwicklung ist.
- Wenn Selbsthilfegruppen eingerichtet werden, setzt das einen Standard: Wechselseitige Hilfe ist erwünscht – „Einzelkämpfertum“ passé.

Planung ist nicht Realität

Da die Sprache linear ist, könnte man aus den bisherigen Ausführungen den Schluß ziehen, daß die Berater einen architektonischen Aufbau planen, der dann durchgeführt wird. Alle in Prozesse Involvierten wissen jedoch, daß Planung und Realität nicht identisch sind.

Wieder ist der Vergleich mit dem Planungsprozeß von Architekten hilfreich. Betrachtet man die verschiedenen Pläne eines bereits fertigen Gebäudes, läßt sich nachvollziehen, welch eine Intervention bereits der erste Entwurf für den Bauherrn ist. Allein schon die Fragen des Architekten machen Bedürfnisse, Ambivalenzen und Ungereimtheiten des Auftraggebers bewußt. Die ersten Pläne werden oft verworfen, weil sie mental-implizite Unklarheiten ans Tageslicht bringen, und noch während des Baus entstehen Veränderungswünsche.

Durch die eingebauten „Reflexionsschleifen“ wird die traditionelle Aufspaltung in Planungs- und Ausführungsphasen radikal zurückgenommen. Die Umsetzung beginnt bereits beim Start.

Aus der Entstehungsgeschichte der Interventionsarchitektur, aus den Unterschieden zwischen Planung und tatsächlicher Realisierung und aus den Hintergründen des Entscheidungsprozesses selbst lassen sich tiefe Einblicke in ein System gewinnen.

Planung ist nicht Realität

Wie sozial kompetente Architekten ihre Planung gemeinsam mit dem Auftraggeber entwickeln – ihre Expertise zwar einbringen, aber darauf achten, daß sich ihre Klienten mit dem Bau identifizieren –, so sehen auch erfolgreiche Berater Planung als eine gemeinsame Aufgabe an.

Mit wem entwerfen wir die Projektarchitektur?

Diese Frage kann nicht eindeutig beantwortet werden. Auch hier geht es um „Anschlußfähigkeit“ zum Klientensystem. Das Kontinuum zeigt verschiedene, je nach Kontext sinnvolle Varianten auf.

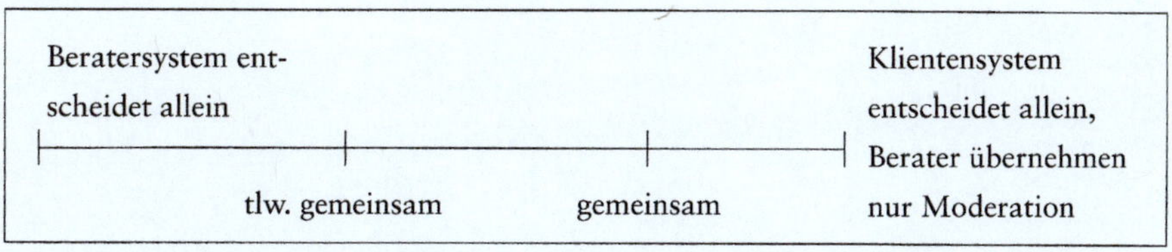

Wir machen die Erfahrung, daß bei längeren Beratungsprozessen (mehr als 1 Jahr) schrittweise auch Architekturentscheidungskompetenz an das System selbst abgegeben werden kann.

Gleichzeitig gilt aber, daß wir – verglichen mit früher – klarer zu unserer Planungskompetenz stehen und uns mit unseren Empfehlungen, wie Beratungsprozesse gestaltet werden sollten, deutlich positionieren. Auf dieser Ebene sind wir direktiver geworden.

Für uns gehören die Konzeption und der Entwurf von Architekturen zu den faszinierendsten Beratungsaufgaben. Wir spüren in der Praxis, daß immer mehr Manager sich mit diesen Fragen beschäftigen, weil das Managen von Komplexität – und die ist in Veränderungsprozessen allemal im Übermaß vorhanden – auch die Planung von Prozessen verlangt, die Selbststeuerung erleichtern (vgl. Ahlemeyer, Königswieser u. a.: Komplexität managen, Gabler Verlag, Wiesbaden 1997).

3.2 Praxisbeispiele zur Interventionsarchitektur von Beratungsprojekten

Fall 1: „Der Eisberg"

Erfolgsfaktor Zusammenarbeit, kulturell und strukturell

Roswita Königswieser

1. Ausgangssituation

In diesem Beratungsfall handelt es sich um ein österreichisches Schwerindustrieunternehmen mit rund 12 000 Mitarbeitern. Innerhalb eines Konzernverbunds stellt es das größte Tochterunternehmen dar.

Die wesentlichen Kundengruppen sind führende europäische Automobil- und Haushaltsgerätehersteller sowie internationale Öl- und Gasförderunternehmen.

Die Unternehmenskultur ist stark durch die Geschichte geprägt: Nach einer langen Tradition als verstaatlichtes Unternehmen erfolgte vor drei Jahren die Privatisierung. Der außerordentlich erfolgreiche Gang an die Börse hat tiefgreifende Veränderungen bewirkt: Der Konzern forcierte die Internationalisierung und den Aufbau strategischer Allianzen. Es wurden große Investitionsprogramme durchgeführt, die weitreichenden Diversifizierungsprojekte auf realistische Kernkompetenzen reduziert, und die Produktpalette wurde aktualisiert.

Im Zuge der Privatisierung und Modernisierung kam es aber auch zu erheblichem Stellenabbau, zu Kosteneinsparungen und permanenten Verbesserungsprogrammen. Es wurden die Titel abgeschafft, leistungsorientiertes Denken begann sich nach und nach durchzusetzen, Produktentwicklungen wurden teilweise bereits mit Kunden durchgeführt. Man erkannte: Der langfristige Veränderungsprozeß war grundsätzlich nicht abzuschließen. Das Unternehmen hatte bereits eine beachtliche Lerngeschichte hinter sich.

Die Ertragslage war zu dieser Zeit im Vergleich zu der anderer europäischer Erzeuger sehr gut, wenngleich von branchentypischen konjunkturellen Zyklen geprägt.

2. Die Anfrage

Der Vorstandsvorsitzende, eine starke Galionsfigur des Unternehmens, der sich großer Achtung und Beliebtheit erfreute, hatte sich seit längerem mit der Absicht getragen, für seine „rationalen Techniker" einen Prozeß zu starten, der sie für die Erfolgsfaktoren, die nicht mit Zahlen und Fakten zu belegen sind, sensibilisieren sollte, Faktoren, die mit Haltung, mit der Art des Denkens und der Art, Probleme zu lösen, zusammenhängen und sich in der Art der Zusammenarbeit (nach innen und außen) widerspiegeln. Ein Artikel in einem Wirtschaftsmagazin über ein Kulturveränderungsprojekt in der Automobilbranche machte ihn auf uns aufmerksam. Er litt vor allem darunter, zuwenig Feedback zu bekommen – er wurde beinahe als unantastbare Autorität behandelt.

Im Gespräch – zuerst mit dem Vorstandsvorsitzenden allein und danach mit seinen vier Kollegen – stellte sich ein diffuses Unbehagen heraus, und zwar folgende Sachverhalte betreffend:

- die mangelnde Offenheit und Zivilcourage der 2. Ebene,
- die unbefriedigende Kommunikation zwischen 1. und 2. Ebene,
- die vielen unausgetragenen Konflikte, die die Qualität der Arbeit beträchtlich beeinflußten, und
- die Kommunikationsblockaden in der Vorstandsgruppe selbst.

Wir hielten diese Probleme eher für Symptome und waren auf die strukturellen Faktoren gespannt. Allerdings sollte über Strukturen nicht gesprochen werden, weil eben erst ein internationales Beratungsunternehmen im Hause gewesen und daraufhin vieles umstrukturiert worden war.

Obwohl die Perspektiven der fünf Vorstände sehr unterschiedlich waren, kam es zu einem ersten gemeinsam getragenen Auftrag, die Diagnose betreffend. Erst dann, so schlugen wir vor, sollte über ein größeres Projekt – „Erfolgsfaktor Zusammenarbeit" – entschieden werden. In einem Rückspiegelungs-Workshop sollten die Ziele dann nochmals und genauer festgelegt werden und über das weitere Vorgehen auf Basis unserer Empfehlungen gemeinsam entschieden werden.

3. Phase 1: Diagnose

Bei einem Treffen mit dem Gesamtvorstand, der gleichzeitig der Auftraggeber war, präsentierten wir einen Architekturvorschlag für die Diagnosephase, der akzeptiert und realisiert wurde. Das Beraterteam bestand aus Roswita Königswieser (Projektleitung), Alexander Doujak, Uwe Cichy, Ulrich Königswieser und später noch Manfred Polzer.

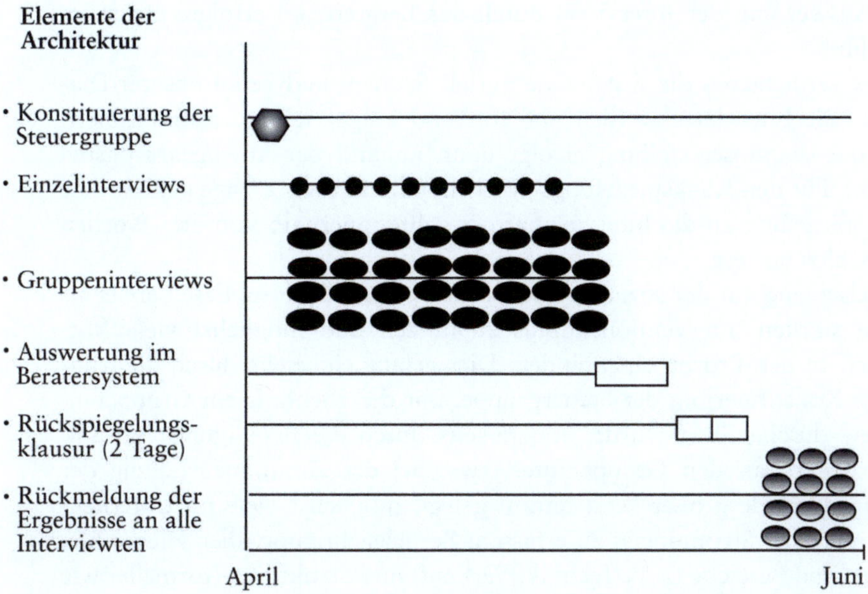

Architekturdiagramm, Phase 1

Die Steuergruppe wurde sofort konstituiert, um sie bereits für die Diagnose (Auswahl der 250 Interviewpartner, Klausur, Entscheidung über das weitere Vorgehen usw.) in ihrer verantwortlichen Rolle als Motor des Prozesses ernst zu nehmen. Sie umfaßte 9 Mitglieder aus allen Hierarchiestufen – vom Vorstandsvorsitzenden bis zum Meister – und aus allen Bereichen. In dieser Phase wurde entschieden, die Betriebsräte nicht in dieses Projekt mit einzubinden, weil die aktuellen Konflikte zwischen Vorständen und Betriebsrat als zu schwierig erschienen. Diese Entscheidung sollte uns noch Probleme bereiten.

In der Diagnosephase ging es auf der **sachlichen Ebene** darum, die Zusammenarbeitskultur im Unternehmen zu beschreiben sowie problematische Schnittstellen und Verhaltensmuster zu orten. Dies sollte mittels offener Interviews geschehen, wobei die Vorstände einzeln, die Schlüsselpersonen aus den verschiedenen Bereichen und die Vertreter der externen Umwelten (Kunden) in Gruppen interviewt werden sollten.

Der **zeitliche Rahmen** war eng gesteckt. Die Interviewtermine wurden vereinbart, die Durchführung nahm insgesamt einen Monat in Anspruch.

Die Auswertung der Interviews durch das Beraterteam erfolgte gleich im Anschluß:

Wir verdichteten die Ergebnisse mittels Sequenzanalyse zu unserer Diagnose (die Interviews werden auf Tonband aufgezeichnet, transskribiert, und die Diagnoseerstellung erfolgt dann anhand der aussagekräftigsten Zitate). Für den Rückspiegelungs-Workshop hatten wir 2 Tage geplant, die Rückspiegelung an die Interviewpartner sollte innerhalb von drei Wochen abgeschlossen sein.

Zielsetzung auf der **sozialen Ebene** war es, die Diagnosephase bereits als ersten starken Interventionsimpuls zu nutzen und möglichst viele Mitarbeiter in den Prozeß einzubinden. Dies gelang einerseits durch die frühzeitige Konstituierung der Steuergruppe, mit der ebenfalls ein Gruppeninterview durchgeführt wurde, andererseits durch die Beteiligung von 250 Mitarbeitern an den Gruppeninterviews. Bei der Zusammenstellung der Gruppen wurde großer Wert darauf gelegt, möglichst viele im Unternehmen relevante Strömungen zu erfassen: Berücksichtigung aller Hierarchieebenen und Bereiche (z. B. Technik, Verkauf) und Strukturen (formeller wie informeller).

Die **räumliche Intervention** bestand darin, den Rückspiegelungs-Workshop außerhalb des Unternehmens in einem sehr landestypischen Seminarzentrum und die Interviews im unternehmenseigenen, neugestalteten Besprechungszentrum abzuhalten.

Die Interviews führten zu im Staff häufig diskutierten Hypothesen. Wir bekamen auch die typischen Verhaltensmuster bereits im Diagnoseprozeß zu spüren. So begegneten wir sehr früh dem später viel zitierten Phänomen des „Schwarzen Lochs der Information“: Die Beteiligten schienen hinter jeder Information, die den Beratungsprozeß betraf, einen Nachteil zu vermuten und versuchten, sich dagegen abzusichern, indem sie vorgaben, keinerlei Informationen erhalten zu haben, nach dem Motto: „Im Zweifel warst du nicht informiert, dann behältst du alle Optionen.“ Dieses „Schwarze Loch der Information“ machte uns zu schaffen. Obwohl die Steuergruppenmitglieder selbst die Architektur der Diagnose mitentschieden hatten, kritisierten sie bei ihrem eigenen Interviewtermin, daß sie darüber keine Information erhalten hätten! Wir konnten es kaum glauben! Selbst als wir die Gruppe an ihre Beteiligung an der Entscheidung erinnerten, beruhigten sich die mißtrauischen Gefühle uns gegenüber nicht wesentlich.

Im Staff gelang uns dann die Verdichtung der relevanten, latenten und brisanten Themen, die wir im Rückspiegelungs-Workshop 70 ausgewählten Schlüsselpersonen inklusive Vorstand als Diagnose zurückspiegelten.

Der Grundtenor bezüglich der Wandlung des Konzerns vom Staatsbetrieb zur börsennotierten Gesellschaft war grundsätzlich positiv: Wir beschrieben eine Aufbruchsstimmung, die Identifikation mit dem Unternehmen, den Stolz der Mitarbeiter darauf, daß das Unternehmen durch die Bewältigung der Krise eine steile Lernkurve und den Börsengang geschafft hatte. Gleichzeitig berichteten wir aber auch von Bedrücktheit und Angst vor neuerlichem Stellenabbau, vor einer möglichen Produktionsverlagerung ins Ausland und vor den ständigen Einsparungen.

Eine Analyse der Stärken und Schwächen des Unternehmens hatte für uns ergeben, daß die Stärken vor allem im Bereich Produkte, Qualität und Know-how lagen, das zentrale Lernfeld aber tatsächlich auf der Ebene der weichen Faktoren, der Unternehmenskultur, liegt.

Zentrales Element unserer Diagnose war die Darstellung der Zusammenarbeit an den Schnittstellen im Unternehmen. Besonders auffallend war die Dominanz der Technik, der Produktion auf Kosten des Verkaufs, der Einheiten mit direktem Kundenkontakt.

Verständlicherweise spiegelte sich die Zusammenarbeitskultur des Unternehmens im Vorstand wider.

Die Kommunikationskultur war insgesamt unterentwickelt. Konsequentes Bereichsdenken führte dazu, daß eine umfassende Informationsvernetzung zwischen den Bereichen unterblieb und der Informationsfluß in erster Linie informell lief.

Hinzu kam, daß infolge mangelnder Offenheit Konflikte nicht ausgetragen, sondern aufgrund einer Strategie der Konfliktvermeidung elegant umschifft oder in niedrigere Hierarchieebenen verlagert wurden.

Eine der Folgen dieser Verhaltensweise war es etwa, daß zwischen dem Vorstand und der ersten Führungsebene ein Spannungsfeld existierte, das die Zusammenarbeit zwischen den beiden Ebenen erschwerte und durch die traditionellen, einwegkommunikativen Leitungssitzungen noch zementiert wurde.

Unsere Diagnose ergab auch, daß es in diesem Unternehmen widersprüchliche Werte und Kulturen gibt, die sich gegenseitig nicht befruchteten, sondern blockierten. Wie schon erwähnt, gab es keine klare Informationspolitik. Man verließ sich auf die ausgedehnten informellen Kommunikationsnetze und redete nur in kleinen, inoffiziellen Gruppen offen über Probleme. Die Vorstände kritisierten die mangelnde Zivilcourage ihrer obersten Führungskräfte. Die Führungskräfte wiederum begründeten diesen Mangel damit, daß die Vorstände keine Kritik vertrügen. In großen Gruppen war es üblich, nur unproblematische Themen anzusprechen und die eigene kritische Meinung grundsätzlich zurückzuhalten. So wurden wertvolle Ressourcen vergeudet.

Ein weiteres Verhaltensmuster war das Bereichsdenken: Es war ein ungeschriebenes Gesetz der Loyalität, niemals den eigenen Bereich abzuwerten. Das Ziel lautete, den Erfolg des eigenen Bereichs zu vergrößern, notfalls auch auf Kosten anderer. Es gab kein Verständnis bezüglich bereichsübergreifender Prozeßketten, Teams usw. – das zog sich bis in die Vorstandsebene. Das Unternehmen stand von seiten der Börse und der Großinvestoren unter großem Erfolgsdruck, der durch die interne Konkurrenzsituation noch verstärkt wurde.

Ein zentraler Schwerpunkt war der – allerdings für diese Branche nicht untypische – Konflikt zwischen den Bereichen Verkauf und Technik. Der Wechsel von der Geschäftsfeld- zur Branchenorganisation verschärfte den Konflikt zusätzlich. Die Identität des Unternehmens war immer noch produktions- und technikorientiert, so daß die Technik eine klare Identität und viel Selbstbewußtsein hatte, während der Verkauf unter zu wenig Anerkennung litt und sich als „Underdog" fühlte. Diese Asymmetrie zwischen den beiden Bereichen wird durch ein Zitat eines Technikers deutlich: „Verkaufen lerne ich auf einem Wochenendseminar!" Der Mangel an Kommunikation zwischen Verkauf und anderen Bereichen und das geringe Selbstbewußtsein spiegelten sich auch intern wider. Es herrschte weitgehend Unklarheit bezüglich der Rollen in der abteilungsübergreifenden Zusammenarbeit. Allein schon das Bürogebäude des Verkaufs war kommunikationsfeindlich konzipiert, und es gab bislang keine Lösungsansätze für eine Verbesserung dieses Zustands. Der Verkauf wurde von allen Seiten (Markt, Technik, Vorstand) stark unter Druck gesetzt und bekam keinerlei emotionale Unterstützung, sondern im Gegenteil Vorwürfe wie: „Die lügen und sind Schaumschläger!"

Die Probleme in der Zusammenarbeit zogen sich also horizontal durch die Bereiche, aber auch vertikal durch die Hierarchieebenen. Ein anderes zentrales Thema war die „Zweiklassengesellschaft" im Unternehmen: Die Angestellten seien Mitarbeiter erster Klasse, die alle zwei Jahre automatisch ihre Beförderung bekämen, regelmäßig Schulungen in Anspruch nehmen könnten und von Rationalisierungsmaßnahmen weitgehend verschont blieben. Angestellte würden gefragt, Arbeiter bestenfalls informiert. Angeblich wurden Rationalisierungsmaßnahmen nur bei den Arbeitern, nicht aber bei den Angestellten durchgeführt.

Unsere Diagnose stieß im Verlauf des zweitägigen Rückspiegelungs-Workshops auf heftigen Widerstand. Obwohl wir die Stärken des Unternehmens hervorhoben und die Verbesserungspotentiale ohnehin nur äußerst behutsam anführten, wurde unsere Diagnose als übertrieben abgelehnt. Es gab heftige Diskussionen zwischen „Bewahrern" und „Veränderern". Also versuchten wir dann, die heiklen Themen (zu wenig Kundenorientierung, Abwertung des Verkaufs, engstirniges Bereichsdenken, „Freunderlwirtschaft" gegenüber Kunden und auch intern, stark hierarchisches Denken bei Personalentscheidungen, zu wenig Teamorientierung und mangelnde Zivilcourage) erst in Gruppen zu diskutieren und dann die Ist- und die Soll-Situation mit Hilfe kurzer Sketches im Plenum darzustellen. Das mobilisierte die kollektiven Gefühle: Dieselben Leute, die unsere Diagnose radikal abgewertet hatten, stellten in engagiertester Weise die mentalen und strukturellen Mängel dar. Im Verlauf des Workshops spitzte sich die Situation immer mehr zu: Es kam zu großer Unruhe und zu Turbulenzen im Plenum. Der Projektabbruch wurde immer wahrscheinlicher. Es gab zwei Hauptströmungen: „Wozu soll dieses weiche Pseudoprojekt gut sein? Weg damit!" Und: „Endlich werden die zentralen Blockaden angesprochen! Dieses Projekt ist überlebensnotwendig!"

An diesem kritischen Punkt schien unsere „paradoxe Intervention" gewirkt zu haben. In einem „reflecting team" im Plenum sagten wir: „Wahrscheinlich habt ihr recht – wir haben übertrieben und liegen mit unserer Diagnose offensichtlich falsch!" Daraufhin kam es zu noch schärferen Diskussionen innerhalb des Teilnehmerkreises, es kristallisierten sich Befürworter und Gegner unserer Thesen heraus, und letztendlich setzten sich die Veränderungswilligen durch, zu denen auch die Mehrzahl der Vorstände gehörte. Diese wollten trotz der rationalen Technikkultur die „soft factors" (die Form der Zusammenarbeit, die Förderung der Teamarbeit, eine andere Art der Führung oder Konfliktkultur) in Angriff nehmen. Die größte Schwierigkeit bestand darin, zu einem Prozeß ja zu sagen, dessen Ausgang völlig offen war und nicht exakt geplant werden konnte.

Die Rückspiegelung an alle 250 Interviewten – die an zusammengefaßte Gruppen durch jeweils ein Steuergruppenmitglied und einen Berater erfolgte – verlief ganz anders. Unsere Diagnose traf dort ins Schwarze, und es knüpften sich hohe Erwartungen bezüglich Veränderungen an das Projekt.

Vor allem war man an schnell spürbaren Ergebnissen interessiert.

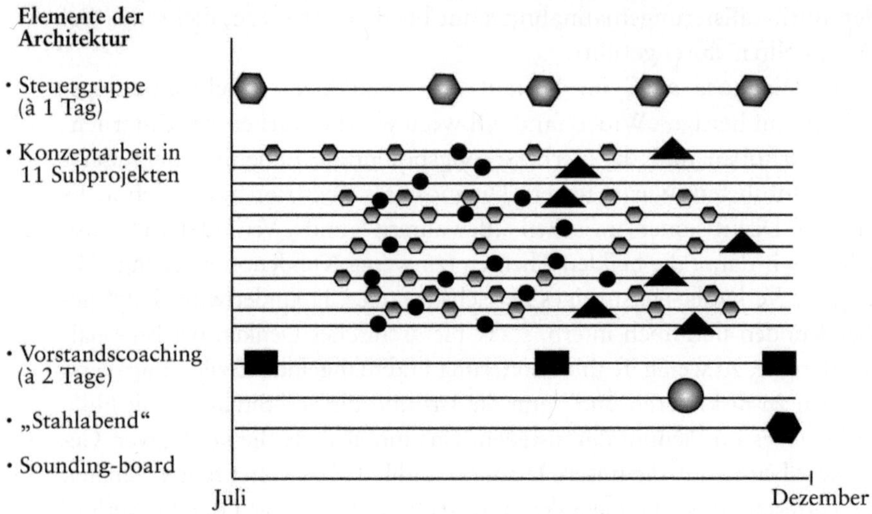

Architekturdiagramm, Phase 2

4. Phase 2: Konzeptarbeit und Umsetzung

Bereits beim Rückspiegelungs-Workshop war die Grundarchitektur für die 2. Phase zur praktischen Umsetzung der Diagnoseergebnisse von uns vorgeschlagen und letztlich gemeinsam mit der Steuergruppe verabschiedet worden.

Basierend auf unseren Empfehlungen zur Architektur und zu Schwerpunktthemen, ordnete die Steuergruppe die Themen der Subprojekte nach Prioritäten. In erster Linie sollte die Arbeit an den verschiedenen Schnittstellen zunehmend intelligenter erledigt werden. Außerdem sollte unternehmensweit eine Analyse hinsichtlich Verhaltensmustern und Werten und parallel ein Vorstandscoaching durchgeführt werden.

Ziel war es – neben der Erhöhung der Offenheit bzw. der Zivilcourage in und zwischen den Hierarchieebenen –, die Einstellung der Mitarbeiter zu verändern. Es sollten Impulse gesetzt werden, um die ganzheitliche Problemlösungskapazität des Unternehmens zu verstärken und somit die mittel- und langfristigen Erfolgschancen zu erhöhen. Langfristig strebten wir also die Weiterentwicklung der Organisation zu einem lernenden, intelligenten Unternehmen an, was letztlich auf die Veränderung der Werthaltungen und der Einstellungen hinauslief, wofür aber auch die strukturellen Voraussetzungen erst geschaffen werden mußten. Dazu gehörten die Verlagerung der Verantwortung auf bereichsübergreifende Teams, die Stärkung der Einheiten, die mit dem Kunden in direktem Kontakt stehen, und ein ganzheitliches Denken, das in seinen

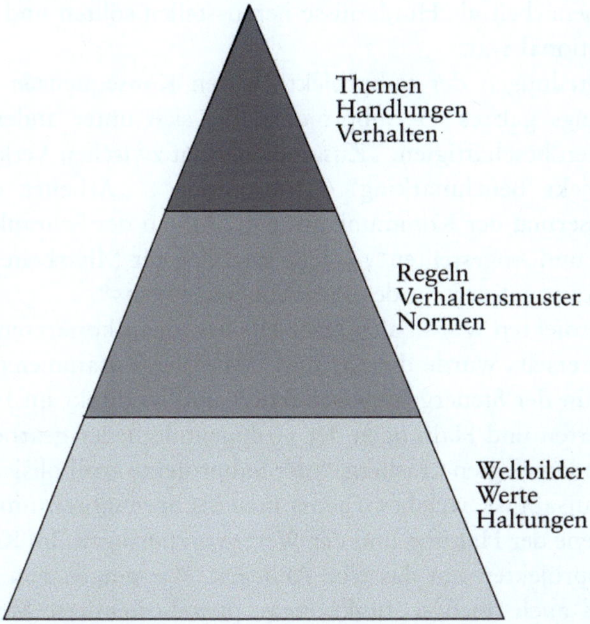

Das Eisberg-Modell

Überlegungen von der Zufriedenheit der Kunden ausgeht. Für ein traditionell produktorientiertes Unternehmen bedeutete das massiven Wandel.

Zum Verständnis der Steuerungsfunktion hinsichtlich der Werte, Einstellungen und Haltungen arbeiteten wir vorerst in der Steuergruppe mit dem sogenannten Eisberg-Modell.

Ausgangspunkt unseres Ansatzes war es, daß sich Werte, Einstellungen und Haltungen nicht direkt verändern und schon gar nicht anordnen lassen. Die Veränderung läßt sich nur langfristig, und zwar über inhaltliches Arbeiten, über Erleben, durch Konsequenzen und Reflexion, erzielen. Die Arbeit auf der inhaltlichen Ebene dient somit als „Sprungbrett“, um ins „tiefere Wasser“ der Verhaltensmuster und Werte zu gelangen. Die Wirkung der Veränderungsprojekte liegt darin, gleichzeitig an Inhalt und Prozeß, an den beobachteten Verhaltensmustern und Werten zu arbeiten. Das oberste Projektziel ist der Wertewandel im Unternehmen, die Auftraggeber waren letztlich aber auch bereit, Strukturen zu verändern, wenn diese sich für die Zusammenarbeit als Hindernisse herausstellen sollten und dies für den Erfolg funktional war.

Die Themenstellungen der Subprojekte waren Konsequenzen aus der Diagnose. Anfangs gab es 11 Subprojekte, die sich unter anderem mit folgenden Themen beschäftigten: „Zusammenarbeit zwischen Verkauf und Technik“, „Projekt Benchmarking“, „Jobrotation“, „Arbeiter der Zukunft“, „Verbesserung der Kommunikation“, „Abbau der Schranken zwischen Arbeitern und Angestellten“, „Neue Energien für Mitarbeitergespräche“ und „Professionalisierung des Projektmanagements“.

In allen Subprojekten wurde also einerseits an einem konkreten Thema gearbeitet, andererseits wurde die Art und Weise der Zusammenarbeit im Subprojekt und in der Steuergruppe reflektiert und so direkt im Hier und Jetzt an den Werten und Haltungen der Gruppenmitglieder gearbeitet.

Die übereinandergelegten „Eisberge“ der Subprojekte symbolisieren, daß es weniger bedeutsam ist, welches Thema man als Sprungbrett nimmt, um in die tiefere Ebene der Haltung und der Werte vorzudringen. Im Kern geht es bei allen Subprojekten um dasselbe Anliegen. Wir gingen von der Annahme aus, daß auch noch so funktionale, prozeßorientierte Strukturen nichts nützen, wenn nicht die Denkweise und die Werthaltung der Mitarbeiter und Führungskräfte sich wandelt. Werte sind die Verbindung von Denken und Gefühlen auf der einen und von Entscheidungen und Handlungen auf der anderen Seite.

Gerade in einer Zeit radikalen Wandels stellt ein gemeinsam getragenes Wertesystem eine ideale Orientierungshilfe dar – eine Art moralischer Navigationshilfe in nebligen Situationen, die Halt bietet und ein Gemeinschaftsgefühl ermöglicht. So sollte in diesem Veränderungsprozeß die Wertediskussion die heißesten Auseinandersetzungen auslösen und sollten die den Werten entsprechenden Personalentscheidungen ein emotionales Erdbeben im Unternehmen verursachen. In vielen Runden wurden die von den Vorständen erarbeiteten Werte (der „Wertediamant“) diskutiert. Da war von ganzheitlichem Denken, Mut, Zivilcourage, Innovationsfreude, sozialer Kompetenz, Leistungsorientierung und Teamfähigkeit die Rede.

Auf der **inhaltlichen Ebene** wurden die meisten unserer Vorschläge aufgenommen. Allerdings wurde das Thema „Betriebsrat“ ausgeklammert und auch das Thema „Kommunikation zwischen 1. und 2. Ebene“ konsequent ignoriert bzw. verdrängt. Projektberichte bestimmten die inhaltliche Arbeit in der Steuergruppe. In den Subteams und den Workshops wurden gute Analysen und Konzepte erstellt und viele inhaltlichen Anregungen und Vorschläge eingebracht. Dagegen gab es Probleme mit den „soft facts". Man war ständig auf der Suche nach Konkretem, Anfaßbarem. Die Anfangsphase war deshalb von einem starken Bedürfnis nach inhaltlicher Abstimmung und Orientierung geprägt. Erst später gelang es, die Arbeit an der Beziehungsebene in den Vordergrund zu rücken, den Prozeß selbst zu reflektieren.

Auf der **sozialen Ebene** hatten wir daher zunächst mit den Erwartungen an uns Berater zu kämpfen. Man versprach sich inhaltliche Führung statt Prozeßberatung. Das war man aufgrund des Modells der internationalen Berater, die vor uns dort gearbeitet hatten, gewohnt. Dies führte vor allem in der Steuergruppe zu massiven Anfangswiderständen und zu Konfrontationen hinsichtlich unserer Vorgehensweise und unseres Ansatzes. Der soziale Prozeß in der Steuergruppe war auch durch die starke Dominanz der Hierarchien und durch Autoritätsgläubigkeit blockiert. Echte Teamprozesse kamen erst in Gang, als ein Teilnehmer, der weder der hierarchisch noch der thematisch dominierenden Gruppe angehörte, mit seinem Ausstieg aus der Steuergruppe drohte. („Dieses Spiel spiele ich nicht länger mit, da ist mir leid um die Zeit!") Dies war eine Schlüsselszene für den gesamten Prozeß. Die Aufarbeitung der Konflikte gehörte ab diesem Zeitpunkt permanent zum Lernprozeß der Steuergruppe, die zu einem Ort des Lernens und der vorbildlichen Zusammenarbeit wurde. Die Devise „Zuhören lernen, nicht dominieren!" wurde von nun an konsequent befolgt und über Feedbackprozesse selbst gesteuert.

Ein Meister aus der Produktion verließ die Steuergruppe, weil er die Zerreißprobe zwischen Linie und Projekt nicht aushielt. Die Steuergruppe war zu dieser Zeit leider nicht fähig, mit dem Problem konstruktiv umzugehen.

Das Coaching mit der Vorstandsgruppe zeigte nur langsam Konsequenzen. Das war nicht nur darauf zurückzuführen, daß die Vorstände wenig Zeit hatten, sondern auch darauf, daß sich in diesem Team ähnliche Muster wiederfanden wie im Gesamtunternehmen: zu wenig Offenheit, mangelnde Konfliktbereitschaft und ein geringes Maß an Zivilcourage, engstirniges Bereichsdenken und Innenorientierung statt Marktorientierung. Zweifellos muß die Spitze des Unternehmens den Wandel gemeinsam initiieren und vor allem vorleben, sonst sind alle Bemühungen vergebens.

Die Subprojektteams sollten den Geist des Projekts ins Unternehmen tragen. Dafür war es wichtig, nicht nur Betroffene, sondern auch „Querulanten" in die Subprojekte einzubinden. Auch hier galt es, eine Balance zu finden: einerseits die von uns erwartete Führung und andererseits genügend Freiraum für Selbstorganisation und Selbstentfaltung anzubieten.

Um Meilensteine im Projekt zu setzen sowie Multiplikator- und Signaleffekte zu erzielen, bündelten wir die Energien des Gesamtsystems in Großveranstaltungen. Wir nutzten z. B. die Einrichtung des „Stahlabends“, an dem ca. 700 Mitarbeiter anwesend waren, zu einer Grundinformation über das Projekt. Der Sinn des Projekts wurde mit Hilfe analoger Interventionen wie Sketches und Publikumskurzinterviews vermittelt. Auf die sonst üblichen Folienpräsentationen wurde komplett verzichtet. Es gelang, die Herzen vieler zu öffnen.

Immer wieder lief das Projekt Gefahr, „abgeschossen“ zu werden. Die tiefe Ambivalenz dem Anliegen gegenüber und das Beharrungsvermögen spiegelten sich in allen Sitzungen wider.

Den Abschluß und Höhepunkt der 2. Phase bildete dann die Soundingboard-Veranstaltung, an der 50 Schlüsselpersonen des Unternehmens beteiligt waren und bei der die Projektleiter die Ergebnisse der Subprojekte präsentierten. Dieses Ereignis bot Gelegenheit für Diskussion und Reaktion auf das Projekt. Die Ergebnisse der Subprojekte waren insgesamt sehr erfreulich: Es gab nicht nur Konzepte zu präsentieren, sondern auch schon vielfältige Umsetzungsaktivitäten. Vor allem aber vermittelten alle Beteiligten, daß mit und in ihnen selbst Bewegung und Veränderung stattfand. Der Prozeß machte Fortschritte, und die Richtung stimmte. Die Resonanz war: „Wir merken langsam etwas.“ Es wirkte ansteckend.

Beispielsweise waren Planung und Kommunikation zwischen den Bereichen Technik und Verkauf schon erheblich verbessert worden, man hatte mittlerweile eine prozeßorientierte Teamstruktur entwickelt: Die Beteiligten hatten sich in Eigenregie auf optimale Arbeitsabläufe geeinigt und ihre Abteilungen reorganisiert.

Von besonderer Bedeutung war der Beschluß, auf massive Intervention des Betriebsrats, diesen verstärkt in den Beratungsprozeß mit einzubeziehen. Konkret wurde dieser Beschluß durch zwei neue Subprojekte realisiert: eines zur Verbesserung der Zusammenarbeit zwischen Vorstand und Betriebsrat, um eine neue Sachlichkeit in der Kommunikation zu erzielen. Das andere Projekt hatte das Ziel, ein neues Aufgabenprofil für den Betriebsrat zu entwickeln. Das war besonders in einer Zeit der generellen gesellschaftlichen Veränderung der Rolle der Gewerkschaften von großer Bedeutung.

Als bildhaftes Fazit bezüglich der Resultate der 2. Phase fiel uns im Beraterteam das Bild von „vereinzelten Glutnestern im Unterholz“ ein.

Das Unternehmen war in Bewegung geraten. Gerade in dieser Endphase fiel die Entscheidung für ein Reengineering-Programm, das Verwirrung brachte, weil es mit dem Kulturprojekt nicht in Einklang gebracht werden konnte. Es wurde auch beschlossen, einige Strukturänderungen, die im Zuge der Zusammenarbeitsthematik beschlossen worden waren, zu stoppen (z. B. das prozeßorientierte Technik-Verkaufs-Team), weil erst der Reengineering-Prozeß abgewartet werden sollte. Das wirkte vorerst sehr demotivierend auf die Teams.

Trotz offensiver Informationspolitik, das Kulturprojekt betreffend, hatte die Belegschaft das Gefühl, zuwenig informiert zu sein. Auf der **sozialen Ebene** wurde kritisiert, daß es „Eingeweihte“ und „Ausgeschlossene“ gäbe.

Einschneidend für den bisherigen Verlauf des Prozesses waren drei öffentlichkeitswirksame Ereignisse:

- die erkämpfte Mitwirkung des Betriebsrats,
- ein Konflikt in der Leitungssitzung – zwischen dem Vorstand und den Führungskräften,
- die Personalentscheidungen.

Was geschah in der Leitungssitzung?

Es ging um einen Halbtagsworkshop zum Thema „Gelebte Werte im Topmanagement“. Die normalerweise einwegkommunikative Leitungssitzung, in der auf Kinobestuhlung 50 Leute informiert wurden, wurde von uns als Workshop (d. h. Gruppenarbeit, Dialoge usw.) gestaltet. Im Zuge der Diskussion über zentrale Werte gab es eine Fishpool-Situation, in der sich ein Vorstandsmitglied von einer Untergruppe angegriffen fühlte und defensiv und laut reagierte. Aufruhr im Raum: „Wir wußten es ja – die Vorstände vertragen keine Kritik!“

Der Prozeß wurde eine Woche später in einer extra dafür einberufenen Sitzung aufgearbeitet und ging als „der 23. April“ in die Geschichte des Unternehmens ein. Der Vorstand konnte seinen Fehler zugeben, die Führungskräfte konnten ihre Anteile ebenfalls sehen. Die Verletzung wurde also aufgearbeitet. Als Konsequenz wurde die Leitungssitzung ab diesem Zeitpunkt völlig umstrukturiert: von der Sitzordnung über die Themen zu den Kommunikationsstrukturen.

So richtig ernst wurde das Projekt aber erst genommen, als gegen Ende des ersten Jahres der Vorstand drei aufsehenerregende Personalentscheidungen traf: Drei Schlüsselpositionen wurden mit Trägern der neuen Kultur besetzt und die „alten“ abgelöst. Personelle Entscheidungen dieser Art sind nie einfach, weil das Abberufen von altgedienten, verdienten Führungskräften, mit denen die Entscheider oft seit Jahren freundschaftlich verbunden sind, massive Loyalitätskonflikte auslöst. Die Entscheidungen hatten also zuerst Empörung, dann aber Bewunderung zur Folge. Sie signalisierten: „Es ist uns ernst mit der Kulturveränderung! Es gibt positive und negative Konsequenzen." Es ging ein Ruck durchs Unternehmen. Diese Entscheidungen wurden zum Maßstab, und diese Art der konsequenten Haltung wirkte sich schließlich auch in der Funktionsaufteilung auf der Vorstandsebene aus.

Im Rahmen des Vorstandscoachings stießen die Vorstände bald auf strukturelle Steuerungsmängel. Es kristallisierte sich eine neue Struktur heraus: ein „erweiterter Vorstandskreis", der nach dem Rotationsprinzip auf zwei Jahre mit sechs innovativen Schlüsselpersonen besetzt wurde.

Die verabschiedeten Werte wurden als „symbolischer Diamant" an alle Mitarbeiter verteilt und im Rahmen von Teamgesprächen als Feedback-Folie verwendet.

5. Phase 3: Der Prozeß geht weiter

Die Architektur der Phase 3 war das Resultat aus unseren gemeinsamen Lernprozessen im ersten Jahr.

Weitergeführte Architekturelemente waren:

- Steuergruppe
- Vorstandscoaching
- Sounding-board
- Großveranstaltungen
- Subprojektarbeit

- Die neu zusammengesetzte 15köpfige Steuergruppe arbeitete statt einen Tag eineinhalb Tage, dafür aber statt einmal im Monat nur alle sechs Wochen, und zwar außerhalb des Unternehmens. Damit kam mehr Ruhe in den Ablauf, und die Abwesenheiten reduzierten sich schlagartig – trotz der Größe der Gruppe.
- Die neue Steuergruppe entschied sich für einige neue Subprojektthemen:
  - interne Vorbereitung auf externe Kooperationen und Erarbeitung eines optimalen Prozedere in bezug auf Kooperationen,
  - Umgang mit Unsicherheit und Wandel,
  - gleichzeitiger Umgang mit Rationalisierung und lernender Organisation,
  - Zusammenarbeit zwischen Frauen und Männern,
  - Aufbau optimaler Kommunikations- und Informationsstrukturen.

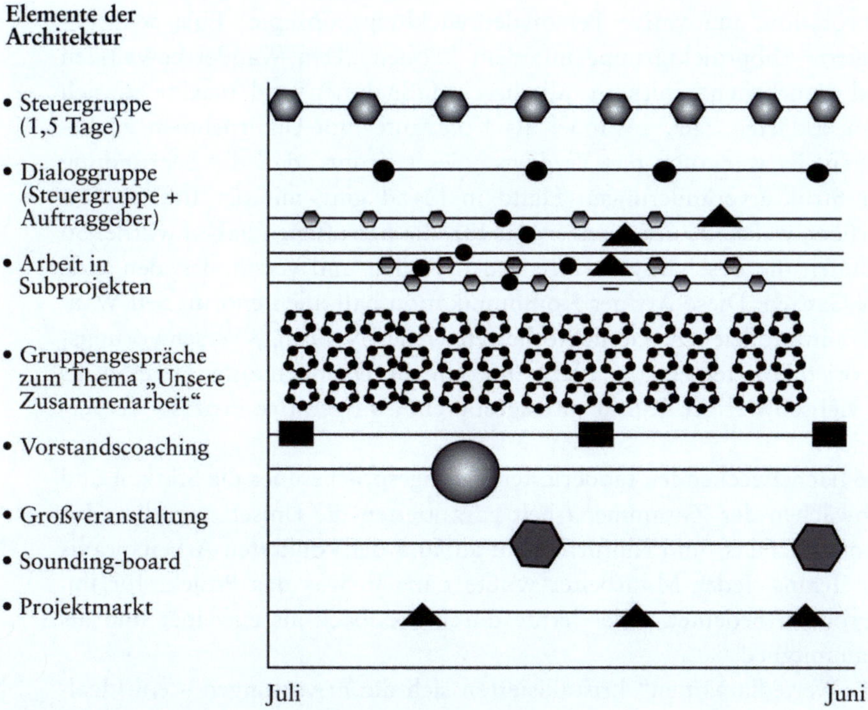

Architekturdiagramm, Phase 3

- Die bisher zu schwach ausgeprägte Kommunikation zwischen der Steuergruppe und dem Gesamtvorstand als Auftraggeber wurde in Form einer Dialoggruppe, die sich viermal im Jahr treffen sollte, eingeplant. Auf diese Weise identifizierten sich nun alle Vorstände mit dem Prozeß.
- Die Verbindung zum Reengineering-Projekt wurde bewußt gesucht. Was zuerst wie eine Katastrophe aussah, wurde zu einer echten Chance. Die Kassandrarufer („Das Reengineering-Projekt wird Arbeitsplätze kosten, es macht die Fortschritte der Kulturarbeit zunichte!") erlebten, daß die Verbesserung der Arbeitsabläufe und -strukturen eine konsequente Weiterentwicklung unserer Vorarbeit war. Die mit dem Abbau unnötiger Aktivitäten verbundenen Härten des Personalabbaus an einigen Stellen waren zwar bitter, aber ein Subprojekt kümmerte sich um möglichst sozial verträgliche Modelle.

Die Informationen über den Umbau des Unternehmens liefen mit größter Offenheit; es gab Verarbeitungsforen, Coaching-Angebote, begleitete

Jobrotation, innovative Personalentwicklungskonzepte. Eine sehr engagierte Subprojektgruppe mit dem Namen „Den Wandel bewältigen und verarbeiten“ initiierte all diese Maßnahmen und machte es sich zum erklärten Ziel, „Wandel als Konstante“ im Unternehmen zu behalten. Es war auch das Verdienst dieses Teams, daß die Begründung der Strukturveränderungen Hand in Hand ging mit der Information darüber, welche Konsequenzen das für alle Betroffenen haben würde. So kannten die Beschäftigten ihre neuen Rollen und verstanden den Sinn des Ganzen. Diese Art der Kommunikation half allen enorm, den Wandel mitzuvollziehen. Gerüchte hatten wenig Nahrung, Verschwörungstheorien konnten erst gar nicht aufkommen. Dennoch erkannte man: Es ist viel schwieriger, Kultur umzugestalten, als operative Prozesse zu verändern.

- Die flächendeckenden moderierten Teamgespräche über die Stärken und Schwächen der Zusammenarbeit garantierten die Umsetzung aller Zusammenarbeits- und Kulturthemen anhand der konkreten Arbeitspraxis der Teams. Jeder Mitarbeiter wußte danach, was das Projekt für ihn persönlich bedeutet. Jeder lernte durch Feedback als einzelner und als Teammitglied.
- Im „Wertediamanten“ kristallisierten sich die Erwartungen – ein Idealmaßstab, an dem sich jeder orientieren konnte. Auf diese Weise verbreiteten und verinnerlichten sich die Werte weiter. Die Teams erstellten Maßnahmenplanungen, an denen sie später messen konnten, wie ihre Entwicklung lief. Wesentlich war das Motto: „Es gibt keinen Schuldigen, sondern nur gemeinsames Lernen aus Fehlern und deren Konsequenzen.“ Die zweimal jährlich stattfindenden Teamgespräche, die einen halben bis einen Tag dauerten, waren ein wesentliches Architekturelement, um die gewünschte Feedback-Kultur zur selbstverständlichen Norm zu machen. Die Teamgespräche setzten ihrerseits wieder neue Impulse für Projektreviews, Konfliktgespräche und Mitarbeitergespräche.
- Das „schwarze Loch der Information“ machte uns nach wie vor zu schaffen. In der Steuergruppe brüteten wir über paradoxe Interventionen. „Mehr desselben“ – das war offensichtlich – nützte nichts, egal wie differenziert die Informationen auch waren. Was die tradierten Informationserwartungen in Bewegung brachte, waren folgende Aktionen:
  - eine gezielt eingesetzte „Gerüchtebörse“,
  - ein Wandertag im Industriegelände am „Tag der Mitarbeiter“,
  - ein Riesenballon mit der Aufschrift „Informationen? Nein danke!“

Langsam wurde unternehmensweit bewußt: Es ist eine Frage der Einstellung, wie gut man informiert ist.

- Projektmärkte sollten die inhaltliche Abstimmung zwischen den Subprojekten gewährleisten, Überschneidungen verhindern und Synergien ermöglichen.
- Parallel zu den Aktivitäten der letzten Phase wurden mit Hilfe des neuen Personalchefs interne Ressourcen bezüglich Beratung, Moderation und Prozeßbegleitung aufgebaut – Mitarbeiter, die wir ausbildeten, um uns schrittweise zurückziehen zu können.

Fall 2: „Vom grauen Entlein zum weißen Schwan"

Vom Vorstandscoaching zum Strategieprozeß

Alexander Exner und Roswita Königswieser

1. Ausgangssituation

Es geht um ein bedeutendes europäisches Unternehmen in der Automobilbranche, das in einen großen Konzern eingebunden ist, zu dem es vielfältige Beziehungen und Abhängigkeiten gibt. Produkt und Produktion sind für die Unternehmensidentität von zentraler Bedeutung. Insbesondere das Produkt ist stark libidinös besetzt. Die Mitarbeiter sind stolz, dieses Auto zu produzieren. Die Ertragslage ist derzeit branchentypisch schlecht, die Ausmaße der Krise allgemein sind aber für das Unternehmen nicht dramatisch.

Die Unternehmenskultur ist einerseits technikorientiert und hemdsärmelig. Sie trägt damit nicht unwesentlich zur hohen Produktqualität des Unternehmens bei. Andererseits ist die starke Abhängigkeit vom Konzern deutlich: Der konzerninterne Wettbewerb bindet viel an Energien. Es gibt keine eigenständige strategische Ausrichtung. Das Unternehmen hat ein regionales Selbstverständnis und zeigt wenig Selbstbewußtsein. Angesichts der hohen Produktqualität und der starken Identifikation mit dem Produkt ist dies verwunderlich. Besonders auffallend ist die übertrieben scheinende mentale Ausrichtung auf den Konzern.

2. Die Anfrage

Der Vorstandsvorsitzende, der am meisten unter Druck ist, nimmt über die interne Organisationsentwicklung den Kontakt zu uns auf. Deren Leiterin hatte uns bei systemischen Symposien in Zürich und in Heidelberg erlebt und kannte uns aus der Literatur.

Nach drei Vorgesprächen mit ihr und ihrem Mitarbeiter kommt es zum Erstgespräch mit dem Vorstandsvorsitzenden – in seinem Büro. Er spricht von einer massiven Vertrauenskrise innerhalb der Kollegengruppe: Die Vorstände würden fast beliebig vom Konzern ausgetauscht.

Wir legen gemeinsam die Architektur der Vorgangsweise fest, nachdem wir einander wechselseitig versichern, daß wir uns eine Zusammenarbeit vorstellen können.

3. Die geplante Architektur (1. Phase)

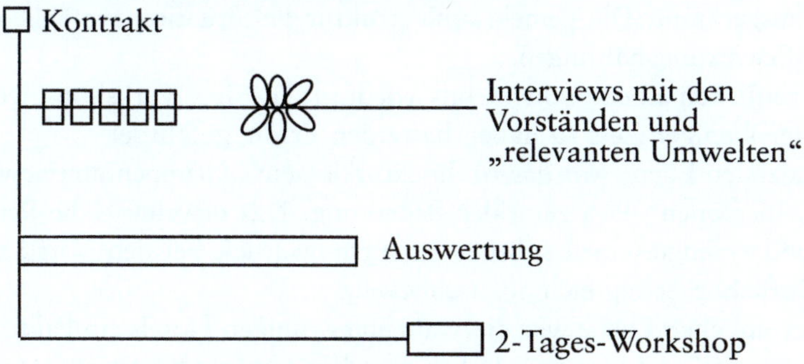

Architekturdiagramm, 1. Phase

Wir planen Einzelgespräche mit den Vorständen, Gruppeninterviews mit den „relevanten Umwelten“ der Vorstandsgruppe, d. h. mit 30 Führungskräften und Schlüsselpersonen des Konzerns. Nach der Auswertung im Staff (R. Königswieser als Projektleiterin und A. Exner) fixierten wir den 2-Tages-Workshop. Am Ende sollte entschieden werden, ob und wie eine weitere Begleitung gewünscht ist.

Diese Planung wird grundsätzlich realisiert. Leider aber kommt es nicht zu den Gesprächen mit den Schlüsselpersonen des Konzerns, obwohl das die „relevanten Umwelten“ sind. Die Vorstände fürchten nämlich, daß ihnen die Beratung als Schwäche ausgelegt werden könnte.

4. Diagnose und Workshop

Über individuelle Spannungen hinaus stellten sich strukturell bedingte Loyalitätsprobleme als zentral heraus. Wie in vielen Vorstandsgruppen zeigte sich auch hier, daß die existenzielle Abhängigkeit jedes einzelnen von der Konzernspitze bedeutsamer ist als die Loyalität den Kollegen gegenüber. Jeder fühlt sich auf einem „Schleudersitz“. Da man sich auch nicht getraute, eine gemeinsame Vision und Strategie zu entwickeln, und über die Situation nicht spricht, blühen die Phantasien, und das Mißtrauen wächst. Niemandem ist bewußt, daß genau diese Muster dazu beitragen, die Macht des Konzerns noch zu verstärken.

Ziel des Workshops ist es, in Zusammenarbeit eine gemeinsame Situationsdefinition zu erstellen und gemeinsam Konsequenzen zu ziehen. Letztlich ging es auch um die Arbeit an der Identität der Gruppe. Die Fremdbilder der Führungskräfte und deren deutlich ausgesprochene Erwartungen sind ein wichtiger Impuls. Viele Tabus werden angesprochen und Mißverständnisse ausgeräumt. Die gemeinsame strukturelle Situation ermöglicht realistische Erwartungshaltungen.

Auf der zeitlichen Ebene scheint uns wichtig, daß der Workshop zwei Tage dauerte. Weniger Zeit zu haben hätte den Erfolg gefährdet.

Auf der sozialen Ebene war das Architekturelement „Gruppeninterviews mit Schlüsselpersonen" von zentraler Bedeutung. Das erweiterte die Perspektiven und erzeugte einen subtilen Erwartungsdruck bei den Vorständen, den Workshop erfolgreich abzuschließen.

Auf der räumlichen Ebene war die Wahl eines ruhigen Hotels ein Faktor, der der Konzentration äußerst förderlich war. Ein gemütlicher freier Raum ohne Tische ermöglichte auch analoge Interventionen.

5. Die Architektur (2. Phase)

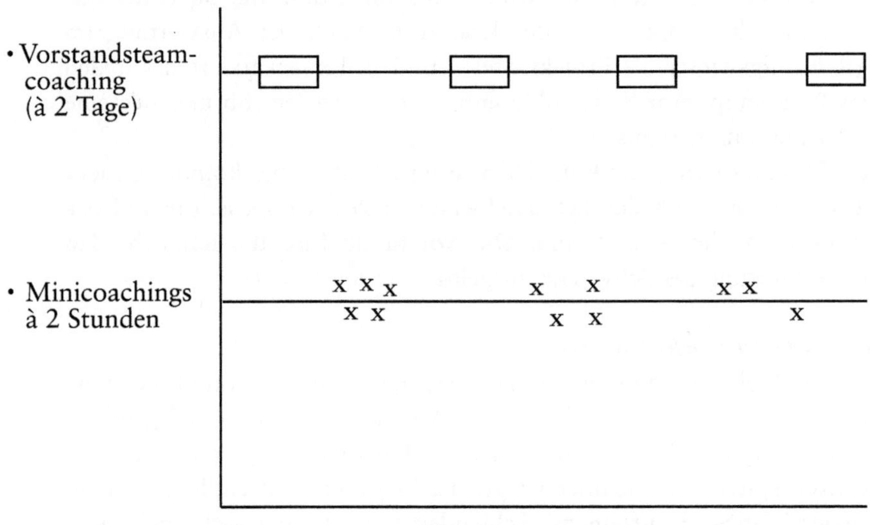

Architekturdiagramm, 2. Phase

Die Architektur trägt dem Widerspruch Rechnung, daß es einerseits um eine Teamentwicklung geht, andererseits aber das Schicksal jedes einzelnen im Vordergrund steht. Jede Person benötigt dringend auch persönliche Entlastung und Stützung, die in der Gruppe strukturell unmöglich sind.

Nach längeren Überlegungen im Staff, ob diese Architektur eine professionelle Rollenklarheit zuläßt, entscheiden wir uns für diese Doppelrolle, obwohl uns die Gefahr einer Kollision bewußt ist, und wir schließen den zweiten Kontrakt dementsprechend ab.

Fünf Wochen nach diesem Kontrakt ist der Vorstandsvorsitzende nicht mehr in seiner Funktion. Die „Schleudersitzphantasie" hat sich wieder einmal bewahrheitet! Für uns bedeutet das das Ende des Auftrags. Den Auftraggeber gibt es nicht mehr. Die veränderte Gruppe, aus der der neue, bei den Mitarbeitern beliebte Vorsitzende kommt, entscheidet aber relativ rasch, daß der begonnene Prozeß mit uns dennoch fortgesetzt werden soll. Alle Vorstände sind nun Auftraggeber. Die geplante Architektur wird umgesetzt.

Nach einem Jahr Zusammenarbeit ist das Vertrauen gewachsen. Man versteht sich mehr und mehr als oberstes Steuerungsgremium eines potenten Unternehmens, und das Selbstbewußtsein ist entsprechend gestiegen. Die mentale Fixierung auf den Konzern ist der Lust gewichen, mehr Selbständigkeit und Risikobereitschaft zu leben. Der nächste Schritt liegt auf der Hand: „Wir brauchen eine langfristige Ausrichtung. Uns fehlt die Vision." Auch diesen Prozeß sollen wir begleiten und ein entsprechendes Konzept vorschlagen.

6. Die Architektur der Visions-/Strategiearbeit (3. Phase)

Wir regen an, den Kreis der beteiligten Personen zu erweitern. Die zwei bedeutsamen, einflußreichen Führungskreise sollen als zentrale Akteure zu den „Zukunftswerkstätten" beigezogen werden.

Gleichzeitig soll auch ein Planungsteam ins Leben gerufen werden, das den Gesamtprozeß planen und steuern soll. Ein solches Team wird rasch auf die Beine gestellt. Beim nächsten Vorstandscoaching soll es einen Architekturvorschlag, der mit uns vorbereitet sein sollte, präsentieren. Der Prozeß ist auf ein weiteres Jahr angelegt.

Die folgende Architekturentscheidung wird also beim Vorstandsworkshop – auf Basis des Vorschlags des Planungsteams – getroffen.

Inhaltliche Ziele:

In erster Linie Arbeit an der strategischen Ausrichtung des Unternehmens – mit der Leitfrage: „Was kommt nach der bewältigten Krise?"

Die in Schubladen vorhandene Version zur **Strategieentwicklung** sollte im Sinne von **Visionsarbeit** mit neuer Energie geladen werden.

Als Grundraster sollten die bereits zwei Jahre zuvor bearbeiteten Themenfelder „Markt“, „Produkt“, „Prozeß“ und „Mensch“ dienen, wobei diese um die Kategorie „Kernkompetenzen“ ergänzt werden sollten.

Man wollte im Laufe des Prozesses die **Weichenstellungen in den fünf strategischen Themenfeldern** entscheiden und auch konkrete Ziele und Maßnahmen für die einzelnen Vorstandsbereiche erarbeiten.

Zeitliche Dimension:
Man strebte einen **offenen Prozeß** an, der allerdings **klare Meilensteine** haben sollte: dreimal jährlich ein Sounding-board und ein großes Managementtreffen (2,5 Tage) in Paris (mit 1000 Managern).

Soziale Ebene:
Die inhaltliche Strategie- und Visionsarbeit sollten die beiden bereits bestehenden Kreise – der Vorstand und die 30 Schlüsselpersonen seines relevanten Umfelds – leisten.

Das **Planungsteam** sollte aus dem Gesamtprojektleiter (Vorstandsvorsitzender), aus Mitgliedern der Hierarchieebene unter dem Vorstand und aus uns beiden als externen Beratern bestehen. Insgesamt hatte das Team schließlich acht interne und zwei externe Mitglieder.

Als Architekturelemente aus Phase 1 sollten das **Vorstandsteamcoaching** und das **Minicoaching** weitergeführt werden, um somit für Kontinuität im Beratungsprozeß zu sorgen.

Neue Elemente sind **5 Strategiearbeitsgruppen** – je eine zu einem strategischen Themenfeld, die jeweils von einem Vorstand geleitet wird; weiterhin ein **Sounding-board,** das 40 Schlüsselpersonen inklusive des gesamten Vorstands umfaßt, sich dreimal jährlich trifft und die Aufgabe hat, auf die präsentierten Arbeitsgruppenergebnisse zu reagieren (to sound), um so sicherzustellen, daß die Anschlußfähigkeit des gesamten Systems nicht verlorengeht. Daher sind Kriterien für die Auswahl dieser Schlüsselpersonen: Sie müssen auf Akzeptanz stoßen, Repräsentanten verschiedener Strömungen, selbst Betroffene und Know-how-Träger sein.

Ein wichtiges Kernelement ist das **große Managementtreffen,** welches im Sommer in Paris stattfinden sollte. Dieses ist eine im Unternehmen seit langem etablierte Veranstaltung, die alle zwei Jahre jeweils an einem anderen Ort stattfindet und an der die obersten 1000 Führungskräfte teilnehmen. Wir wollten diese Großveranstaltung als Forum für die Präsentation von Zwischenergebnissen nützen und damit einem breiten Kreis von

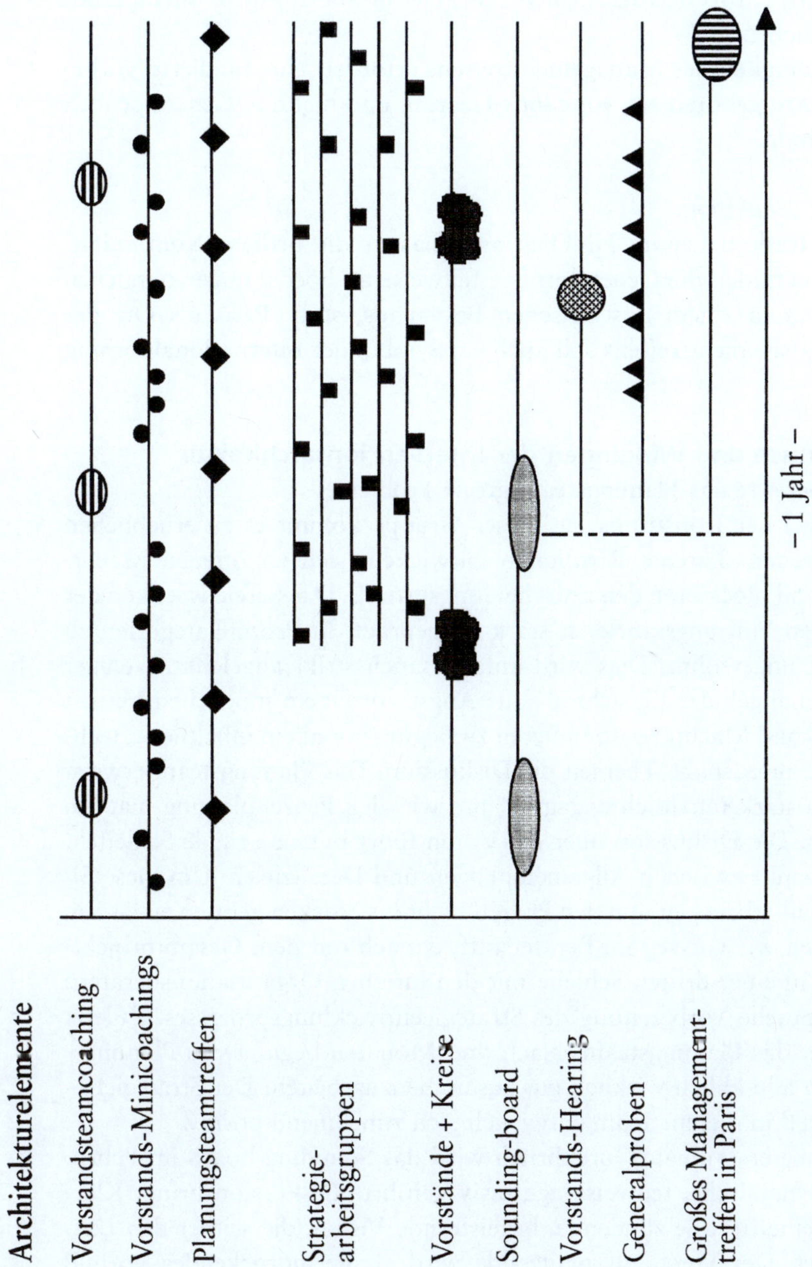

Architekturdiagramm, 3. Phase – Visions- und Strategiearbeit

Mitarbeitern ein frühzeitiges Miteinbezogensein und Im-Prozeß-Mitgestalten ermöglichen.

Die Wichtigkeit des Managementtreffens erfordert eine fundierte Vorbereitung. Dazu gehören ein **Vorstands-Hearing** und mehrere **Generalproben der Vorstände.**

Räumliche Dimension:
Einerseits fördern wir im Hinblick auf Phase 1 die **örtliche Kontinuität,** andererseits finden die Generalproben teilweise an höchst ungewöhnlichen Orten, etwa in einem nostalgischen Bootshaus, statt. **Paris** als Ort des großen Managementtreffens soll auch ein Symbol der **Internationalisierung** sein.

7. Ergebnisse und Wirkungen der Interventionsarchitektur

Anfangs bereitet das Planungsteam große Probleme:

Schon bei der Konstituierung dieser Gruppe kommt es zu erheblichen Schwierigkeiten: Latente Rivalitäten entwickeln sich zu offenen Machtkämpfen und blockieren den Entscheidungsprozeß. Das Bereichsdenken der betreffenden Führungskräfte ist stark ausgeprägt. In Prozeßkategorien zu denken ist ungewohnt. Dies wird anfangs auch strikt abgelehnt, weniger aufgrund mangelnder Einsicht als aus Angst vor einem möglichen Verlust an Einfluß und Macht. So dominieren zu Beginn vor allem inhaltliche, technische und praxisnahe Themen die Diskussion. Das Planungsteam erweist sich als zu stark inhaltlich engagiert, um wirklich Prozeßplanung machen zu können. Die Diskussion über die Vision führt in eine „rigide Schleife". Man schwankt zwischen Allgemeinplätzen und Detailzielen. Um diese Situation zu überbrücken und den Prozeß nicht ins Stocken geraten zu lassen, übernehmen wir vorweg im Beraterstaff, danach mit dem Gesamtprojektleiter und in einer dritten Schleife mit den internen Organisationsberatern die konzeptuelle Vorbereitung des Strategieentwicklungsprozesses. Zuletzt entscheidet das Planungsteam. Nach drei Monaten beginnt das Planungsteam dann allmählich wirklich gut zusammenzuarbeiten: Der Strategiefindungsprozeß in diesem Team entwickelt sich zunehmend positiv.

Der große emotionale Durchbruch wird das Sounding-board im Februar: Eine dynamische, teilweise aggressiv geführte Diskussion bringt Klarheit über eine für alle zündende, begeisternde Vision, die seither den Leitstern bildet. Der Vorstandsvorsitzende wird als beeindruckendes Vorbild erlebt.

Aber auch das Managementtreffen in Paris entwickelt eine stark katalysierende Wirkung. Ohne diesen lange vorher festgelegten Meilenstein „Paris“ wären die Strategieprozesse sicher nicht so auf Hochtouren gelaufen. Auf „Paris“ muß hingearbeitet werden, und es erzwingt klare Schritte der Vorbereitung. Die Qualität der Arbeit steigt ebenso wie die Motivation der Beteiligten. Besonders die Generalproben geben immer wieder erstaunliche Impulse für die Gestaltung dieser Großveranstaltung. So werden Designelemente wie Vorstands-Hearings unter dem Motto „Vorstände zum Anfassen“ kreiert, in denen etwa 300 Teilnehmer (moderiert) mit je einem Vorstand direkt kommunizieren können. Diese geplanten Designelemente setzen wiederum die Vorstände unter Druck, zu einer Strategie zu gelangen, die sie auch gemeinsam vertreten und verteidigen können. Sie müssen erreichen, in einer gemeinsamen Sprache zu sprechen und ähnliche Grundbotschaften zu vermitteln. Deshalb intensivieren sie ihre Diskussionen in „Turmzimmer“ genannten Klausuren. Der Höhepunkt dieser intensiven Vorbereitung ist ein Vorstands-Hearing mit 30 besonders kritischen Führungskräften, in dessem Verlauf die Vorstände – der Reihe nach auf dem „heißen Stuhl“ sitzend – besonders unangenehme Fragen beantworten müssen, um bestmöglich für Paris vorbereitet zu sein. Die Atmosphäre des nostalgischen Bootshauses, in dem die Veranstaltung stattfindet, trägt noch zur Intensität und zum Erfolg der Veranstaltung bei.

Das große Managementtreffen in Paris wird schließlich zum abschließenden Höhepunkt des Prozesses der Strategie- und Visionsarbeit.

Schon die Art der Vision legt dringend nahe, daß sie den 1 000 Teilnehmern auch auf eine außergewöhnliche Art vermittelt wird: Es werden keine langweiligen Folien gezeigt, sondern analoge Darstellungsmethoden – wie Filme und Sketches – verwendet. Gepaart mit den „hard facts“, vermitteln sie auch sinnlich den Aufbruch. Paris wird zu einer äußerst erfolgreichen Veranstaltung. Die lebendige Vermittlung und Diskussion von Vision und Strategie in 30 parallelen Workshops und den Vorstands-Hearings erzeugt bei den obersten Führungskräften eine ungeahnte Aufbruchsstimmung. Die Energie der Großveranstaltung überträgt sich auf das Selbstbewußtsein der gesamten Organisation.

Nachdem der Prozeß der Strategie- und Visionsentwicklung somit abgeschlossen ist, geht es nun um die Umsetzung.

Dieser Umsetzungsprozeß wird Gegenstand eines vierten Beratungsauftrags, der uns für ein weiteres Jahr mit dem Unternehmen in enger Zusammenarbeit verbindet, auf den wir aber in dieser Darstellung nicht mehr eingehen.

Ein zentrales Element unserer Staffarbeit war immer wieder die Selbstreflexion, ob wir uns nicht im Übermaß mit dem Kunden identifizierten, ob wir neutral und inhaltlich abstinent genug blieben. Wir trafen eine bewußte Entscheidung, den Staff und den Kontrakt nicht auszuweiten, weil das Unternehmen selbst genügend interne Ressourcen hatte, um einen derartigen Prozeß zu begleiten. Allmählich übernahmen wir nur noch die Supervision für die Prozeßsteuerung.

Fall 3: „Die Vertreibung aus dem Paradies"

Vom Monopol zum freien Wettbewerb

Roswita Königswieser

1. Ausgangssituation

Ein deutsches Energieversorgungsunternehmen mit etwa 3 000 Mitarbeitern hat seine Monopolstellung eingebüßt. Die Deregulierung des Marktes und die 80%ige Privatisierung reißen das Unternehmen aus einem sanften Dornröschenschlaf. Das Topmanagement holt internationale Consultingfirmen. Es werden Umstrukturierungen vorgenommen, in deren Rahmen es zu massivem, allerdings sozial verträglichem Stellenabbau kommt. Es bleibt nicht nur bei Einsparungen, sondern es werden neue Geschäftsfelder und Ziele definiert.

„Wir haben Umbauten auf einem behäbigen Schiff vorgenommen, aber die Mannschaft ist auf die stürmische See nicht vorbereitet, und die Piratenschiffe wollen wir gar nicht sehen."

2. Die Anfrage, der Vorauftrag

Die vier Vorstände, der Betriebsrat und die verschiedenen Consultingfirmen sind sich einig: Die neuen Strategien und Ziele können nur mit Hilfe einer veränderten Unternehmenskultur in Angriff genommen werden. Dem relativ neu dazugekommenen Vorstandsmitglied, das dem Marktbereich vorsteht, ist die Einstellungsänderung ein besonderes Anliegen. Von einigen wird er als brillanter Unternehmer und Visionär bewundert, von den meisten Mitarbeitern aber als ungeduldig, hart und überfordernd erlebt. Er kennt mich seit Jahren und fragt um sofortige Unterstützung an: Die Workshops mit Schlüsselpersonen bezüglich des „kulturellen Wandels" sind schon terminlich fixiert. Eine fundierte Diagnose ist aus zeitlichen Gründen zu vergessen. Auch ich bekam seine charismatische Überzeugungskraft zu spüren, auch ich wollte das mir entgegengebrachte umfassende Vertrauen nicht enttäuschen.

Der erste Workshop verläuft sehr gut. Es wird ein mündlicher Kontrakt geschlossen, ein breites Kulturprojekt mit unserem Architekturvorschlag soll sofort starten. Am Ende des Workshops wird ein Termin für einen weiteren Workshop fixiert: Die 60 Führungskräfte sollen das Thema von uns – ohne Vorstände – präsentiert bekommen. Allerdings wird unsere

Professionalität auf eine harte Probe gestellt: Die Führungskräfte halten das Kulturthema für unnötig, die Vorstände für unfähig und die Berater für Feinde. Durch eine paradoxe Intervention, in der wir von einer offensichtlichen Verlust- und Verletzungsgeschichte ausgehen, wird der Abbruch der Veranstaltung verhindert.

Wir schreiben einen sorgsam verfaßten Brief an die potentiellen Auftraggeber und können nun unsere Rahmenbedingungen besser formulieren. Unser schriftliches Angebot liegt auf Eis. Anrufe von verschiedenen Fraktionen zeigen, daß es eine interne Auseinandersetzung über die Notwendigkeit, das Thema zu bearbeiten, über den richtigen Beratungsansatz und die Auswahl der Berater gibt. Immer wieder wird versucht, uns hineinzuziehen und dazu zu bewegen, in einem kontraktlosen Zustand zu arbeiten.

Ich arbeite nicht ohne einen von den vier Vorständen gemeinsam bejahten Auftrag. Als nach sechs Monaten immer noch keine klare Entscheidung getroffen ist, will ich einen klaren Schlußstrich ziehen. In einem letzten Kontraktgespräch mit den vier Auftraggebern fällt dann doch noch eine gemeinsame Entscheidung für uns. Allerdings sind schon Fakten gesetzt: Die Steuergruppe ist bereits gestartet, in der Besetzung fehlen Basisvertreter, und es arbeiten bereits andere Berater mit einem anderen Ansatz für die Personalabteilung zum Thema „Führung mit Zielen". Das eingeführte Architekturelement – die Beraterkoordination unter unserer Gesamtleitung als „Generalunternehmer" – sollte sich als illusionär erweisen. Die von uns vorgeschlagene Architektur für das – vorerst auf ein Jahr – geplante Projekt basierte auf folgenden Hypothesen:

- Der Zusammenhang zwischen dem Kulturprojekt und dem Erfolg des Unternehmens wird nicht gesehen.
- Die Energien werden nicht auf den Markt zentriert, sondern für die Verteidigung interner Machtpositionen („Fürstentümer") verwendet.
- Die vier Vorstände repräsentieren vier Strömungen; Einigkeit ist nicht gegeben. Jeder, der Macht hat, kann tun, was er will. Z. B. kann sich jeder „seine" Berater holen. Es gibt keine Konsequenzen.
- Es gibt im Unternehmen große diffuse Angst vor jeglicher Veränderung. Die „Veränderer" – z. B. der Marktvorstand, die Berater – werden als Schuldige gesehen. Sie stehen für den Abbau von Arbeitsplätzen und von Privilegien.

3. Die Architektur des Beratungsprozesses als Intervention

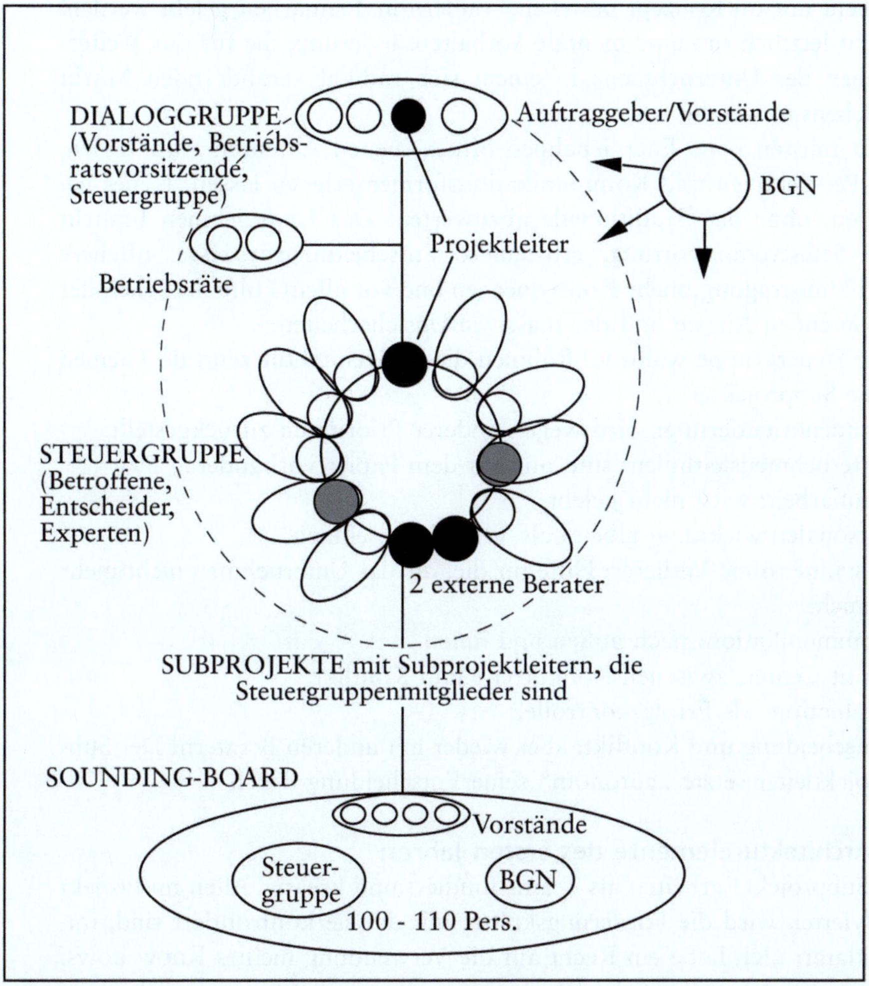

Architekturelemente

Es gibt eine Dialoggruppe, die – bestehend aus den vier Vorständen, zwei Betriebsräten und der Steuergruppe – die zentralen Entscheidungen gemeinsam treffen soll.

Das Sounding-board soll die Verbindung mit der Basis herstellen.

Ziel der Architektur ist es, einen der Geschwindigkeit des Marktes adäquaten Einstellungswandel, zumindest aber eine „kritische Masse“ zu erreichen. Die bereits kundenorientiert ausgerichteten Geschäftsprozesse sollten nicht nur im Konzept bestehen, sondern in Teamarbeit gelebt werden. Es geht letztlich um eine mentale Verhaltensänderung, die für das Weiterbestehen des Unternehmens in einem sich radikal verändernden Markt überlebensnotwendig ist.

Wir müssen neue Energiebahnen öffnen, neuen Akteuren Platz lassen, neue Perspektiven und Kommunikationsformen erleben lassen, Neues generieren, ohne das Traditionelle abzuwerten. Das Unternehmen braucht mehr Selbstverantwortung, effizientere Entscheidungsprozesse, offenere Konfliktaustragung, mehr Konsequenzen und vor allem Hilfe bezüglich der blockierenden Ängste und der massiven Unsicherheiten.

Die Steuergruppe wählt im Rahmen dieser Architektur zentrale Themen für die Subprojekte:

- Kundenorientierung: wird wegen anderer Prioritäten zurückgestellt.
- Unternehmensleitlinien: sind nur auf dem Papier vorhanden.
- Teamarbeit: wird nicht gelebt.
- Personalentwicklung: gibt es als Verwaltungseinheit.
- Gewinner ohne Verlierer: Hilfe für die, die das Unternehmen nicht mehr braucht.
- Kommunikation: nach außen und innen.
- Profit Center: zwischen Konkurrenz und Konflikt.
- Evaluation: als Erfolgskontrolle.
- Entscheidung und Konflikt: aber wieder mit anderen Beratern! Der Subprojektleiter setzte „autonom“ seine Entscheidung durch.

Die Architekturelemente des ersten Jahres:
Alle Subprojekte arbeiten als Teams fundiert und kreativ. Allen im Projekt Involvierten wird die Forderungskultur, mit der sie konfrontiert sind, immer klarer: „Ich habe ein Recht auf die Verwendung meines Know-hows. Ich habe ein lebenslängliches Recht auf meinen kollektivvertraglich abgesicherten Arbeitsplatz. Ich habe ein Recht auf eine ständig steigende Entlohnung und selbstverständlich auf alle Sozialleistungen. Wenn ich etwas hergeben soll, gibt es dafür Verantwortliche, die offensichtlich etwas falsch machen. Wozu haben wir Vorstände, Führungskräfte? Wozu brauche ich ein Kulturprojekt, wenn es mir dann schlechter geht?“

Obwohl die Steuergruppe reflektierter ist, spiegeln sich in ihr dieselben Haltungen wider. Die von uns zurückgespiegelte Parabel von der „Vertreibung aus dem Paradies“, das man erst zu schätzen weiß, wenn es nicht

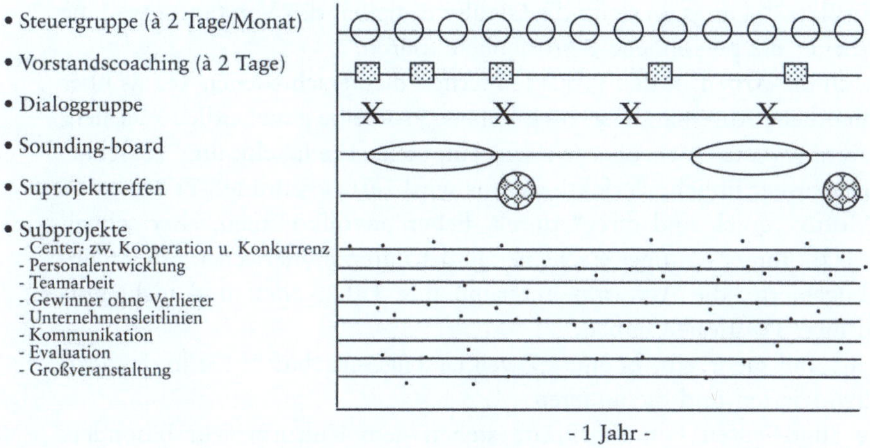

Architekturdiagramm – 1. Jahr

mehr da ist, löst große Betroffenheit aus. Die Sicherheit von früher ist nicht wiederherzustellen. „Wir waren es gewohnt, bei Schönwetter mit einem Bergführer auf markierten Wegen zu gehen. Jetzt gibt es keine Markierungen, das Wetter ist schlecht, und der Führer ist selbst unsicher bzw. weg."

Es ist ein ständiger Balanceakt, die Betroffenen ihre Erkenntnisse selbst finden zu lassen oder dem Erwartungsdruck („Ihr Berater tut zuwenig!") nachzugeben. Es dauert lange, bis das chinesische Sprichwort „Fange ich dir einen Fisch, bist du einen Tag satt, lehre ich dich das Fischen, wird du immer satt sein" verstanden wird.

Wenn es uns in der Steuergruppe selbst nicht gelingt, die Haltungen zu verändern, Begeisterung für die Bewegung zu entwickeln, wird das Projekt über die Konzeptarbeit nicht hinauskommen. Wie durch ein Brennglas sind alle Verhaltensmuster der Unternehmenskultur zu sehen. Die Gruppendynamik, die Feedbackprozesse, die Selbstreflexion der Entscheidungen und Konflikte tragen dazu bei, daß die Gruppe ein echtes Team wird.

Ähnliches spielt sich im Vorstandscoaching ab. Kognitiv ist alles klar: „Wir müssen mit gutem Beispiel vorangehen, gemeinsame Entscheidungen treffen, konsequent sein, die neuen Werte selbst leben." Aber die Konfliktstoffe sind vielfältig: „Kann man altgediente Mitarbeiter, mit denen man auf du und du steht, degradieren? Welche Akquisitionen haben Priorität? Sollten wir eine neue Erzeugungseinheit bauen? Bedeutet Menschlichkeit Sorge um das Überleben des Unternehmens oder Sorge um jeden einzelnen

Arbeitsplatz?" Langsam steigt die Glaubwürdigkeit des Vorstands, weil die Mitarbeiter die persönliche Betroffenheit spüren.

Durch die Arbeit in den Projekten lernen die verschiedenen Teams über die inhaltliche Auseinandersetzung hinaus, Probleme ganzheitlich zu sehen, Eigenverantwortung zu übernehmen, eine neue Feedbackkultur zu schätzen. Der bisher übliche Perfektionismus wird zurückgedrängt. Es setzt sich das Motto „quick and dirty" durch, lieber unvollkommen, aber schnell umgesetzt. Immer häufiger erscheinen in der unternehmerischen Öffentlichkeit Engagierte, die Autorität aufgrund ihre Fähigkeiten und nicht aufgrund ihrer Positionen haben.

Mehr und mehr gibt es eine „Zweiklassengesellschaft": die in das Projekt Involvierten und die anderen.

Die altgedienten Führungskräfte stehen dem Kulturprojekt besonders kritisch gegenüber. Sie erwarten tatsächlich, daß wir Berater (Roswita Königswieser als Projektleitern, Uwe Cichy, Uwe Scheutz, Marion Keil – anfangs auch Heiner Ahlemeyer) die Kulturarbeit für sie leisten sollten. „Wofür bekommt ihr soviel bezahlt?" „Wofür übernehmen Sie die Verantwortung?" Wir spüren bei den Führungskräften die größten Ängste und die meisten Überforderungsgefühle. Sie waren es gewohnt, daß immer fette Gewinne erwirtschaftet wurden – wurde etwas teurer, konnte man den Preis erhöhen. Konkurrenz war nie ein Thema gewesen. Es sollen Privilegien abgeschafft werden. Sie bemühen sich, aber es scheint nie genug. Jetzt wird als „Erbsenzählerei" kritisiert, was früher als Perfektheit galt. Statt Gehorsam ist Eigenverantwortung gefragt. Die Mitarbeiter erwarten Schutz und Orientierung (die man selbst nicht hat), die Vorstände sehen nur den Markt.

Es ist kein Zufall, daß die Gruppe der Führungskräfte – mit wenigen Ausnahmen – monatelang nicht involviert war.

4. Resümee des ersten Jahres

- Die Steuergruppe übernahm nach mehreren Zerreißproben tatsächlich die Funktion als Motor des Prozesses.
- Die Vorstände hatten sich gegen massive Vorurteile der Belegschaft und des Betriebsrats als oberstes Steuerungsgremium etabliert und wechselseitiges Vertrauen aufgebaut. Das Marktprinzip wurde nicht mehr desavouiert. Die Vorstandsgruppe einigte sich auf ein Wunschprofil für künftige Führungskräfte. Es war entschieden, daß im zweiten Jahr ein massiver Selektionsprozeß bei den Führungskräften stattfinden sollte.

- Die Subprojekte arbeiteten nicht nur gute Konzepte aus, sondern es waren auch alle Subprojektmitglieder Multiplikatoren für den Veränderungsprozeß:
  - So führte z. B. das Subprojekt „Unternehmensleitlinien“ viele Dialoge im Unternehmen durch, setzte sich überraschend in Besprechungen und gab Feedbacks zur Besprechungskultur.
  - Das Subprojekt „Teamarbeit“ schrieb gemeinsam mit einem anderen Projekt Teamentwicklungsangebote aus. Die moderierten Workshops analysierten die Stärken und Schwächen des Teams. Es durfte keine Schuldigen geben, sondern es wurde Wert auf gemeinsames Aus-Fehlern-Lernen gelegt.
  - Das Subprojekt „Gewinner ohne Verlierer“ führte Konfliktforen ein und überlegte „Solidaritätsmodelle“ für Arbeitsplatzverluste.
  - Das Subprojekt „Kommunikation“ kreierte völlig neue, nichtschriftliche Formen der Information und Kommunikation. Es gab eine hausinterne Radiosendung, den „Tag der offenen Tür bei den Vorständen“, es wurden Kundenforen und vielfältige Kundenkontakte geplant.
  - Das Subprojekt „Profit Center“ hielt Workshops zwischen verschiedenen Profit Centern ab, um den Widerspruch zwischen Center-Egoismus und Gesamtinteressen konkret zu lösen.
  - Das Subprojekt „Großveranstaltung“ organisierte beachtliche Veranstaltungen.

  Allerdings gab es auch viel „Unerledigtes“:
- Die Kundenorientierung begann im Bewußtsein sehr zaghaft zu wachsen.
- Nach wie vor gab es Unsicherheit darüber, in welcher Situation sich das Unternehmen denn jetzt wirklich befände. Es gab keine klare Information, nur Gerüchte und viel Angst. Über die im Rahmen der Evaluierung durchgeführte, exzellente qualitative Studie über die Muster der Verhaltensweisen im Unternehmen wurde kaum öffentlich kommuniziert.
- Die Führungskräfte waren ein Tabubereich, um den man herumschlich. Alle Subprojekte, die sich mit der Zielgruppe beschäftigten, blieben stekken. Das Subprojekt „Führung“ scheiterte bei einer Führungskräfteveranstaltung. Die Beraterkollegen mußten gehen. Um das Subprojekt „Entscheidung und Konflikt“ herum gab es ständig Reibungen. Aber auch die von uns begleiteten Themen, wie „Leistung“, „Anerkennung“ oder „Personalentwicklung“, blieben in Analysen stecken.
- Es gab keine positiven Zukunftsvorstellungen, keine Vision.

- Die Arbeitsabläufe wurden nur teilweise in optimalen Prozeßketten gestaltet.
- Nach wie vor gab es weder positive noch negative Konsequenzen für erwünschtes oder unerwünschtes Verhalten. Nach wie vor wurden diejenigen, die das Marktdenken vertraten, als „harte Unmenschen“ abqualifiziert.
- Die in der Gesamtarchitektur eingeplante Beraterkoordination, in der wir als „Generalunternehmer“ hätten steuern sollen, erwies sich als unrealistisch. Solange es mehrere „autonome“ Auftraggeber gab und die Stellvertreterkriege über die Berater ausgetragen wurden, konnten die ohnehin in struktureller Konkurrenz befindlichen Berater nur entdramatisierend agieren.
- In dieser Gesamtsituation erwies sich auch unsere Staffarbeit als unzureichend. Die reservierten Zeiten, die im Normalfall ausreichen, waren zu knapp bemessen, um alle Dimensionen des komplexen Projekts und die vielfältigen Konfliktpotentiale zu reflektieren.

  Wurden wir immer noch als Berater des Marktvorstands gesehen? Gaben wir dem Erwartungsdruck, „mehr zu tun“, zu sehr nach? Sollten wir unsere Vorstellungen vehementer durchsetzen? Wie sehr waren unsere Widersprüche auch Resonanzphänomene?

  Trotz des Aufbrechens starrer Strukturen war der Durchbruch noch nicht gelungen. Die „kritische Masse“, die die Veränderung aktiv betrieben hätte, war noch nicht erreicht.

5. Architektur als Intervention: zweites Jahr

Wir versuchten, die Erkenntnisse des ersten Jahres in die Intervention des zweiten Jahres umzusetzen.

Die Basiselemente wie Steuergruppe, Sounding-board, Dialoggruppe, Vorstandscoaching und Subprojekte blieben erhalten. Allerdings sollten die Konzeptarbeiten abgeschlossen werden, die Hauptenergie sollte in die Umsetzung fließen.

Als Schwerpunkt des zweiten Jahres war in unserer Architektur eine großangelegte Informationskampagne geplant, weiterhin Visionsarbeit, eine Potentialerhebung bei den Führungskräften, eine konsequente kundenorientierte Arbeitsprozeßgestaltung, Unterstützung für die Kooperationen und Personalentwicklungen.

Zusätzliche Architekturelemente:

- Visionsarbeit
- Informationskampagne und Dialoge
- Potentialerhebung bei Führungskräften -> Konsequenzen
- Kundenorientierte Arbeitsprozeßgestaltung
- Kooperationen
- Personalentwicklung

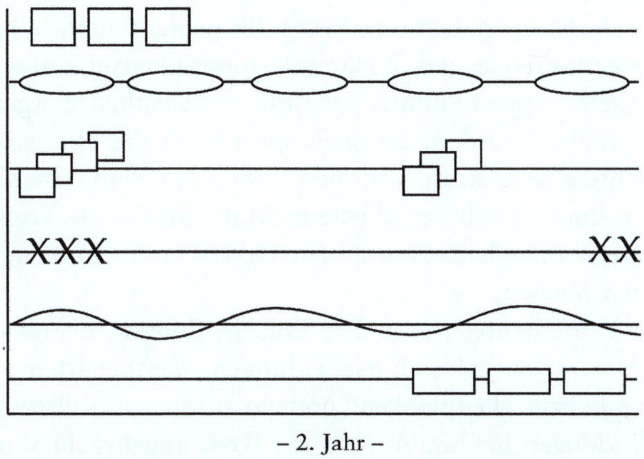

Architekturdiagramm – 2. Jahr

6. Resümee des zweiten Jahres

Das zweite Jahr ist noch nicht abgelaufen, aber die Tendenzen sind bereits zu sehen.

- Das „Paradies“ ist zwar für immer verlorengegangen, aber das Leben und Arbeiten beginnt wieder Sinn zu machen. Die tiefsten Ängste und Unsicherheiten sind einer realistischen Zuversicht gewichen. Sogar der erneuten Umstrukturierung – in eine Holding mit mehreren Unternehmen – wird mit Gelassenheit begegnet.
- Was hat die Unsicherheiten reduziert?
  Die Visionen, die den Unternehmenszweck neu definieren – nämlich eine über die Region hinausgehende Versorgungsdienstleistung für Grundbedürfnisse des Menschen auf Dauer und intelligent zu gewährleisten –, bringen neue Energie ins Unternehmen. Hand in Hand damit spielt die schonungslose Information über die bedrohliche Situation eine zentrale Rolle. Der Schock über den Verlust eines wichtigen Kunden wirkte aufrüttelnd. Die Vorstände brachten es glaubwürdig „hinüber“, daß ohne schmerzhaften Wandel ein Überleben nicht möglich ist. In Großveranstaltungen wurde aufgezeigt, was passieren würde, wenn das Umdenken nicht gelänge. Die Ängste und Verlustgefühle der Mitarbeiter werden aber ernst genommen und bearbeitet. Die Teamarbeit, der Gemeinschaftsgeist, die

Dialogforen und das Coaching helfen. In den Großveranstaltungen wird auf nahezu rituelle Weise Teamarbeit im Kollektiv geleistet. Großveranstaltungen, die als Intervention sorgfältig in bezug auf kollektive Kommunikation, Erleben und Symbolik geplant sind, haben fast immer eine energetisierende, das Zusammengehörigkeitsgefühl stärkende Wirkung. In Kleingruppen können persönliche Bedenken, Sorgen und Hoffnungen besprochen werden, dennoch spürt jeder die Energie des Ganzen.

- Wichtige neue Kooperationen stehen vor dem Abschluß.
- Es gelingt, durch verschiedene Maßnahmen die Preise denen der Konkurrenz anzugleichen und neue Geschäfte in den neuen Geschäftsfeldern abzuschließen.
- Ein Umschwung ist in den Entscheidungsmechanismen zu spüren. Es wird klar, wo Meta-Entscheidungen, das Schaffen von Rahmenbedingungen bzw. „Leitplanken" und wo autonome, selbstverantwortliche Entscheidungen bis hinunter an die Basis angebracht sind. Die „Freunderlwirtschaft" ist gestoppt, Leistungen auf fachlicher und sozialer Ebene zählen hinsichtlich Beförderungen und anderer Belohnungsformen.
  Die Stellenbeschreibungen wurden auf ein Minimum reduziert, die Selbststeuerung findet über Feedbackprozesse statt.
  Eine kleine Gruppe von „Entscheidungskommentatoren" soll in Zukunft immer wieder öffentlich wichtige Entscheidungen kommentieren: „Was haben wir beobachtet? Was können wir daraus lernen?" Dieses Feedback kann eine enorme Selbststeuerungskraft auf die Entscheidungseffizienz freisetzen.
- Es ist Teamarbeit eingeführt. Einmal jährlich ist eine moderierte Teamentwicklung vorgesehen, in der die eigenen Stärken und Schwächen und die Erwartungen aneinander ausgetauscht werden und gemeinsame Verbesserungsaktivitäten verabschiedet werden. Die Vorgesetztenbeurteilungen jagen keinen Schrecken mehr ein. Die Teammitglieder haben sich davon verabschiedet, für nur eine Funktion zuständig zu sein, jeder hilft nach Möglichkeit aus, wo er gebraucht wird. Diese Teamorientierung wird durch Teamprämien gefördert.
- Ohne das „Durchkämmen" der Führungskräfte, die Jobrotation und die klaren Konsequenzen wäre der Prozeß dennoch nicht so verlaufen. Die Botschaft der Vorstände war eindeutig: „Wer nicht aktiv die neuen gemeinsamen Aufgaben erfüllt, muß sich eine neue Stelle suchen" – „Mit der Toleranz gegenüber Bremsern ist es nun zu Ende", hieß es. Tatsächlich wurden Schlüsselpositionen mit Führungkräften besetzt, die dem

Idealprofil relativ nahe kamen. Es zählten nicht nur sachliche Kompetenz, sondern auch Eigeninitiative, Veränderungsbereitschaft, Teamfähigkeit, Zivilcourage und soziale Kompetenz. Es ist immer wieder erstaunlich, wie schnell sich Menschen ändern können, wenn ihre Karriere davon abhängt.

- Multimediale Vorträge zum Thema „Veränderung in systemischer Werthaltung" halfen, eine gemeinsame Sprache und damit Bewußtheit zu erzeugen.
- Wir helfen, die längst fällige Personalentwicklungsfunktion im Unternehmen – angepaßt an die neuen Anforderungen – aufzubauen. Wie durch Zauberhand waren alle Initiativen in diese Richtung bisher abgeschmettert worden. Nun ist die Zeit offensichtlich reif dafür.

  Mit Potentialförderungsprogrammen, „Train the trainer"-Ausbildungen, Projektarbeit und Bewerbungsverfahren für neue Mitarbeiter werden Lernen-lernen und Feedbackschleifen institutionalisiert bzw. internalisiert. Schritt für Schritt ziehen wir uns zurück. Wir werden noch die Supervisorenrolle in Prozeßfragen und zur Konzeptunterstützung von Großveranstaltungen übernehmen.

Für jeden einzelnen von uns ist das Projekt eine professionelle und persönliche Herausforderung. Mit Sicherheit sind es auch die persönlichen, wertvollen Beziehungen zu vielen Menschen in diesem Projekt, die uns alle Unbill in Kauf nehmen lassen.

Nach wie vor sitzen wir mit rauchenden Köpfen im Staff zusammen und ringen an Interventionsentscheidungen – besonders auf der Architekturebene. Haben wir die Rahmenbedingungen klar genug definiert? Sind wir anschlußfähig genug? Neutral genug? Etwas, dem wir nach wie vor hilflos gegenüberstehen, ist die immer noch spürbare – gesellschaftlich höchst aktuelle – Angst vor Arbeitsplatzverlust. In der Region, in der das Unternehmen angesiedelt ist, ist die Wahrscheinlichkeit, neue Arbeit zu finden, sehr gering. Gleichzeitig kann man von Menschen nur dann Engagement erwarten, wenn sie im Unternehmen bleiben, sich gebraucht fühlen.

Nicht zuletzt veranlassen uns die Erlebnisse in diesem Projekt, eine qualitative Forschung zu betreiben: Wir wollen wissen, wie Unternehmen mit dem Widerspruch umgehen, einerseits eine lernende Organisation zu sein und motivierte, innovative Menschen zu brauchen, andererseits aber Leute abbauen zu müssen. Von den vielen Fragen, die offen bleiben, bewegt mich diese am intensivsten. Alles in allem haben wir in bezug auf die Veränderungen im Unternehmen ein gutes Gefühl.

Fall 4: „Strategieberatung als prozessuales Palaver"

Frank Boos und Erwin Lebic

Der folgende Fall beschäftigt sich mit Strategieberatung in einem Konzern der Investitionsgüterindustrie, der ca. 15 000 Mitarbeiter beschäftigt. Das Projekt wurde von zwei externen Beratern durchgeführt. Die Bedeutung des hier beschriebenen Auftrags, der nach ca. 9 Monaten erfolgreich abgeschlossen werden konnte, bestand in der Tatsache, daß es gelang, 150 Führungskräfte verschiedener selbständiger operativer Gesellschaften in einen gemeinsamen Prozeß einzubinden.

1. Der Kunde, oder: Auftakt mit Stil

Der Vorstandsvorsitzende – wir wollen ihn Mister Hold nennen – hatte zu einem exquisiten Abendessen geladen. Er wollte mit uns ein informelles Gespräch führen, um zu prüfen, ob wir ihm helfen könnten. Bei einem klassischen Souper eröffnete er uns sein Problem.

Der Konzern selbst kann auf eine glorreiche Vergangenheit zurückblikken, schlitterte allerdings vor ca. zehn Jahren in eine Krise, die existenzbedrohende Ausmaße annahm. Man hatte Veränderungen im Umfeld des Unternehmens unterschätzt beziehungsweise zum Teil überhaupt nicht wahrgenommen. Diese kritische Phase konnte mit einer Sanierung, die besonders beim Personal schmerzhafte Schnitte erforderte, überwunden werden. Heute hat der Konzern eine gut gefüllte „Kriegskasse" und kann ausgezeichnete Ergebnisse sowie eine beeindruckende Entwicklung an der Börse vorweisen.

Mister Hold aber befand diese Rationalisierungsmaßnahmen keinesfalls als ausreichend, um zukünftig auf dem europäischen und dem globalen Markt, wo die Karten zu diesem Zeitpunkt neu verteilt wurden, eine entscheidende Rolle spielen zu können. Dabei gab es viele offene Fragen und nur eine Gewißheit: Der Markt und die heute relevante Konzernwelt würden in fünf Jahren völlig anders aussehen.

Zur Beantwortung von Fragen nach der Notwendigkeit von Kooperation, nach eventuell auftretenden Zwängen sowie nach der Rolle des Konzerns im Marktgeschehen an sich hatten Mister Hold und seine Kollegen in der Holding einen Prozeß gestartet, bei dem die operativen Gesellschaften aufgefordert waren, strategische Projekte, die ihnen wichtig und sinnvoll erschienen, zu nennen. Schließlich standen 51 Projekte, bezüglich Zeithorizont und strategischer Bedeutung völlig unterschiedlich und auf den verschiedensten Ebenen angesiedelt, zur Auswahl.

Was war zu tun? Wie kommt man von 51 Teilprojekten zu einer sinnvollen, einheitlichen Strategie? Wo sollen die möglichst richtigen Schwerpunkte gesetzt werden? Auf welche Weise kann man Akzeptanz gegenüber unpopulären Maßnahmen wie Produktionsverlagerungen erreichen? Portfolioanalysen, Pims-Techniken oder ähnliche Instrumente, dessen war sich Mister Hold bewußt, würden hier nicht zum angestrebten Ziel führen. Wie viele andere Unternehmen hatte sich auch dieser Konzern die Entwicklung höherwertiger Produkte mit Hilfe einer starken Diversifikation erkauft. Somit war die Frage nach den Kernkompetenzen, also die Frage nach dem verbindenden Know-how, zum zentralen strategischen Diskussionsfeld geworden. Man müßte, meinte Mister Hold, diese 51 Projekte mit der Frage nach den Kernkompetenzen verknüpfen, um die für die Zukunft richtigen Entscheidungen treffen zu können.

Sollten wir uns in der Lage sehen, ihm einen entsprechenden Lösungsvorschlag unterbreiten zu können, würde er diesen mit seinen Kollegen diskutieren und danach über die weitere Fortführung des Projekts entscheiden.

2. Die Herausforderungen in der Beratung

Das Projekt erschien uns interessant und verfolgenswert. Problematisch war jedoch die knappe Terminsituation. Mit dem Projekt sollte sofort begonnen werden, und es sollte innerhalb von 2 Monaten, also bis Ende August, so weit entwickelt sein, daß der Holdingvorstand eine Entscheidung über die weitere Vorgehensweise treffen konnte. Außerdem war mit den obersten Führungskräften des Konzerns für Mitte Oktober ein weiterer Termin vereinbart, der eine inhaltliche Entscheidung über die weitere Verfolgung der 51 Projekte bringen sollte. Folglich standen nur knappe 4 Monate an Durchlaufzeit zur Verfügung.

Darüber hinaus war uns bewußt, daß das Unternehmen viele Erfahrungen mit nahezu allen Arten von Unternehmensberatung gemacht hatte und die klassische Beratung aufgrund ihres Imageverlusts keinen Lösungsansatz darstellte.

Die Aufgabe war schwierig, aber auch reizvoll. Die Herausforderung bestand darin, einen neuen Weg zu entwickeln, der sowohl das Personensystem als auch wichtige ökonomische und betriebswirtschaftliche Parameter berücksichtigte, während auf der Prozeßseite das Procedere so anzulegen war, daß sich die operativen Gesellschaften mit ihren 51 Projekten im Gesamtprozeß wiederfinden konnten.

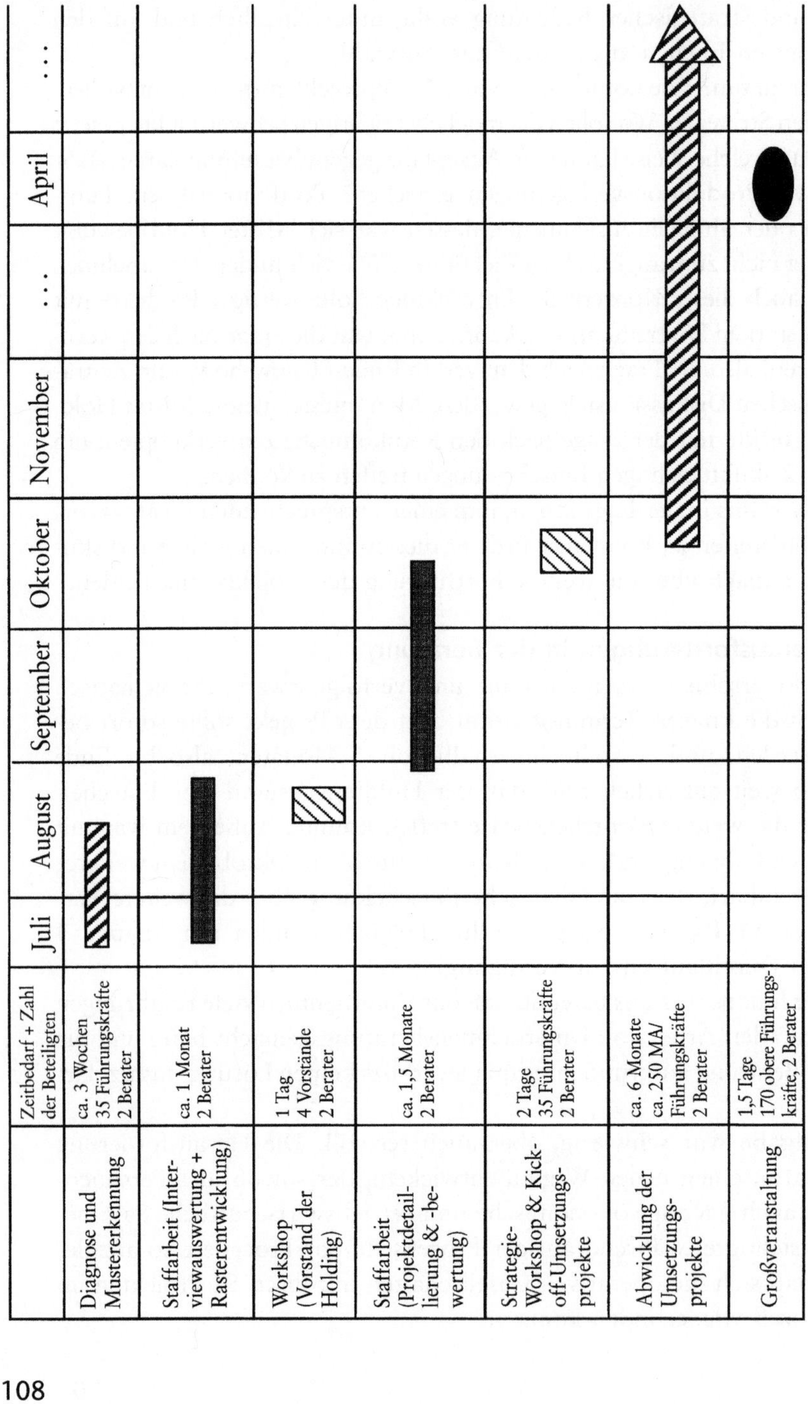

Architekturdiagramm

Mit diesem Wissen und unter diesen Voraussetzungen sagten wir zu und machten ein Angebot. Unser Ziel war es, die einzelnen Projekte mit einem speziell dafür entwickelten „Raster“ einheitlich bewerten zu können. Dabei war es wichtig, im Prozeß der Rasterfindung und -entscheidung neue Wege zu gehen, um den darauf folgenden Bewertungsprozeß möglichst breit gestreut im Unternehmen zu verankern. Gleichzeitig sollte die Belastung der Führungskräfte möglichst gering gehalten werden, um eine optimale Balance zwischen der Einbeziehung in den Prozeß und der damit verbundenen Ressourcenbindung der Betroffenen zu erreichen. Wir bekamen den Auftrag.

3. Daten und Raster

Der Einstieg in das Projekt gestaltete sich zunächst recht einfach: Es ging vor allem darum, sich mit der Situation des Unternehmens vertraut zu machen. Wir legten uns einen Interviewleitfaden zurecht, teilten die verschiedenen Gesprächspartner unter uns auf und führten ausführliche 2,5- bis 3stündige Interviews mit den jeweiligen Geschäftsleitungen der operativen Gesellschaften. Bei diesen Interviews sammelten wir Daten, hinterfragten die strategischen Projekte der jeweiligen Gesellschaft und versuchten, ein Gesamtbild vom Konzern zu erhalten. Schließlich hatten wir einen Haufen Informationen und Datenmaterial gesammelt, uns eine Vorstellung von den Kernkompetenzen der operativen Gesellschaften gemacht, vor allem aber einen gefestigten Eindruck gewonnen, was die strategisch sehr heterogene Landschaft dieses Unternehmens anging.

Zu diesem Zeitpunkt war noch völlig offen, wie wir die höchst unterschiedlichen 51 strategischen Projekte miteinander in Verbindung bringen sollten. Schließlich kam uns der Gedanke, sie durch eine Art Sieb zu treiben, um mehr Klarheit zu bekommen. Nachdem der Gedanke des Siebs einmal entstanden war, ging es darum, einen geeigneten Raster dafür zu entwickeln. Letztlich wurden daraus dann drei Raster: jeweils einer für die strategische und die ökonomische Bedeutung und einer für die Umsetzung des betreffenden Projekts. Ein Bewertungsprozeß also, der – bildhaft gesprochen – die verschiedenen Stockwerke eines Hauses beschreibt, die man durchqueren muß, um schließlich bis zum Dach zu gelangen.

4. Anwendung und strategisches Palaver Teil 1

Nachdem der Raster in seinem Grundprinzip entwickelt und anläßlich eines AG-Workshops gemeinsam mit dem Vorstand als Grundlage für die Bewertung der 51 Projekte verabschiedet worden war, konnten wir mit der

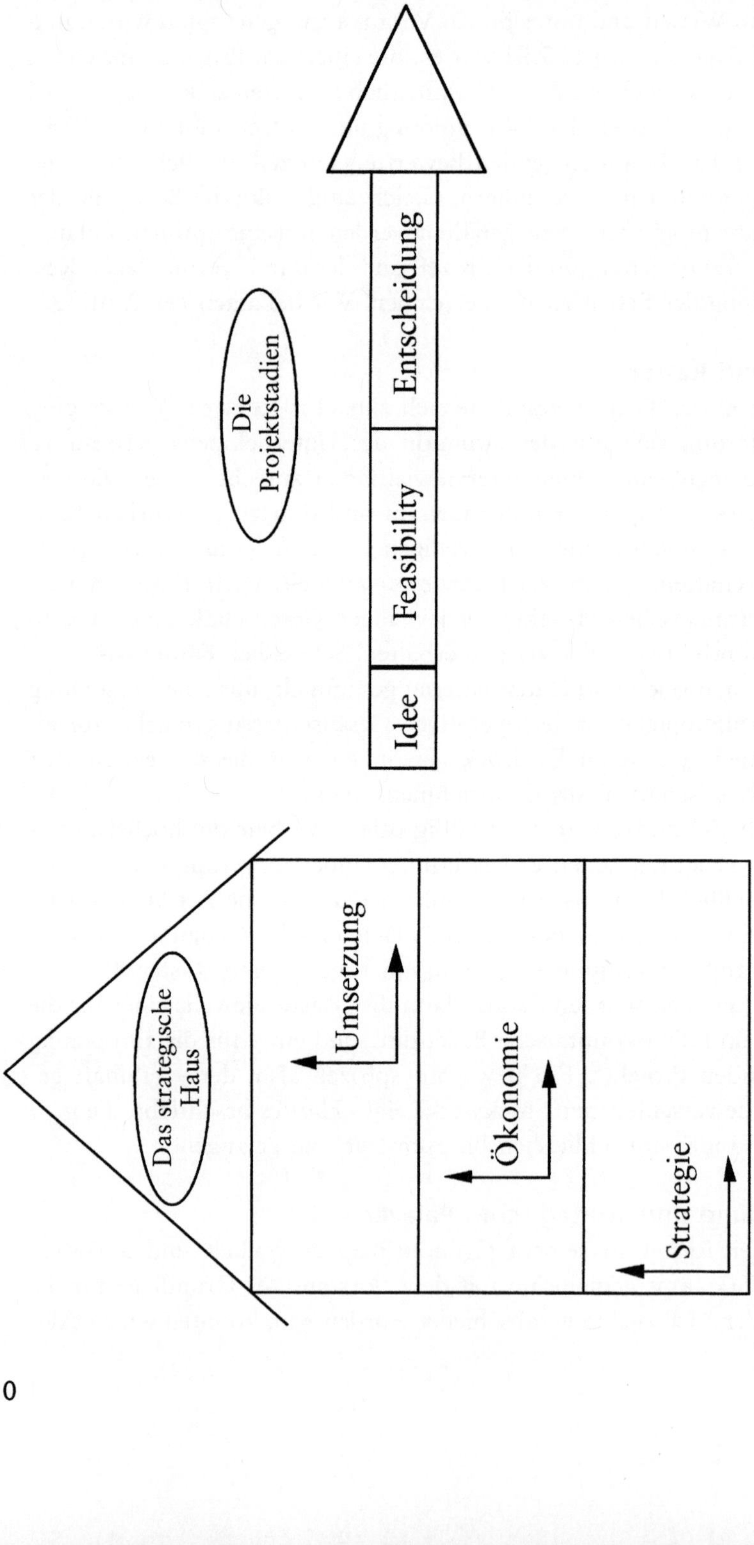

Betrachtungsebenen und Architektur

Anwendung der einzelnen Raster auf die Diskussion mit den operativen Gesellschaften beginnen. Diese bestand konkret in Projektdetaillierung, Projektbewertung und Prioritätensetzung und führte zur Verdichtung der Ergebnisse zu Teil- oder Gesamtabbildungen. Diesmal gingen wir strukturierter, da mit den Rastern ausgestattet, und immer zu zweit jeweils einen halben Tag lang in die operativen Gesellschaften, um Fragen zu stellen, zuzuhören und die Gedanken zu dokumentieren. Unsere Fragen orientierten sich einerseits am Raster, andererseits an unserem Strategieverständnis und unserer Neugier auf der Suche nach Unterschieden, Vergleichen, Plausibilitäten und Querverweisen.

Am Ende jedes Gesprächs wurden unsere Eindrücke spontan zurückgemeldet sowie von den Gesprächspartnern ergänzt und bestätigt. Die Verdichtung, Dokumentierung und Kommentierung dieser Resultate auf verschiedenen Ebenen (Gesellschaft, Division, Konzern) erfolgte dann nicht mehr vor Ort beim Kunden, sondern bei uns – in Form von Staffarbeit. Daß wir dabei auf die Unterstützung des Strategieverantwortlichen der Holding zurückgreifen konnten, der uns in vielen Fach- und Detailfragen beriet, war sicherlich von Vorteil.

5. Strategieklausur und strategisches Palaver Teil 2

Eines aber war klar: Der Raster allein und die Präsentation eines fix und fertigen Ergebnisses würden weder den Ansprüchen des Kunden genügen noch sich mit unserem Verständnis einer modernen Strategieentwicklung decken. Strategie ist nicht das, was auf dem Papier steht, sondern das, was sich in Diskussionen entwickelt und letztlich in den Köpfen steckt. Strategie ist ein gedanklicher Rahmen, der Diskussionen prägt und richtungweisend für Entscheidungen im Alltag ist.

Mitte Oktober fand dann die Strategieklausur statt, die den ersten Teil unseres Beratungsauftrags abschließen sollte und in deren Rahmen die bereits vorliegenden Ergebnisse präsentiert, diskutiert, verabschiedet und zu gemeinsamen Schwerpunkten weiterentwickelt wurden.

Dabei versuchten wir auch, unser Strategieverständnis gegenüber den anwesenden Vorständen und Geschäftsführern mit Hilfe einer Parabel, die wir bei einem amerikanischen Anthropologen gelesen hatten, zu verdeutlichen:

Dieser Anthropologe hatte im Verlauf seiner Studien längere Zeit mit einem Indianerstamm zusammengelebt. Dabei konnte er einige äußerst bemerkenswerte Beobachtungen machen und festhalten. Bei seinem Versuch

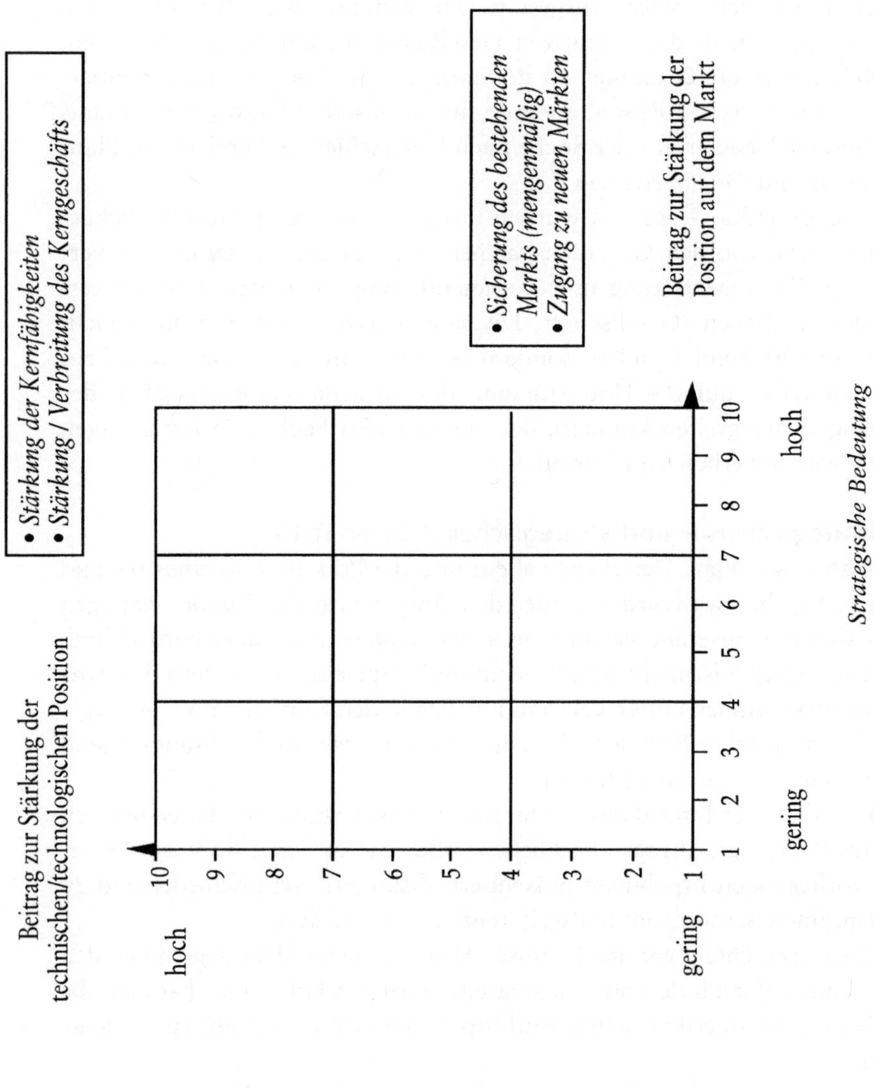

• Stärkung der Kernfähigkeiten
• Stärkung / Verbreitung des Kerngeschäfts
Beitrag zur Stärkung der technischen/technologischen Position
hoch
gering
10 9 8 7 6 5 4 3 2 1
• Sicherung des bestehenden Markts (mengenmäßig)
• Zugang zu neuen Märkten
Beitrag zur Stärkung der Position auf dem Markt
1 2 3 4 5 6 7 8 9 10
gering
hoch
Strategische Bedeutung

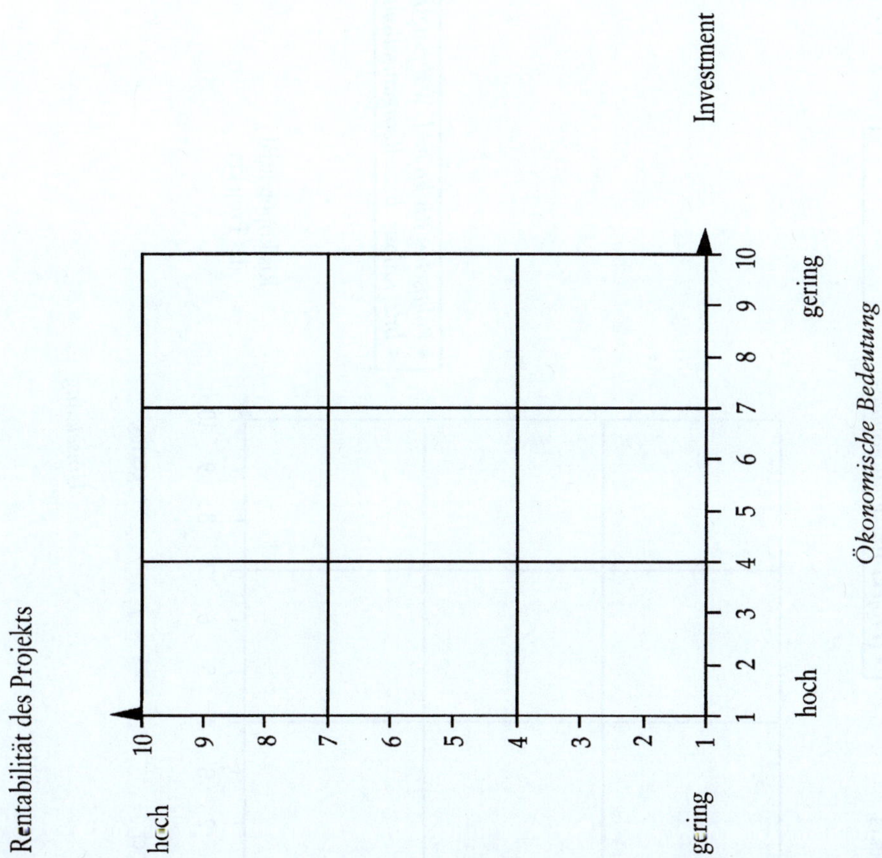
Rentabilität des Projekts
hoch
gering
10
9
8
7
6
5
4
3
2
1
1
2
3
4
5
6
7
8
9
10
hoch
gering
Ökonomische Bedeutung
Investment

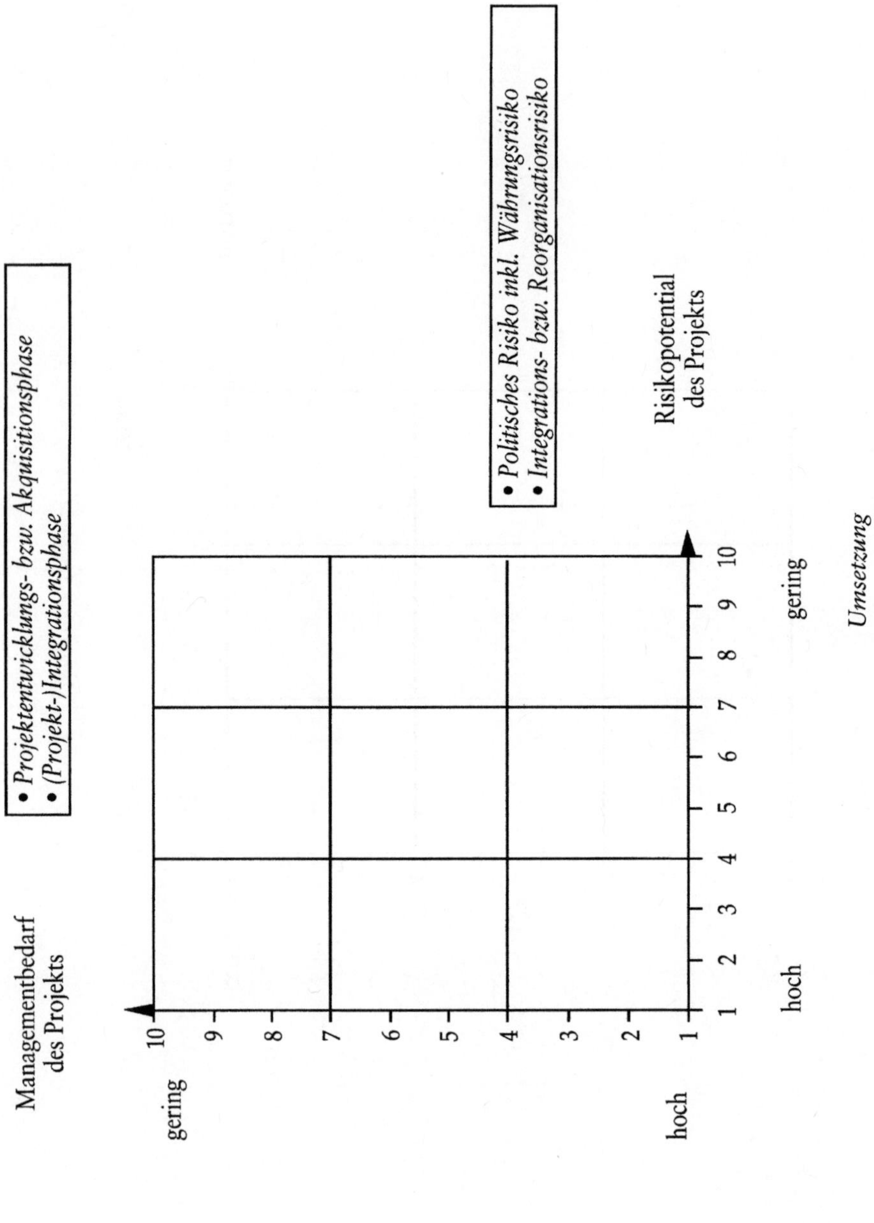
• Projektentwicklungs- bzw. Akquisitionsphase
• (Projekt-)Integrationsphase
• Politisches Risiko inkl. Währungsrisiko
• Integrations- bzw. Reorganisationsrisiko
Managementbedarf des Projekts
gering
hoch
10
9
8
7
6
5
4
3
2
1
Risikopotential des Projekts
hoch
gering
Umsetzung

herauszufinden, wie Entscheidungen in einem Indianerstamm zustande kommen, war ihm aufgefallen, daß sich die einflußreichsten Männer des Indianerstamms regelmäßig – ungefähr einmal pro Woche – zusammensetzten und über alle wichtigen und unwichtigen Dinge, die während dieser Woche angefallen waren, redeten. Sie führten ein Gespräch ohne erkennbare Strukturen und ohne Zeitdruck, in dessen Verlauf jeder seine Gedanken äußern konnte. Es wurde nichts dokumentiert, und es gab keinerlei Hinweise auf eine formale und eindeutige Entscheidung.

Aufgrund dieser Beobachtungen kann man diese Gespräche als „Palaver" bezeichnen, das – unserem Verständnis nach – ohne jede klare Vereinbarung endete. Dennoch, und das war das Erstaunliche an der Beobachtung des Anthropologen, ging jeder Gesprächsteilnehmer in seine eigene Welt zurück und handelte dort im Geiste des gemeinsamen Palavers. Jeder, so schien es, hatte in diesem Palaver zu einem Grundverständnis gefunden, das es ihm ermöglichte, die in seinem Alltag anstehenden Entscheidungen sinnvoll und im Sinn des Ganzen zu treffen.

Mit dieser Parabel wollten wir den Managern deutlich machen, daß es uns weniger um einzelne Inhalte ging als vielmehr darum, einen gemeinsamen Geist und ein gemeinsames Dach zu entwickeln, das es ermöglicht, daß jeder in seinem Markt mit seinen Produkten und seinen Mitarbeitern jene Schwerpunkte setzen kann, die dort notwendigerweise gesetzt werden müssen, und es dennoch möglich bleibt, Rücksicht auf das große Ganze zu nehmen, in das der einzelne letztendlich eingebettet ist.

6. Von der Umsetzung zu strategischen Leitlinien und zum Szenario 2005

Die Abwicklung und Umsetzung der Ergebnisse des Strategie-Workshops war bereits mit einem neuen Beratungsauftrag verknüpft, dessen Zielsetzung es war, im Lauf der nächsten sechs Monate strategische Leitlinien für den Gesamtkonzern zu definieren und ein Szenario für das Jahr 2005 zu entwickeln.

Die Ergebnisse der Bearbeitung dieser Themen wurden dann im Rahmen einer Großveranstaltung präsentiert und diskutiert. Diese wurde als Workshop mit den 170 oberen Führungskräften des Konzerns durchgeführt.

Rückblickend auf den Gesamtprozeß, ist es sicherlich gut gelungen, eine Verständigung der Führungskräfte hinsichtlich der wesentlichen Entwicklungsthemen im Konzern, und zwar bezogen auf das gesamte Portfolio an Geschäften, zu erreichen.

Insbesondere im Rahmen der Szenarioarbeit wurde nicht nur bemerkenswertes Engagement gezeigt, es gelang auch, Widersprüche bestehen zu lassen und für weitere Diskussionen aufzubereiten. Die Zusammenarbeit im Gesamtkonzern – über die Gesellschafts- und Divisionsgrenzen hinaus – hat nicht nur persönliche Kooperationen gefördert, sondern auch Synergie- und Wissenspotentiale transparent gemacht.

Ob es im Rahmen unserer weiteren Arbeit gelingt, diese positiven Effekte zu stärken und die neue Gemeinsamkeit in der strategischen und operativen Arbeit zu stabilisieren, bleibt abzuwarten. Die Zeichen dafür stehen jedenfalls günstig.

Fall 5: „Organisationsentwicklung als Serienprodukt?"

Frank Boos und Alexander Exner

Dieses Beratungsprojekt bei einer bedeutenden Bank brachte die gleichzeitige Auseinandersetzung mit drei aus Beratersicht speziell widersprüchlichenen Herausforderungen mit sich:

- mit der Kombination von Organisationsentwicklungsansatz und umfassenden Rationalisierungsmaßnahmen,
- mit der Durchführung der Organisationsentwicklung – in standardisierter Form – über einen Zeitraum von 5 Jahren hinweg,
- mit der besonders intensiven Zusammenarbeit von internen und externen Beratern.

1. Der Kunde

Bei unserem – für die Darstellung hier leicht verfremdeten – Kunden handelt es sich um eine Bank von hoher regionaler und volkswirtschaftlicher Bedeutung, ein in Österreich allgemein bekanntes Institut, das öffentliche Aufmerksamkeit genießt, aber auch parteipolitischen Einflüssen ausgesetzt ist. Zum hier relevanten Zeitpunkt hatte die Bank 2000 Mitarbeiter und war vom Umbruch bedroht, der sich einerseits aus einem bestimmten politischen Druck herleitete, andererseits durch die Vorwehen aufgrund der Umstellung der nationalen Währungen auf den Euro zu erklären ist. Die Unternehmenskultur kann man als bürokratisch und stark innenorientiert bezeichnen. Ökonomische Probleme im herkömmlichen Sinn hatte die Bank nicht. Wie in solchen Institutionen häufig, trafen wir auf eine eigenartige Kombination aus Großzügigkeit (z. B. gab es zu jeder Kaffeepause immer Kuchen, Gebäck oder Brötchen) und Pedanterie in der Abrechnung der verschiedensten Kleinigkeiten. Ähnlich ambivalent war die Haltung der Mitarbeiter, die einerseits sehr stolz waren, diesem Institut angehören zu können, jedoch andererseits den damit verbundenen Mangel an Freiraum sehr beklagten. So wurden die Überbürokratisierung des Kreditinstituts und die strikte Schematisierung der Arbeitsabläufe stark kritisiert. Weiterhin empfanden es viele Mitarbeiter als demotivierend, daß es ihnen verwehrt blieb, in gewissen Bereichen selbst Verantwortung zu übernehmen, und daß vom sogenannten Unternehmertum in der Bank nichts zu spüren war.

2. Wie alles begann

Das Projekt hatte eine relativ lange Vorgeschichte. Zum einen hatte der Leiter der Organisationsabteilung einige Jahre zuvor an einem öffentlich ausgeschriebenen Seminar der „Forschergruppe Neuwaldegg“ teilgenommen und Gefallen an unserem Beratungsansatz gefunden. Das führte dazu, daß wir eingeladen wurden, unseren Beratungsansatz im Rahmen eines internen Workshops in der Organisationsabteilung vorzustellen, über deren Vermittlung wir dann von der Bank beauftragt wurden, an der Überarbeitung ihres Stellenbeschreibungssystems mitzuwirken. Wir führten zu diesem Zweck zwei eintägige Workshops durch und konnten sehr klar zum Ausdruck bringen, daß eine Überarbeitung der Stellenbeschreibungen für das Institut nicht die erwünschten Verbesserungen bringen würde.

Gleichzeitig hatte der Vorstand ein Projekt zur Entlastung der Mitarbeiter und Führungskräfte beschlossen, an das gleichzeitig auch der Wunsch des Vorstands gekoppelt war, den für notwendig erachteten Personalabbau voranzutreiben. Dieser Wunsch des Direktoriums wurde von der Organisationsabteilung aufgegriffen, und wir wurden eingeladen, gemeinsam mit der Organisationsabteilung ein diesbezügliches Konzept zu entwickeln. Wir einigten uns schließlich auf ein umfassendes Organisationsentwicklungsprojekt, dessen Zielsetzung es war, zum einen die Unternehmenskultur zu verändern, Arbeitsprozesse effizienter und flexibler zu gestalten, der Bürokratisierung entgegenzuwirken und gleichzeitig eine Rationalisierung durchzuführen, um so den vom Vorstand dringend geforderten Stellenabbau herbeizuführen.

3. Was uns an diesem Fall besonders interessierte

Aus Beratersicht waren drei Dinge an diesem Fall besonders interessant:

1.) Organisationsentwicklungsansatz versus geforderte Rationalisierung

Der Organisationsentwicklungsansatz bestand darin, die betroffenen Abteilungen und deren Mitarbeiter sehr aktiv – inhaltlich gestaltend und eigenverantwortlich die Ergebnisse entscheidend – in diese Projekte miteinzubeziehen. Gleichzeitig gab es jedoch die klare Vorgabe, die Personalkapazitäten der jeweiligen Abteilungen detailliert zu untersuchen. Die unausgesprochene Annahme, die sich in allen Projekten bewahrheitete, war, daß in allen Abteilungen Überkapazitäten vorhanden wären. Insofern waren die Erwartungen an das Projekt eine Mischung aus einer Untersuchung – entsprechend einer Revisionseinschau – und einer Organisationsentwicklung.

2.) Die paradoxe Forderung, Organisationsentwicklung in standardisierter Form durchzuführen

Eine weitere Prämisse, unter der dieses Projekt startete, bestand darin, daß die einzelnen Projekte immer innerhalb der bestehenden Aufbauorganisation der Bank zu erfolgen hatten und daß auch die Grenzen der Abteilungen nicht in Frage gestellt werden durften. Jedes dieser Organisationsprojekte hatte nur die Binnenstruktur der betroffenen Abteilung zu untersuchen, um Vorschläge für deren Verbesserung zu erarbeiten. Es stellte sich die Frage, in welcher Reihenfolge die insgesamt ca. 40 Abteilungen untersucht werden sollten. Der Bankvorstand einigte sich darauf, innerhalb von 5 Jahren alle Abteilungen zu untersuchen. Der Ansatz sollte jeweils der gleiche sein, was bedeutete, daß bestimmte Grundprinzipien der Vorgehensweise vom ersten bis zum zuletzt (im Extremfall 5 Jahre später stattfindenden) durchgeführten Projekt anzufinden sein sollten. Es wurde ein sehr hoher Dokumentationsaufwand betrieben, um zu gewährleisten, daß diese Grundprinzipien auch über diesen Zeitraum hinweg eingehalten wurden.

Nach einer Vorphase von drei Monaten wurde mit der Auswahl von fünf Abteilungen begonnen, die als erste im folgenden Jahr in die Organisationsuntersuchungen einbezogen werden sollten. Während jeder weiteren Phase, die jeweils ein Jahr dauerte, waren andere Abteilungen nominiert, in denen die Organisationsuntersuchungen durchgeführt wurden. Der Vorgang der Nominierung erfolgte nach Vorstandsbereichen, wobei jeder der Vorstände eine seiner Abteilungen zu nennen hatte. Manche taten dies nach vorhergehender Diskussion mit ihren Abteilungsleitern, andere verkündeten ihre Entscheidung wohl mehr oder weniger ex cathedra, was natürlich einige Auswirkungen auf die Stimmung und auf die Bereitschaft der jeweiligen Abteilungsleiter und ihrer Mitarbeiter, an diesem Projekt mitzuwirken, hatte.

3.) Die Zusammenarbeit von internen und externen Beratern

Die Kombination von internen und externen Beraterressourcen war eine der Vorgaben, mit denen dieses Projekt gestartet wurde. Diese ergab sich daraus, daß die Organisationsabteilung der Bank mit Hilfe dieses Projekts ihre eigene Qualifizierung weiter erhöhen wollte, um damit im Haus auch deutlicher an Ansehen und Nachfrage zu gewinnen. Aus dieser Sicht war die Organisationsabteilung unser Klientensystem, das Organisationsentwicklungs-Know-how bekommen wollte, um dieses sofort in die Praxis umzusetzen. Eine Interventionsebene war daher unsere Arbeit mit der Organisationsabteilung, die andere war unsere Mitwirkung – möglichst im Hintergrund – an den einzelnen Projekten innerhalb der verschiedenen Abteilungen. Auf der Ebene der einzelnen Organisationsentwicklungsprojekte hieß das, daß jeweils ein externer Berater mit zwei bis drei internen Beratern ein konkretes Projekt plante und verfolgte. Wir kamen als externe Berater mit dem Kunden – d. h. in diesem Fall mit den jeweiligen Abteilungen, die in die Organisationsentwicklungsprozesse einbezogen wurden – nur zu bestimmten „Meilenstein-Sitzungen" zusammen. Im weiteren Verlauf des Gesamtprojekts, insbesondere in den späteren Phasen, nahmen wir primär die Rolle von Coaches und Beratern der Mitarbeiter der Organisationsabteilung ein und waren immer weniger in den einzelnen Abteilungen präsent.

Zusammenfassend betrachtet, handelte es sich also auch für uns um eine interessante Situation. Wir hatten im wesentlichen nur indirekten Zugriff auf das primäre Klientensystem (Abteilungen). Es wurde erwartet, daß neben klaren Rationalisierungsergebnissen auch ein kultureller Wandel als Resultat des Organisationsentwicklungsprozesses zu spüren sein würde. Daneben bedeutete die Projektarchitektur eine besondere Herausforderung, weil sie einerseits über einen längeren Zeitraum standardisiert bleiben sollte und andererseits ein hohes Maß an Flexibilität aufweisen mußte, um der Unterschiedlichkeit der einzelnen Abteilungen gerecht zu werden.

4. Interventionsarchitektur und unsere Hypothesen

Es wurde relativ schnell klar, daß wir das Projekt auf verschiedenen Ebenen anlegen mußten. Die **erste** und detaillierteste **Ebene** waren die einzelnen Organisationsuntersuchungen, d. h. Klientensystem war die jeweilige Abteilung. Das Beratersystem umfaßte zwei bis drei interne, eher fachlich orientierte Berater der Organisationsabteilung und einen externen Berater.

Die **zweite Ebene** bestand in der Steuerung und Weiterentwicklung der verschiedenen parallellaufenden Organisationsuntersuchungen. Hier ging es darum, mit den internen Beratern ein gemeinsames Beraterverständnis aufzubauen und weiterzuentwickeln. Dabei sollten sich die internen Berater jeweils wechselseitig unterstützen und voneinander profitieren, gleichzeitig aber auch die gemeinsam entwickelten Standards diskutieren und überprüfen. Dieser Schritt war für die Organisationsabteilung sehr ungewöhnlich, da bis zu diesem Zeitpunkt im wesentlichen das Prinzip des Einzelauftrags gegolten hatte und so etwas wie eine gemeinsame Auftragsbearbeitung nicht üblich gewesen war.

Die **dritte Ebene** war schließlich jene der Gesamtarchitektur – in welche

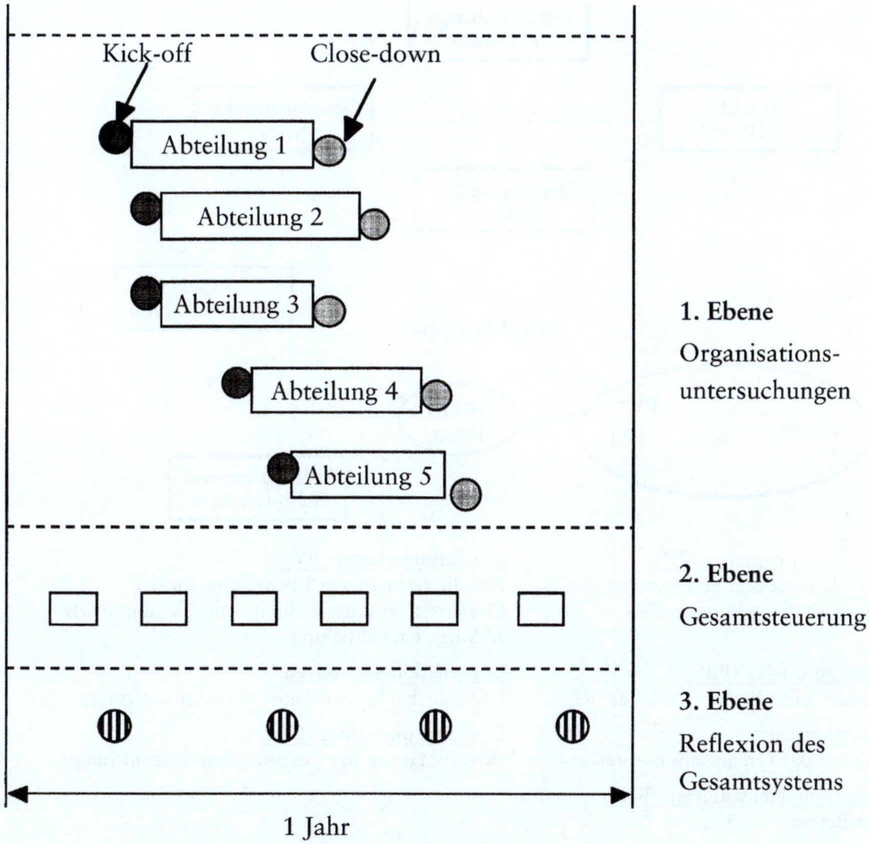

Architekturdiagramm

die ersten beiden Ebenen eingebettet wurden –, die über den Jahreshorizont hinausging und auch die Gesamtentwicklung der Bank im Auge hatte. Dieser dritten Ebene widmeten im wesentlichen wir beide uns als externe Berater sowie der Leiter der Organisationsabteilung und zu einem späteren Zeitpunkt auch dessen Stellvertreter. Regelmäßige Zusammenkünfte dienten dazu, die Gesamtentwicklung der Bank und des Projekts im Auge zu behalten und entsprechende Interventionen zu planen.

Für diese verschiedenen Ebenen galt es nun, ein Modell zu entwickeln, in dem sich die verschiedenen Subsysteme voneinander abgrenzen und die jeweiligen Rollen definieren konnten. Das Ergebnis mehrfacher Überlegungen findet sich in der folgenden Darstellung auf Seite 122.

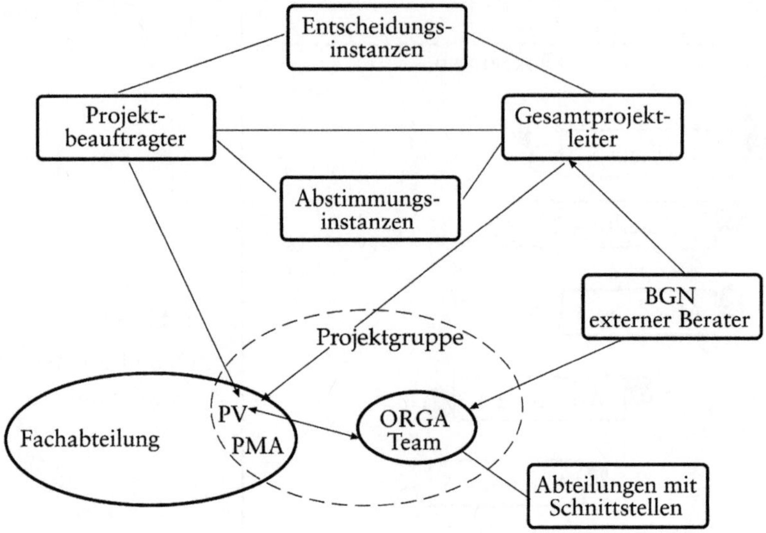

Projektverantwortlicher (PV)
Abt.-Ltr. bzw. dessen Stellvertreter der jeweiligen Fachabteilungen (FA)

Projektbeauftragter (PB)
Bereichsdir. oder Fachressortleiter (RL)

Organisationsteam
Mitarbeiter der Organisationsabteilung

Beratergruppe Neuwaldegg (BGN)
externe Berater

Projektmitarbeiter (PMA)
Für die permanente Mitwirkung an der Organisationsuntersuchung vom PV nominierte MA der Fachabteilung

Entscheidungsinstanzen
GD-Stv.; Fachressortleiter; Projektbeauftragter

Gesamtprojektleiter (GPL)
(Koordination der Organisationsuntersuchung)

Rollenverteilung bei den Organisationsuntersuchungen

Diese relativ komplexe Projektstruktur entsprach auch der Kultur der Bank. Ungewöhnlich jedoch waren die Bildung von Gruppen, das Arbeiten von mehreren Beratern im Team und die Herstellung direkter Kommunikation. Wesentliche Elemente unserer Interventionsarchitektur auf der Ebene der Organisationsuntersuchung waren ein Kick-off-Meeting zu Beginn des jeweiligen Projekts und ein Close-down zu seinem Abschluß. Ein Grundelement war dabei die Anwesenheit der Projektgruppe, des Projektbeauftragten und in fast allen Fällen auch die des zuständigen Vorstands. Durch diese soziale Intervention bekam das Projekt zu Beginn eine ungeheure Dynamik, da die Bank bis zu diesem Zeitpunkt gewohnt war, Kommunikation über die verschiedenen Hierarchiestufen laufen zu lassen – mit der bekannten Konsequenz von extrem langen Entscheidungszeiträumen (Wochen bis Monate). Die direkte Kommunikation ermöglichte es, Fragen direkt zu stellen, also auch eine direkte Antwort zu bekommen und folglich sehr schnell Entscheidungen zu treffen.

Zur allgemeinen Überraschung der Mitarbeiter stellte es sich heraus, daß die Leitung der Bank bei weitem nicht so entscheidungsschwach war, wie man sie bis zu diesem Zeitpunkt eingeschätzt hatte. Wichtig war auch, daß die Unternehmensleitung die Gelegenheit bekam, den von ihr erteilten allgemeinen Projektauftrag konkret auf die jeweilige Abteilung beziehen, mit dieser Abteilung direkt aushandeln und Schwerpunkte setzen zu können. Ergebnis des Kick-offs war in jedem Fall ein Projektauftrag, der die jeweiligen Schwerpunkte und den groben Ablauf des Projekts inklusive des Termins für den Close-down festlegte.

Die Zusammensetzung der Projektgruppe wurde seitens der Fachabteilung vom jeweiligen Projektleiter, der prinzipiell durch den Abteilungsleiter gestellt wurde, festgelegt. Dieser konnte entscheiden, welche Mitarbeiter oder Führungskräfte seiner Abteilung er als Projektmitarbeiter am jeweiligen Projekt beteiligen wollte, und damit auch, wie tief dieses Projekt direkt in die Abteilung hineinreichen sollte. An dieser Stelle ist es wichtig zu betonen, daß die so angelegte Projektarchitektur die Grenzen ihrer Wirkung innerhalb der Abteilung fand, weil durch die standardisierte Grundkonzeption eine übergreifende Betrachtung der Abteilungen – also auch Prozeßorientierung – nicht möglich war. Wir versuchten diese Begrenzung aufzuweichen, indem in jedem der Projekte eine sogenannte Umweltuntersuchung gemacht wurde und die relevanten Umwelten auch aktiv nach deren Erwartungen befragt wurden. Diese Befragung und die daraus resultierende positive, aber auch negative Kritik waren eine für das Haus sehr ungewöhnliche Intervention, die viel Unruhe und damit auch Bewegung auslöste.

Unsere Rolle als externe Berater war auf dieser **ersten Ebene** sehr variabel und hing auch davon ab, wie schwierig das jeweilige Projekt war bzw. wie die internen Berater in der jeweiligen Phase des Projekts zurechtkamen. Zu Beginn wurden pro Organisationsuntersuchung von uns 10 Manntage budgetiert. Gegen Ende des Projekts waren es dann je Abteilung 3 Manntage. Der sich im Verlauf des Gesamtprozesses stark verringernde Zeitbedarf pro Projekt war eine Folge der Standardisierung in der Architektur, die eine sich auf die Prozessentwicklung negativ auswirkende Routinisierung in der Projektbearbeitung auslöste. Je schneller die jeweiligen Organisationsuntersuchungen vonstatten gingen, desto mehr verlor unsere Architektur an Dynamik und Wirkungskraft.

Die **zweite Ebene** bezieht sich auf die Gesamtsteuerung: Hiefür gab es einerseits den Gesamtprojektleiter in Person des Leiters der Organisationsabteilung, andererseits aber auch die Mitarbeiter der Organisationsabteilung, die an konkreten Organisationsuntersuchungen beteiligt waren. Mit beiden trafen wir uns in regelmäßigen Abständen – zu Beginn ca. alle zwei Monate, später jedes Quartal und in der letzten Phase einmal im Halbjahr – jeweils für einen Tag, um über die Entwicklung der einzelnen Projekte, aber auch des Gesamtvorhabens zu beratschlagen. Diese Treffen dienten nicht der Supervision oder Intervision, sondern eher der Entwicklung eines gemeinsamen Grundverständnisses (Wirklichkeitskonstruktion) und dem Abgleichen heikler Fragen – wie z. B., mit welchen Methoden die Kalkulation des notwendigen Personalbedarfs in der jeweiligen Abteilung durchzuführen sei. Auch hier war die Entscheidung, diesen Schritt nicht allein mit dem Gesamtprojektleiter, sondern mit der Gruppe der internen Berater gemeinsam zu machen, ein Musterbruch mit der Kultur der Bank.

Die **dritte Ebene** der Gesamtarchitektur vollzog sich einerseits im externen Beraterstab, der sich quartalsmäßig für einen halben Tag zusammensetzte, andererseits war mit dem Abteilungsleiter und später auch zusätzlich mit dessen Stellvertreter vereinbart worden, vor Beginn der jeweiligen Gesamtsteuerungssitzung gemeinsam den aktuellen Stand des Projekts und die Entwicklung der Bank zu reflektieren.

5. Der Prozeß und die Ergebnisse

Der Prozeß entwickelte sich, wie schon beschrieben, in drei Phasen. Die jeweilige Phase war durch einen konkreten Auftrag gekennzeichnet, der sich über ein Jahr erstreckte. Die grundsätzliche Rollenverteilung blieb gleich, was sich aber veränderte, war die Durchlaufzeit der einzelnen Projekte, die mit der Erfahrung der internen Berater kürzer wurde. Das Image, das diese Organisationsuntersuchungen mittlerweile im Unternehmen hatten, änderte sich ebenfalls im Laufe der Zeit. Solange versucht wurde, das de facto ebenfalls angestrebte Ziel der Personalreduktion verdeckt zu halten, stand diese Rationalisierung allein im Vordergrund der Diskussionen über die einzelnen Projekte. Sobald dieses Ziel aber offen ausgesprochen wurde, konnten auch die anderen Ziele und die sehr positiven Ergebnisse im Bereich von Strukturveränderungen in den Abteilungen – wie verbesserte Abläufe, Bürokratieabbau etc. – vermehrt fokussiert werden.

Aufgrund der Charakteristika der Bank und der festen Zusage an die Mitarbeiter, daß keine Kündigungen erfolgen würden, konnte man die angestrebten und vereinbarten Personalreduzierungen letztlich darauf beschränken, eine Reduktion der Planstellen für die jeweilige Abteilung zu bewirken. Auf diesem Gebiet haben die Organisationsuntersuchungen allerdings Erstaunliches geleistet und im Schnitt 3 bis 10 % der jeweiligen Planstellen eingespart. In allen Organisationsuntersuchungen wurde eine gemeinsam getragene Vereinbarung zwischen dem Projektteam und dem zuständigen Abteilungsleiter erzielt, die sich auf konkrete Maßnahmen inkl. der genauen Anzahl von Mitarbeitern, auf die diese Abteilung zu reduzieren sei, festlegte.

Ein bemerkenswertes – nicht funktional erlebtes – Muster war die Nichteinhaltung von vereinbarten Terminen. Diese erfolgte nicht aus Nachlässigkeit oder Schlamperei, sondern vielmehr aufgrund mangelnder Flexibilität und erstarrter Hierarchien, angesichts deren das externe Beratersystem in Terminfragen immer im Hintertreffen war. Wir haben als Externe in diesem Fall eine vertraglich abgesicherte Stornoregelung, die – zeitlich gestaffelt – die Absage von vereinbarten Terminen mit Stornogebühren belegt. Dies war eine für die Bank völlig ungewöhnliche Vereinbarung, die in jedem der von uns beanspruchten Fälle zu großer Aufregung führte. Unser Beharren auf der Stornoregelung machte die Grenzziehung zwischen internen und externen Beratern deutlich sichtbar, hatte aber auch eine Stärkung der internen Berater zur Folge, die bis dahin mit den Problemen, die sich aus den häufig abgesagten Terminen ergaben, zu kämpfen hatten.

Wenngleich das Projekt in der bankinternen Beschreibung sehr stark auf den Personalabbau fokussiert war, zeigte die Organisationsentwicklung doch deutliche Auswirkungen: insbesondere hatte an vielen Punkten eine sehr klare Arbeit an der Veränderung der Kultur eingesetzt. Diese Kulturveränderungen manifestierten sich einerseits in der Aufhebung der Vereinzelung bei der Erfüllung von Aufgaben und andererseits in der Frage des Umgangs mit Terminen und Verbindlichkeiten.

6. Die Weisheit des Rückblicks

Heute, nachdem das Projekt abgeschlossen ist, sehen wir sehr deutlich seine Licht- und Schattenseiten. Es ist klar, daß die Organisationsentwicklung bezüglich der Kultur der Bank ein hohes Konfliktpotential mit sich brachte und große Aufregung auslöste. Die Kombination des Organisationsentwicklungsansatzes mit dem angesagten Personalabbau war eine weitere Irritation, insbesondere für jene, die mit dem Organisationsentwicklungsansatz ganz andere Vorstellungen verbunden hatten als diejenigen, die uns ins Haus gebracht hatten. Hierin hat für viele eine Weiterentwicklung stattgefunden. Und auch die Tatsache, daß es gelungen ist, neben vielen Verbesserungsansätzen, die auch größtenteils umgesetzt werden konnten, an die 80 Planstellen in drei Jahren durch gemeinsame Arbeit und Vereinbarung zu streichen, ist ein Erfolg, der innerhalb der Bank von niemandem bestritten wird.

Es gibt jedoch auch Dinge, die wir heute anders machen würden. Zum einen ist der Ansatz, die Organisationsuntersuchung als Produkt zu sehen und in verschiedenen Abteilungen über mehrere Jahre hinweg standardisiert anzuwenden, kritisch zu beurteilen. In der Kultur dieser Bank führte er dazu, daß man die Organisationsentwicklung wie ein Serienprodukt immer weiter perfektionierte. Innerhalb der Bank bedeutete dies, daß man immer mehr Regeln, immer genauere Beschreibungen und immer dickere Dokumentationen über die Projekte anfertigte. Letztlich wurde das Produkt zugleich mit seinem Erfolg laufend starrer. Das Projekt wurde stufenweise an die interne Kultur der Bank angepaßt und verlor damit an Wirkung.

Durch den allgemein sichtbaren Erfolg geriet die Organisationsabteilung innerhalb des internen Gefüges zunehmend in Konkurrenz zu den anderen internen Dienstleistungsabteilungen. Trotz mehrfacher Versuche gelang es uns nicht, entsprechende Kontakte aufzubauen, die es ermöglicht hätten, mit den anderen internen Dienstleistern zu kooperieren und so Interventionsmöglichkeiten zu schaffen, die die zum Teil sehr blockierende Konkurrenzsituation zwischen den einzelnen Dienstleistern entschärft hätten.

Abschließend ist wohl kritisch zu bemerken, daß das Projekt im Zuge seines Verlaufs zunehmend zum Produkt geraten ist und immer weniger Prozeßelemente Platz gefunden haben. Es lassen sich für diese Entwicklung viele interne Begründungen finden, aber der Sachverhalt zeigt auch, daß eine Organisationsentwicklung letztlich an Spannung, Dynamik und Wirkungskraft verliert, wenn die Prozeßorientierung verwehrt bleibt und man sich nicht die Freiheit bewahrt, auf den jeweiligen Kunden einzugehen. Geht der Spielraum für die Kreativität des Beratersystems verloren – und damit auch die Motivation und die Begeisterung –, so kann ein derartiger Prozeß schwerlich erfolgreich vorangetrieben werden.

Rückblickend können wir folgendes Fazit ziehen: Das Projekt ist grundsätzlich als erfolgreich zu bezeichnen. Könnten wir es allerdings nochmals bearbeiten, so würden wir denselben Prozeß in kürzerer Zeit durchziehen. Wie würden z. B. 10 Organisationsuntersuchungen in einem Jahr parallel zueinander durchführen – oder aber den Zeitraum gleich belassen und dafür einen größeren Freiraum bezüglich der Gestaltung bzw. Veränderung der einzelnen Organisationsuntersuchungen einräumen.

Fall 6: „Reengineering mit offenen Karten"

Gemeinsam mit den Mitarbeitern für oder gegen die Mitarbeiter

Frank Boos und Heinz Jarmai

1. Der Blick in den Spiegel

Unser Kunde, ein Unternehmen der Handelsbranche mit 15 000 Mitarbeitern, befand sich in einem Veränderungsprozeß, dessen Zielsetzung eine deutliche Verbesserung der Performance – verbunden mit einem konsequenten Personalabbau in allen Geschäftsbereichen – war.

Mit dieser Aufgabe war eine für umfassende Reengineering-Projekte bekannte Beratungsfirma bereits seit einiger Zeit befaßt.

In dem das gesamte Unternehmen umfassenden Veränderungsprozeß nahm der Personalbereich eine Sonderstellung ein: Dieser Geschäftsbereich wurde im Unternehmen offiziell als Dienstleistungsabteilung mit 200 Mitarbeitern definiert. Da das Personalwesen dieser Beschreibung keinesfalls gerecht wurde – es war funktional organisiert und in seiner Kultur noch stark an bürokratischen Normen eines klassischen Zentralbereichs orientiert – und eine Reihe von Veränderungen anstanden, die über das Reengineering-Projekt hinausgingen, wurde dieser Geschäftsbereich für das Unternehmen zu einem besonderen Problemfall.

Die Situation des Personalbereichs war durch verschiedene Faktoren gekennzeichnet:

Zunächst sollten die Anforderungen und Strukturen der Personalarbeit im Hinblick auf die angestrebte Änderung der Rolle – vom Administrator zum Dienstleister – neu definiert werden. Die geplante Einführung des Betriebssystems SAP R3 würde zu weiteren strukturellen Veränderungen führen und eine Know-how-Erweiterung erfordern, der sicherlich nicht alle betroffenen Mitarbeiter gerecht werden würden. Des weiteren waren im personellen Bereich Nachwuchsfragen ungeklärt, und die Position des Personaldirektors sollte nicht nachbesetzt werden. Außerdem war selbstverständlich auch der Personalbereich vom allgemeinen Reengineering-Projekt im Unternehmen betroffen; konkret bedeutete dies den Abbau von 15 Prozent der Mitarbeiter innerhalb von zwei Jahren.

Die anstehenden Veränderungsaufgaben ließen hohe Komplexität und vielfältige Spannungsfelder erwarten. Gleichzeitig hatte der Personalbereich für den Erfolg des Gesamtvorhabens eine Schlüsselfunktion im Unterneh-

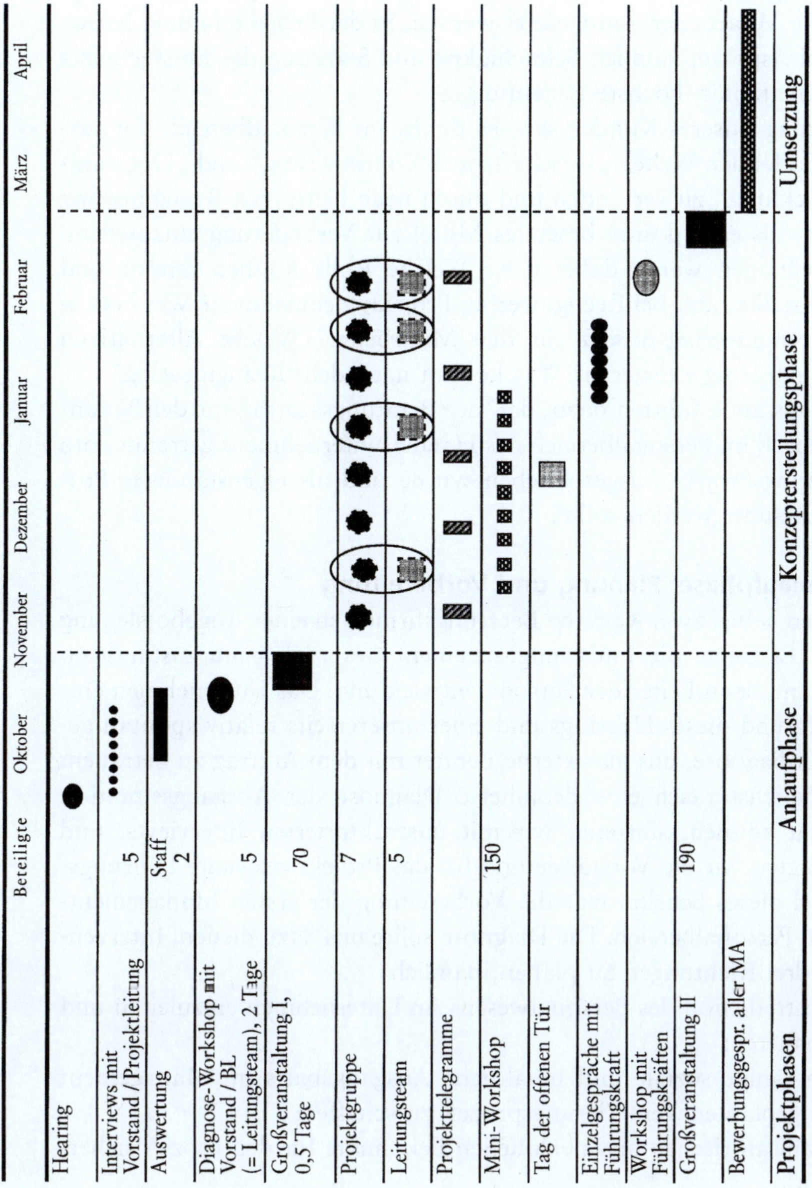

Architekturdiagramm

men. Nur mit Hilfe einer engagierten und effektiven Personaldienstleistung konnten die gesteckten Ziele erreicht und – auch mit entsprechendem Support für die Mitarbeiter – umgesetzt werden. In der Projektplanung hatten daher zwei Aspekte, nämlich Schnelligkeit und Stärkung des Engagements und der Kreativität, höchste Bedeutung.

Zielsetzung unseres Kunden war es daher, im Personalbereich die auseinanderklaffenden Welten „Geschäftsprozeßoptimierung“ und „Organisationsentwicklung“ zu verbinden und durch neue Leitfragen Reengineering konstruktiv als eher positiv besetztes Mittel zur Veränderung einzusetzen.

Fragestellungen waren dabei u. a.: Welche Rolle können interne und externe Prozeßberater bei Reengineering-Projekten einnehmen? Was bedeutet der Reengineering-Ansatz für den Mitarbeiter? Welche Alternativen zum Reengineering existieren? Was kommt nach dem Reengineering?

Diese Umstände führten dazu, daß der Beratungsauftrag für den Veränderungsprozeß im Personalbereich des Handelsunternehmens getrennt vom Reengineering-Projekt ausgeschrieben wurde und als eigenständiges Projekt durchgeführt werden sollte.

2. Die Anlaufphase: Planung und Vorbereitung

Wir wurden neben zwei weiteren Beratungsfirmen zu einer Angebotslegung angefragt. Es folgte die Einladung zu einem Gespräch beim zuständigen Vorstand und beim Leiter der Personalentwicklung. Das Unternehmen entschied aufgrund dieses Hearings und einer unsererseits relativ spontan gestellten Vordiagnose, uns als externe Berater mit dem Auftrag zu betrauen.

Um möglichst rasch eine detaillierte Diagnose der Ausgangssituation erstellen zu können, starteten wir mit unstrukturierten Interviews, und zwar befragten wir die Vorstände und für das Projekt relevante Führungskräfte. Ziel dieses Schritts war die Vorbereitung der ersten Managementklausur im Personalbereich. Die Diagnose sollte uns dazu dienen, Interventionen in drei Richtungen zu planen, nämlich

- die Selbstreflexion des Personalwesens im Unternehmen einzuleiten und zu fokussieren;
- eine tragfähige soziale und inhaltliche Ausgangsbasis im Management für den geplanten Veränderungsprozeß zu schaffen;
- die organisatorischen und personellen Eckpunkte für den Prozeß sicherzustellen.

Das Selbstbild, das der Personalbereich von sich entwickelte, erwies sich als recht kritisch:

Man assoziierte zur eigenen Funktion die eines „Oberlehrers", der seine Zielsetzung zwar kennt, sie aufgrund mangelnder Kompetenz jedoch nur schlecht vermitteln kann. Ein „Motor in der Truppe" wird vermißt, so daß fehlende Koordination eine Neuorientierung verhindert.

Am charakteristischsten fanden wir das Bild von den „Maulwürfen unter der Erde": Die Mitarbeiter der Personalabteilung rennen emsig, niemand sonst im Unternehmen arbeitet so viel, aber außer einigen Maulwurfshügeln ist für die Umwelt nichts zu sehen. Da die Personalabteilung ihrer Dienstleisterrolle nicht gerecht wird, fehlen die Verknüpfungen mit den übrigen Geschäftsbereichen. Was das Personalwesen konkret leistet, kann von Mitarbeitern anderer Abteilungen überhaupt nicht erkannt werden. Diese unglückliche Situation war dem Image und dem Ansehen des Personalwesens im Unternehmen äußerst abträglich.

Die angenommenen Fremdbilder der Mitarbeiter unterschieden sich stark voneinander: Einerseits war man davon überzeugt, daß die Arbeit des Personalwesens als gut gewürdigt wird, andererseits befürchtete man, daß die Gleichsetzung der Personalabteilung mit der Personalverwaltung zu einem negativen Beamtenimage führte. Man war sich der Tatsache, daß das Personalwesen in der Bereichsstruktur eines Unternehmens normalerweise eine zentrale Position innehaben sollte, durchaus bewußt.

Aufgrund ihres inhomogenen Erscheinungsbilds, mangelnder Identität und Identifikation war die Personalabteilung isoliert und wurde im Unternehmen teilweise sogar als überflüssig erachtet. Der Personalbereich wurde als Zentralfunktion gesehen, nicht als Dienstleister und nur ansatzweise als strategischer Faktor.

Die Mitarbeiter im Personalwesen erlebten nicht einen geschlossenen Personalbereich, sondern die verschiedenen Abteilungen. Während die Beschäftigten der Personalentwicklung zufrieden waren, war die Stimmung gegenüber der Personalentwicklung vor allem bei den unzufriedenen Mitarbeitern der Abrechnungsabteilung und der Abteilung zur Betreuung tariflicher Mitarbeiter nicht freundlich. Die Spannungen zwischen den einzelnen Abteilungen führten zu weitverbreitetem Mißtrauen und zu Unsicherheit.

Die naheliegende Schlußfolgerung aus dieser Situation war, daß es an Bereichsidentifikation fehlte, weil die Zugehörigkeit zur Abteilung wichtiger war als die Bereichszugehörigkeit. In Verbindung mit Verunsicherung, Mißtrauen, Orientierungslosigkeit und geringer Offenheit resultierte daraus die geringe Veränderungsbereitschaft der Mitarbeiter.

Die Analyse der Personalarbeit aus Sicht des Managements deckte sich größtenteils mit den Bildern der Mitarbeiter. Man war ebenfalls der Meinung, daß die „Gesamtdienstleistung Personal" im Gegensatz zu ihren Einzelfunktionen nicht funktionierte. Dadurch stiegen der Kommunikationsaufwand und die Wissensverluste, was die Personalarbeit zunehmend ineffizient werden ließ.

Was jedoch die Zukunft der Personalarbeit anging, gab es hierüber im Management keine einheitliche Meinung. Gefordert wurde neben personalpolitischen Grundsätzen für das Unternehmen vor allem die Veränderung in Richtung qualitativer Personalarbeit mit klar verständlichen, fundiert-pragmatischen Konzepten, das heißt eine Veränderung von der funktionalen zur prozeßorientierten Personalarbeit – als Dienstleister und Coach für die diversen Fachbereiche. Zielsetzung sollte es sein, zum optimalen Ansprechpartner für Management und Mitarbeiter zu werden. Unstimmigkeiten gab es aber bei der Frage, wann und von wem hierbei die Initiative ergriffen werden sollte.

Die tradierte Funktionsorientierung und unausgesprochene Spannungen im Management verhinderten nun aber ein gemeinsames Vorgehen im Personalbereich, und die Notwendigkeit, sich zu verändern, wurde unterschiedlich eingeschätzt. Das anstehende Restrukturierungs- und Reengineering-Projekt ließ zusätzlich latent vorhandene Spannungsfelder akut werden, deren Umgehung jetzt nicht mehr möglich war.

Als zentrales Spannungsfeld stellte sich die Rolle des Reengineering – einerseits als Sparmaßnahme und andererseits als Möglichkeit zur Neugestaltung – heraus. Das zweite wesentliche Spannungsfeld zwischen den alteingesessenen, fleißigen, ordnungsorientierten Fachleuten und den meist jüngeren, dienstleistungsorientierten, eher kreativen Beratertypen wurde symptomatisch – vor allem gegenüber der Abteilung Personalentwicklung – deutlich. Diese verfügte über ein vergleichsweise großes Budget, und auf sie konzentrierten sich die Interessen von Vorstand und Holding. Man kritisierte, daß durch die intensive Förderung von Potentialträgern die eigentlichen Leistungsträger zuwenig unterstützt würden.

Nachdem wir diese Diagnose zunächst dem Vorstand und den Bereichsleitern anläßlich des zweitägigen Diagnoseworkshops vorgestellt hatten, präsentierten wir sie kurze Zeit später im Rahmen einer ersten Großveranstaltung einem breiteren Spektrum von ungefähr 70 Mitarbeitern. Sie löste Betroffenheit aus, und das Bedürfnis nach Veränderung aktivierte die Diskussion, aber die Mitarbeiter reagierten bei der Ankündigung des Reengineering-Projekts auch sehr skeptisch.

Der weitere Verlauf unseres Projektes versprach, spannend und nicht gerade einfach zu werden.

3. Die Konzepterstellungsphase: Ziele und Architektur

Für die erfolgreiche Durchführung eines Projekts hat die Projektarchitektur herausragende Bedeutung:

Die Projektarchitektur muß für alle Beteiligten klar ersichtlich und verständlich sein. Bei der Auswahl des Projektteams muß beachtet werden, daß alle Schlüsselpersonen vertreten sind. Nur durch konsequentes Projektmanagement können Rollen und Verantwortung richtig verteilt sowie Phasen und Ziele verdeutlicht werden.

Eine schnelle Kommunikation – auch über Bilder, Symbole und Ereignisse – ist wichtig, um nicht Informationsdefizite entstehen zu lassen, die ein Projekt stocken und im Extremfall scheitern lassen können.

Um wirklich einen gesamten Bereich in einen Veränderungsprozeß einzubinden, müssen mit Hilfe von Workshops, Befragungen und Großveranstaltungen viele und vielfältige Beteiligungsmöglichkeiten für ein breites Spektrum an Mitarbeitern geschaffen werden, die gleichzeitig einen Multiplikatoreffekt haben, indem sie die Veränderungsfähigkeit erhöhen.

Gleiches gilt auch für das Topmanagement, das eine Vorbildfunktion hat und deshalb sichtbar vor und hinter einem Projekt stehen muß, sei es durch demonstrative Arbeit an sich selbst, durch klare, knappe Zielsetzungen oder auch durch viel Präsenz in den kritischen Phasen des Prozesses.

Als wichtiger Erfolgsfaktor hat sich immer wieder eine intensive Kulturarbeit mit und im Führungsteam erwiesen. Dadurch kann eine neue Arbeitsweise erprobt und entwickelt werden, indem an den Grundsatzentscheidungen die wesentlichen Konfliktlinien deutlich werden, soziale Beziehungen sich neu konstituieren und sich auch die personelle Tragfähigkeit des Managements – direkt und indirekt – erweist.

Teamarbeit ist dabei ein ideales Forum und ein Nährboden für Diskussionen, Inputs und Reflexionen und dient neben der Kulturarbeit auch der inhaltlichen Auseinandersetzung und Orientierung.

Die Konzepterstellungsphase sollte dazu dienen, durch die Arbeit mit dem Leitungsteam und mit dem Projektteam die neuen Organisationsstrukturen des Personalwesens zu entwickeln und sich in den Teamentwicklungsprozessen bereits an fällige oder sich abzeichnende Personalentscheidungen anzunähern. Das Ergebnis sollte ein neues Strukturmodell sein, das nach einer gründlichen Auseinandersetzung mit verschiedensten Prozeßvarianten

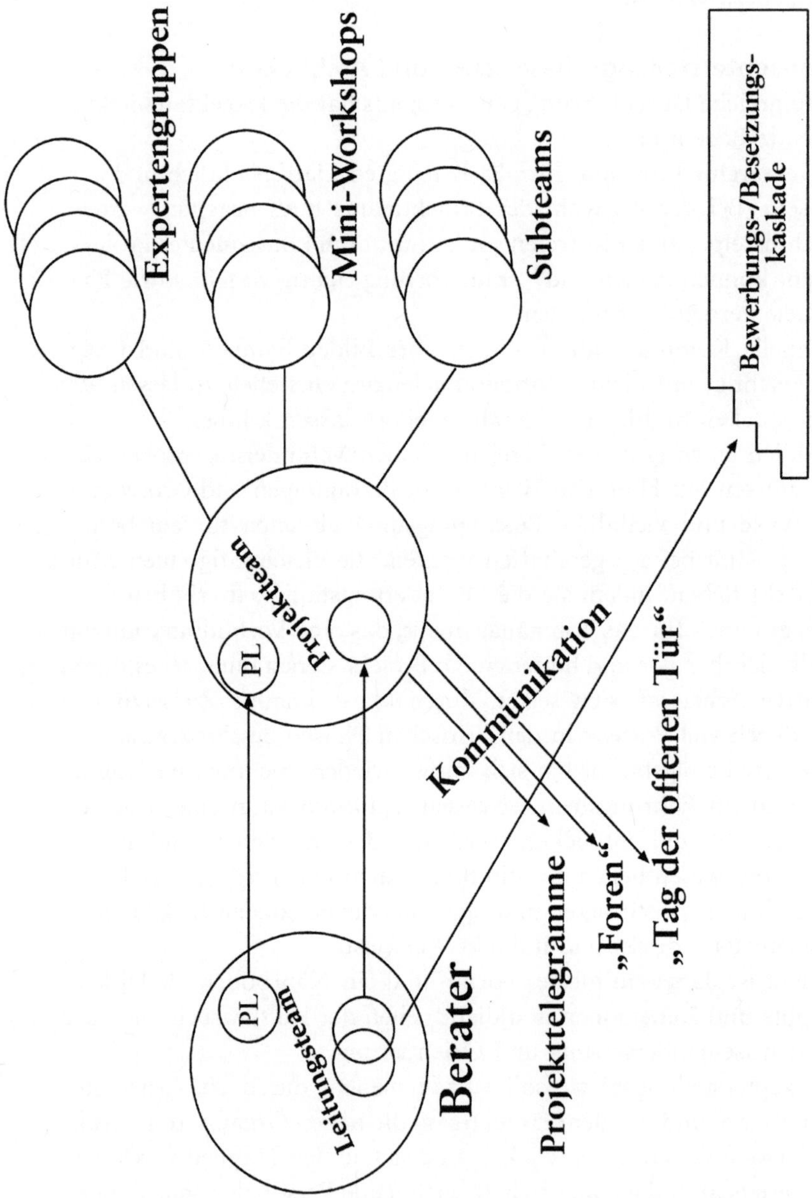

Gesamtarchitektur des Reengineering-Projekts

erarbeitet worden war und den künftigen Anforderungen an das Personalwesen aus dem Unternehmen gerecht werden würde. Insbesondere sollte dies auf eine eindeutige Kundenorientierung abzielen und die neuen Möglichkeiten des SAP-Systems konsequent nützen.

Um das sensible Reengineering-Projekt für alle Mitarbeiter transparent durchzuführen, setzten wir auf eine schnelle und offene Kommunikation der Ergebnisse der Arbeit des Leitungs- und Projektteams ins gesamte Unternehmen. Dies sollte mit der Gestaltung von Telegrammen, Mini-Workshops und Großveranstaltungen geschehen, deren Multiplikatorwirkung als Projekt-Kick-off und -Close-down für den Prozeß unerläßlich werden würde.

Da ein radikaler und abrupter Personalabbau das Betriebsklima im Personalwesen langfristig geschädigt und das Funktionieren des Bereichs eher destruktiv beeinflußt hätte, wollten wir neue Rollenbilder entwickeln, die auf kreativen Bezahlungs-, Arbeitszeit- und Ausstiegsmodellen basieren sollten und mit Qualifizierungsprogrammen für soziale Fachkompetenz die Neu- und Umbesetzungen der Stellen erleichtern würden.

Die Arbeit mit dem Leitungsteam entwickelte sich – wie erwartet – als schwierig und kompliziert. Die Stimmung war geprägt von Spannung und Emotionalität, da allen Mitgliedern bewußt war, daß auch ihre Position vom Reengineering betroffen sein würde. Ein gemeinsames Verständnis der Personalarbeit fehlte noch. In dieser Gruppe spiegelten sich die Spannungsfelder des gesamten Personalbereichs, ihrer Verarbeitung in der Diskussion stand jedoch im Weg, daß anfangs Rolle, Selbstverständnis und Spielregeln der Mitglieder nicht transparent waren. Erst allmählich gelang es in den Workshops, die bestehenden Konflikte anzusprechen, persönliche und emotionale Differenzen auszuräumen, Ängste besprechbar zu machen und das Leitungsteam zu der ihm zugedachten Rolle des Projektmotors und Entscheidungsfinders hinzuführen. Der wesentliche Durchbruch gelang hier in der zweiten Teamentwicklung: Aus einem wechselseitigen Prozeß von Feedback und Erwartungsklärung führte der Personalvorstand mit jedem Leitungsteammitglied ein Einzelgespräch bezüglich dessen persönlicher Zukunft. Damit bestand für jeden – team- und hierarchiebezogen – grundsätzliche Klarheit über seinen zukünftigen Beitrag und seine Rolle. (Zwei der bisherigen Mitglieder würden im Projekthorizont Sonderaufgaben übernehmen und dann in den Ruhestand wechseln, die beiden anderen im zukünftigen Leitungsteam wesentliche, aber im Projekt noch zu spezifizierende neue Rollen übernehmen.)

Erst jetzt konnte sich das Leitungsteam seiner eigentlichen Aufgabe widmen, nämlich der Planung des Reengineering-Projekts. Generell gab es Zustimmung zu diesem Projekt, da man inzwischen die Chancen erkannt hatte, die sich bei einer grundsätzlichen Neugestaltung des Bereichs auftun würden: Das Ansehen des Personalwesens könnte ebenso wie die gesamte Betreuung der Partner im Unternehmen wesentlich verbessert werden, und für den Bereich selbst bestand Aussicht auf Weiterentwicklung und mögliches Rationalisierungspotential.

In praktischer Hinsicht war aber vieles noch ungeklärt: zentraler Streitpunkt war eindeutig, ob das Ziel, 25 Mitarbeiter abzubauen, absolut fix sei und inwieweit die Personalarbeit dann überhaupt noch machbar wäre. Offen waren weiterhin die konkrete Rolle des Leitungsteams, die Rolle und die Zusammensetzung des für das Projekt strategisch ebenfalls sehr wichtigen Projektteams, aber auch Dauer, Kapazitätsbedarf und Laufzeit des Projekts.

Nach intensiver Diskussion setzte sich die Ansicht durch, daß die Zielsetzung umsetzbar wäre, wenn sich die Struktur durch die Einführung von SAP R3 und einer modifizierten Arbeitsweise hin zur Teamarbeit entscheidend verbessern würde und wenn ein Umlernen der Führungskräfte Beratungsqualität und mehr Freiraum für die Mitarbeiter schaffen würde. Nur unter diesen Voraussetzungen würde die Rationalisierung nicht zu Lasten des Gesamtunternehmens gehen.

Daß sich eine Reihe von Verlierern nicht vermeiden lassen würde, war klar, jedoch bestand gleichzeitig aufgrund der Altersstruktur im Personalbereich die Chance auf 80 Prozent Gewinner – im Idealfall. Fairerweise sollte möglichst rasch Klarheit für alle Mitarbeiter geschaffen und ihre Integration ins Projekt forciert werden.

Regelmäßig erscheinende Reengineering-Telegramme sowie die Einrichtung einer Service-Line und eines Info-Servers gaben den Mitarbeitern Gelegenheit, sich ständig über die neueste Entwicklung des Projekts zu informieren. Die Idee hinter diesen Einrichtungen war es, das bestehende Informationsdefizit, das ein gefährliches Irritationspotential in sich barg, auszugleichen und bei den Mitarbeitern ein Gefühl des Vertrauens und der Offenheit zu schaffen.

Um die Mitarbeiter auch aktiv einzubinden, konnten zwei Milestone-Events realisiert werden: Zum einen wurden über einen Zeitraum von mehreren Wochen hin 15 Mini-Workshops bezüglich der Zukunftsvorstellungen für das Personalwesen und für die Personalarbeit durchgeführt, die

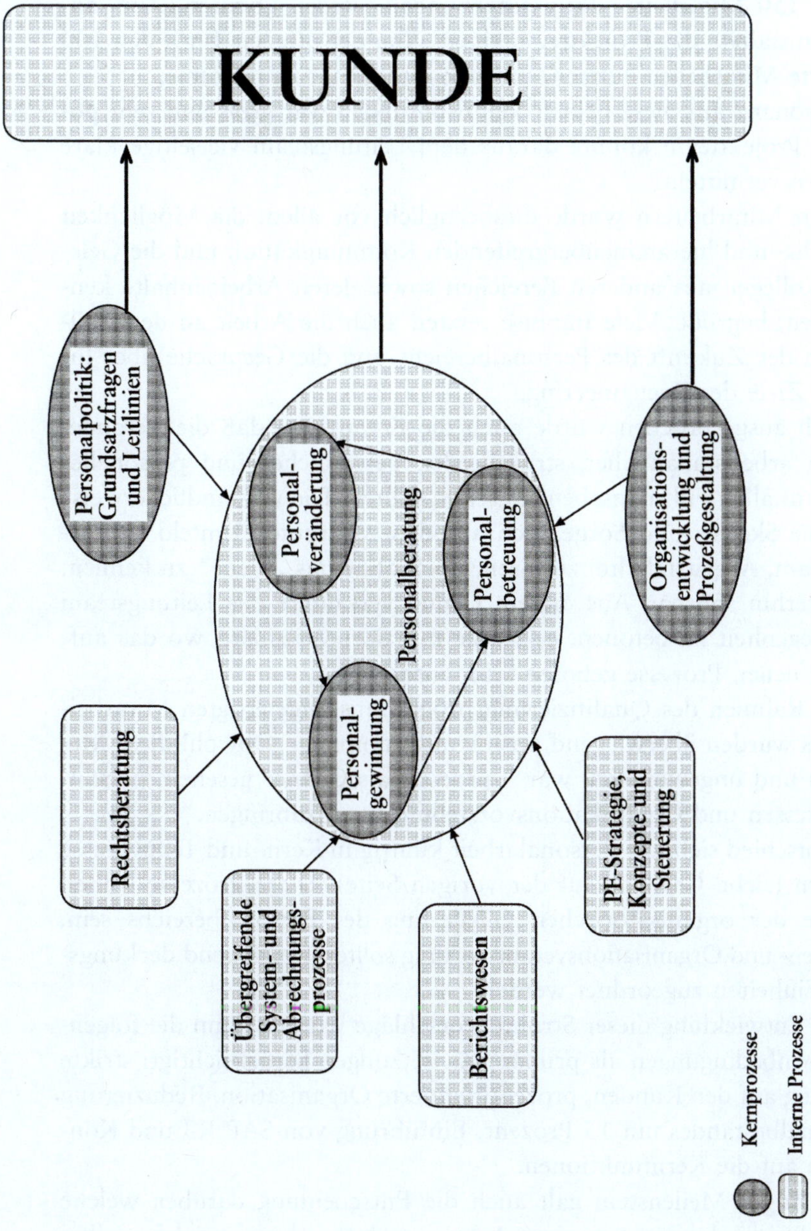

Reengineering Personal – Prozeßlandschaft: Kernprozesse und interne Prozesse

jeweils von einem Mitglied des Projektteams geleitet wurden und in die insgesamt 150 Mitarbeiter aktiv eingebunden werden konnten. Zum anderen veranstaltete das Projektteam einen „Tag der offenen Tür", den 100 interessierte Mitarbeiter nutzten, um sich umfassend zu informieren.

Die Resonanz auf diese beiden Veranstaltungen war groß und sehr positiv: Das Projektteam konnte daraus dem Leitungsteam vielseitige klare Botschaften vermitteln.

Von den Mitarbeitern wurde diesbezüglich vor allem die Möglichkeit zur bereichs- und hierarchieübergreifenden Kommunikation und die Gelegenheit, Kollegen aus anderen Bereichen sowie deren Arbeitsinhalte kennenzulernen, begrüßt. Viele Impulse setzten auch die Arbeit an den „Bildern" von der Zukunft des Personalbereichs und die Gespräche über Inhalte und Ziele des Reengineering.

Deutlich ausgesprochen wurde auch die Erwartung, daß die Veränderungen in arbeitsinhaltlicher, struktureller, persönlicher und personeller Hinsicht auf allen Führungsebenen greifen sollten. Die verständlicherweise vorhandene Skepsis und Sorge, sich aus dem vertrauten Umfeld (Vorgesetzter, Team, Arbeitsinhalte) zu lösen, noch ohne das „Neue" zu kennen, blieb weiterhin spürbar. Aus diesem Grund versäumte das Leitungsteam keine Gelegenheit zu betonen, es werde nur dort verändert, wo das aufgrund der neuen Prozesse geboten sein würde.

Die im Rahmen des Qualifizierungsprogramms angefertigten Mitarbeiterporträts wurden überwiegend positiv aufgenommen. Obwohl diese Methode neu und ungewöhnlich war, wurde sie als Chance gesehen, persönliche Interessen und Qualifikationsvorstellungen einzubringen.

Man entschied sich, die Personalarbeit künftig in Kern- und Teilprozesse zu gliedern (siehe Graphik auf der vorigen Seite). Diese Prozesse sollten Grundlage der organisatorischen Gliederung des Personalbereichs sein, d. h. Prozeß- und Organisationsverantwortung sollten weitgehend deckungsgleichen Einheiten zugeordnet werden.

Bei der Entwicklung dieser Strukturvorschläge wurden dann die folgenden Rahmenbedingungen als primäre Zielsetzungen berücksichtigt: strikte Ausrichtung auf den Kunden, prozeßorientierte Organisation, Reduzierung des Personalbestandes um 15 Prozent, Einführung von SAP R3 und Konzentration auf die Kernfunktionen.

Als wichtiger Meilenstein galt auch die Entscheidung darüber, welche Rolle das Personalwesen mit seiner Arbeit im Unternehmen spielen wollte. Aufgabe des Personalmanagements sollte es sein, die Mitarbeiter als Mitunternehmer zu gewinnen, zu entwickeln und zu erhalten. Die Rolle gegenüber den Mitarbeitern definiert sich zukünftig in der Erbringung von Service bez. Outputleistungen und der Betreuung in Konfliktsituationen.

4. Die Umsetzung: Punktlandung und Weiterfahrt

In einem Workshop von Projektteam und Leitungsteam wurden die neue Organisationsform und alle relevanten Rahmenbedingungen endgültig vereinbart und entschieden. Dies war die Grundlage, um im alten Leitungsteam die Aufgaben für die verbleibenden zwei Mitglieder festzulegen und zwei neue Mitglieder zu berufen. Entscheidend war hier mitzureflektieren, daß diese inhaltliche und personelle Besetzung den Geist und die Prinzipien des neuen Organisations- und Führungsmodells widerspiegelt. Hier ging es wohl um die reale, aber vor allem um die symbolische Bedeutung dieser Entscheidung für alle Mitarbeiter. In Einzelgesprächen mit den Führungskräften wurden dann durch Leitungsteammitglieder die neuen Personalbesetzungen vorgenommen und die neuen Stellenbeschreibungen für die Führungskräfte festgelegt.

Als Abschluß dieser Gespräche fand ein Workshop mit allen Führungskräften statt. Die neue Struktur wurde präsentiert, intensiv diskutiert und schließlich verabschiedet. Eine Großveranstaltung mit 180 Teilnehmern informierte dann die Mitarbeiter über die neue Struktur sowie die Besetzung der Führungsstellen. Die neue Organisation und der Projektverlauf wurden in Gruppen mit jeweils einem Leitungsteam- oder Projektteammitglied diskutiert und im Plenum reflektiert. Des weiteren wurde ein neuer Name für den Personalbereich gewählt und der Personalbesetzungsmodus präsentiert.

Direkt im Anschluß an die Großveranstaltung wurde die Besetzung aller Stellen im Personalbereich durchgeführt. Laut vereinbartem Modus hatten die Mitarbeiter eine Woche lang die Möglichkeit zur Kontaktaufnahme und zu Gesprächen mit den feststehenden neuen Führungskräften. Sie konnten somit ihre beruflichen Interessen und Vorstellungen in den Prozeß der personellen Besetzung im Rahmen der neuen Struktur einbringen. In den darauffolgenden Tagen fanden dann die Abstimmung, die Beratung mit dem Betriebsrat und die endgültige Entscheidung der personellen Besetzung statt.

Die Umsetzung des Reengineering-Projekts soll Ende '98 beendet sein. Bis dahin muß sich zeigen, wie sich die neue Organisationsstruktur bewährt und wie bzw. ob es gelingt, die anspruchsvollen personellen Ziele – qualitativ und quantitativ – zu erreichen.

Die Mitglieder des Leitungs- und Projektteams luden wir für einige Tage nach Wien ein – als Dank für ihr Engagement in den letzten Monaten und um den Abschluß eines erfolgreichen, nicht immer einfachen Projekts zu feiern. Dies war gleichzeitig auch der Anlaß, ein Benchmark-Netzwerk mit den Personalbereichen zweier anderer Kunden zu initiieren, denn irgendwie beginnt die bisherige Zukunft ja auch schon wieder Vergangenheit zu werden.

Fall 7: „Von der Luxuslimousine zum kompakten Flitzer"

Professionalisierung eines Dienstleisters

Roswita Königswieser

1. Ausgangssituation

Das jüngst aus zwei Betrieben fusionierte kleine deutsche Informatikdienstleistungsunternehmen beschäftigt 300 Mitarbeiter. Es hat eine schwierige Aufgabe zu erfüllen: Es soll nämlich gute Standardlösungen für die Administration seiner Kunden entwickeln, dabei aber dennoch die Bedürfnisse der einzelnen Kunden – vieler kleiner Banken – berücksichtigen. Der Kleinbankensektor erwartet sich durch den Zusammenschluß effizientere Verwaltungsprozesse. Für drei Jahre gibt es einen Monopolvertrag – danach ist alles offen. In dieser Zeit muß einerseits die Standardsoftware entwickelt sein, andererseits müssen aber auch Voraussetzungen für ein Überleben auf dem freien Markt geschaffen werden.

2. Die Anfrage

Der junge – etwas unsichere, aber sehr kreative – Geschäftsführer kennt mich aus einem Gruppendynamikseminar am Gottlieb-Duttweiler-Institut. Die dort erlebten Gruppenprozesse motivieren ihn zu der Anfrage, ob ich ein internes Gruppendynamikseminar mit der Geschäftsleitung abhalten würde. Er ist unzufrieden: Die Geschäftsleitung ist kein Team, die einzelnen Mitglieder vertreten jeweils nur ihren Bereich. Es gibt Konflikte an den Schnittstellen. Er führt die Spannungen auf die unterschiedlichen Kulturen der beiden erst jüngst fusionierten Unternehmen zurück.

Ich lehne diesen Auftrag ab. Ich halte nichts von einer internen Gruppendynamikveranstaltung, greife aber sein Bedürfnis nach einem gesamtheitlichen Feedback auf. Ich vermute Probleme in der Struktur der Arbeitsabläufe, die nicht prozeßorientiert organisiert sind. Wir kommen überein, eine kleine Diagnose durch Interviews zu machen, diese einigen Schlüsselpersonen in einem Workshop zurückzuspiegeln und am Ende mit allen Anwesenden zu entscheiden, ob ein Entwicklungsprozeß sinnvoll erscheint oder ob eine Teamentwicklung für die Geschäftsleitung „genügt".

3. Die Architektur der Diagnose (1. Phase) und die Diagnose selbst

Nach dem Kontrakt werden die 30 Gruppeninterviews mit verschiedensten Mitarbeitern und Einzelinterviews mit den Geschäftsführern geführt.

Nach der Auswertung im Staff (R. Königswieser und T. Hagedorn) findet ein zweitägiger Workshop statt.

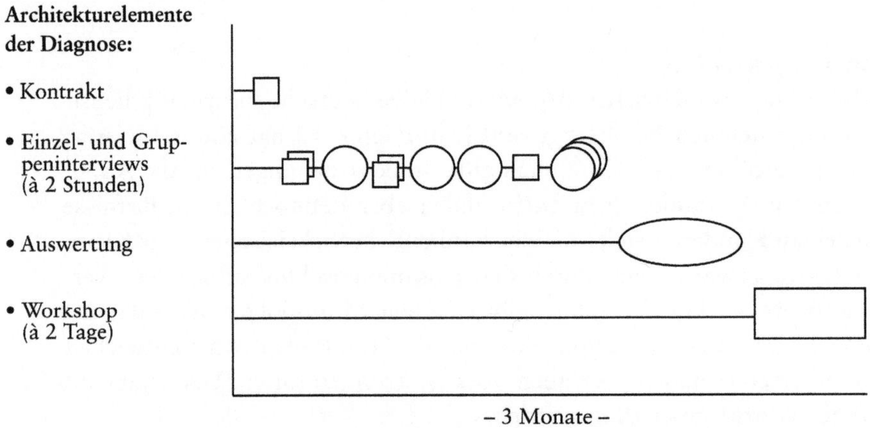

Architekturdiagramm

Die Diagnose ergibt folgendes Bild bzw. folgende Hypothesen:

- Es herrscht „digitales Denken" vor. Das heißt, es besteht die Meinung, alles müsse hundertprozentig gemacht werden; Applikationen funktionierten, oder sie funktionierten nicht. Diese strengen Maßstäbe galten für alle Dimensionen, auch für die zwischenmenschlichen Beziehungen. Man ist ständig bemüht, „eine Luxuslimousine zu bauen, obwohl ein kleines, kompaktes, flottes Auto genügen würde".
- Die individuelle Zufriedenheit der Kunden wird so ernst genommen, daß unzählige individuelle, perfekte, intelligente Lösungen geliefert werden, die Standardisierung aber dabei auf der Strecke bleibt.
- Die Geschäftsprozesse sind ineffizient gestaltet. Einzelne Arbeiten werden doppelt ausgeführt; die Verantwortungen sind ausschließlich auf Fachkräfte und Hierarchien zentriert. Teamarbeit ist nicht üblich. Kundenkontakte sind dysfunktional organisiert. Die verspielten Ästheten wollen Perfektion, die oft zu Ineffizienz führt.
- Der Unternehmenszweck ist unklar. Es gibt keine Vision. Der Zickzackkurs der Geschäftsleitung vernebelt die ohnedies schon unstete Prioritätensetzung und erhöht die branchenübliche Hektik. Die einen freuen sich

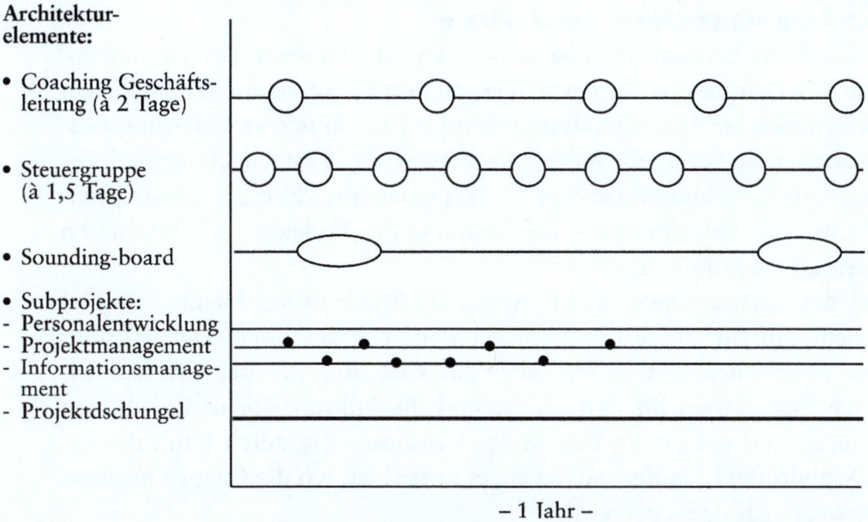

Architekturdiagramm (1. Phase)

über den damit verbundenen Freiraum, die anderen klagen über die Orientierungslosigkeit der Geschäftsleitung. Es gibt weder Personalentwicklung noch persönliche Weiterentwicklungsperspektiven. Man steckt bis über beide Ohren im operativen Geschäft. Reflexion ist ein Fremdwort.

- Trotz heftiger Kritik an allem und jedem spüren wir die Begeisterung und die Freude an der Arbeit als große Ressource. Es herrscht ein freundlicher Umgangston. Wir registrieren große Hilfsbereitschaft und fast Verliebtheit in das Produkt. Die erwarteten Spannungen aufgrund der Fusion erweisen sich als bedeutungslos.
- Ein zentraler Eindruck ist das Phänomen, daß die Führungsmannschaft bei allen Begabungen (Kunstfertigkeit, Erfindungsgabe) eine deutliche Führungs- und Entscheidungsschwäche zeigt. Dieses Grundmuster erstreckt sich auf alle Ebenen. Häufig haben die Mitarbeiter mehr Durchsetzungskraft als die Führungskräfte. Aus Angst, zu autoritär zu sein, herrscht ein Laissez-faire-Stil vor. Die Führungskräfte arbeiten viel lieber selbst operativ mit, als ihren Steuerungs- und Kommunikationsaufgaben nachzukommen.

Behutsam – mit Bildern, positiven Konnotationen und Musterbeschreibungen – spiegeln wir den Schlüsselpersonen diese Hypothese zurück. Es wird entschieden, einen einjährigen Entwicklungsprozeß zu starten.

4. Die Projektarchitektur der 2. Phase

Quer durch die Bereiche und Hierarchien wird die Steuergruppe zusammengesetzt. Die Gruppe entscheidet sich gegen unsere Empfehlung, nämlich ein Visionsprojekt, ein Prozeßanalyseprojekt und ein Kundenorientierungsprojekt aufzusetzen. Vielmehr nimmt sie vorerst die Themen „Informationsmanagement", „Zusammenarbeit", „Personalentwicklung", „Projektmanagement und -koordination", die Ordnung der Projekte nach Prioritäten und den „Projektdschungel" auf.

Ziel des Entwicklungsprojekts ist es, ein Stück Professionalisierung zu erreichen, um für die Zukunft fit zu sein. Die zentralen Themen aber werden abgewehrt. Wir hoffen, über das Coaching mit der Geschäftsleitung das Bewußtsein für den Markt und die Führungsthematik schärfen zu können. Wir ermuntern uns im Staff wechselseitig durch Hinweise auf den „Mobileeffekt", aufgrund dessen es ja egal ist, wo die Gruppe beginnt. „Es bewegt sich dann doch alles."

5. Resümee des ersten Jahres

Die Aufgabe des ersten Jahres lag in der Konzeptarbeit in den Subprojekten. Die Steuergruppe, deren Mitglieder gleichzeitig alle Subprojekte leiteten, mußte mühsam lernen, selbst Verantwortung zu übernehmen. Nach mehreren Auseinandersetzungen und Enttäuschungen akzeptierte man schließlich unsere „Lotsenfunktion". Nach und nach wurden personelle Fehlbesetzungen von Schlüsselpositionen transparent. Der Geschäftsführer rang sich nach langem Zögern zu mehreren Personalentscheidungen durch. Das setzte einerseits Signale der Orientierung und Glaubwürdigkeit – „Endlich werden Konsequenzen gezogen!" –, andererseits bedeutete es auch Unruhe und Diskontinuität. Auch die Steuergruppe war davon betroffen: Nach und nach wurden drei Mitglieder ausgetauscht. Aber es rückten junge, engagierte Mitarbeiter nach.

Im Staff (Königswieser, Hagedorn, Schweingruber, Giese) diskutierten wir heftig, wofür wir uns verantwortlich fühlen sollten, wie offen wir Feedback geben sollten, welche Intervention Verdrängung aufheben könnte. Es gab ein magisches Tabu, den „Nebel" zu lichten. Zukunftsthemen und solche strategischer Natur hatten trotz wiederholter Interventionen keinen Platz. Die Gruppe mußte die Veränderungen immer wieder emotional verarbeiten und sich neu konstituieren.

Erst durch die wiederkehrenden Feedback-Schleifen der Subprojektmitarbeiter an die Steuergruppe und durch die Resonanz des Sounding-board entschied sich die Steuergruppe, die Themen „Vision", „Kundenorientie-

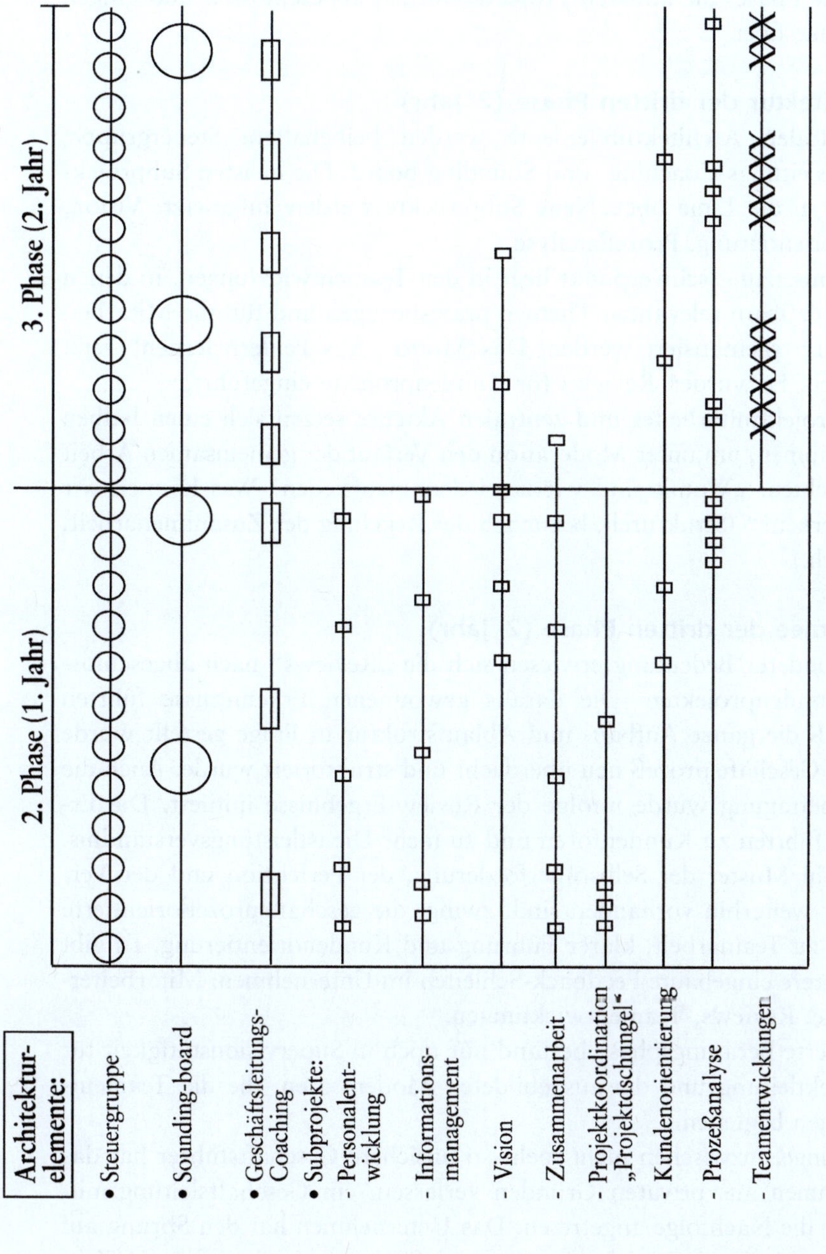

Architekturdiagramm (2. und 3. Phase)

rung“ und „Prozeßanalyse“ doch anzugehen. Diese Themen zogen sich in die zweite Phase, die anderen Projekte wurden abgeschlossen und gingen in die Linie über.

6. Architektur der dritten Phase (2. Jahr)

Die zentralen Architekturelemente werden beibehalten: Steuergruppe, Geschäftsleitungs-Coaching und Sounding-board. Die meisten Subprojekte gehen in die Linie über. Neue Subprojekte werden aufgesetzt: Vision, Kundenorientierung, Prozeßanalyse.

Der Umsetzungsschwerpunkt liegt in den Teamentwicklungen, in denen alle für ein Team relevanten Themen praxisbezogen und für alle Mitarbeiter konkret thematisiert werden. Das Motto „Aus Fehlern lernen“ setzt sich durch. Es wurden Reviews für Kundenprojekte eingeführt.

Alle Projektmitarbeiter und zentralen Akteure setzen sich einen halben Tag zusammen, um unter Moderation den Verlauf der gemeinsamen Arbeit zu beleuchten: „Womit sind wir zufrieden/unzufrieden? Was können wir daraus lernen?“ (Strukturell, bezüglich der Regelung der Zusammenarbeit, persönlich.)

7. Resümee der dritten Phase (2. Jahr)

Von besonderer Bedeutung erwiesen sich die „Reviews“ nach abgeschlossenen Kundenprojekten. Die daraus gewonnenen Erkenntnisse führten dazu, daß die ganze Aufbau- und Ablaufstruktur in Frage gestellt wurde bzw. der Geschäftsprozeß neu überdacht und strukturiert wurde. Auch die Kundenbefragung wurde infolge der Review-Ergebnisse initiiert. Die Ergebnisse führten zu Kundenforen und zu mehr Dienstleistungsverständnis.

Obwohl Muster der Selbstüberforderung, der Perfektion und der Verspieltheit weiterhin vorhanden sind, zwingt die geschäftsprozeßorientierte Struktur zu Teamarbeit, klarer Führung und Kundenorientierung. Es gibt nun mehrere eingebaute Feedback-Schleifen im Unternehmen: Mitarbeitergespräche, Reviews, Teamentwicklungen.

Die vierte Beratungsphase bestand nur noch in Supervisionstätigkeit für die Projektleitung und die ausgebildeten Moderatoren, die die Teamentwicklungen begleiten.

Der junge, inzwischen nicht mehr so unsichere Geschäftsführer hat das Unternehmen aus privaten Gründen verlassen, ein Geschäftsleitungsmitglied hat die Nachfolge angetreten. Das Unternehmen hat den Sprung auf den freien Markt noch nicht gemacht – dafür hat es noch ein wenig Zeit.

4 Interventionsdesign

4.1 Zum Interventionsdesign von Beratungsprojekten

Einleitung

So wie der Innenarchitekt innerhalb der vorgegebenen Strukturen eines Hauses Räume entwirft, gilt es bei der Beratung, im Rahmen der vorgegebenen Dimensionen (inhaltlich, sozial, räumlich, zeitlich) der Interventionsarchitektur die entsprechenden Designs zu entwickeln. Was dann in den Räumen unmittelbar geschieht, wie sie mit Leben gefüllt werden, ist Aufgabe der Interventionstechnik (siehe Kapitel 2, Punkt 4, Seite 35 ff.).

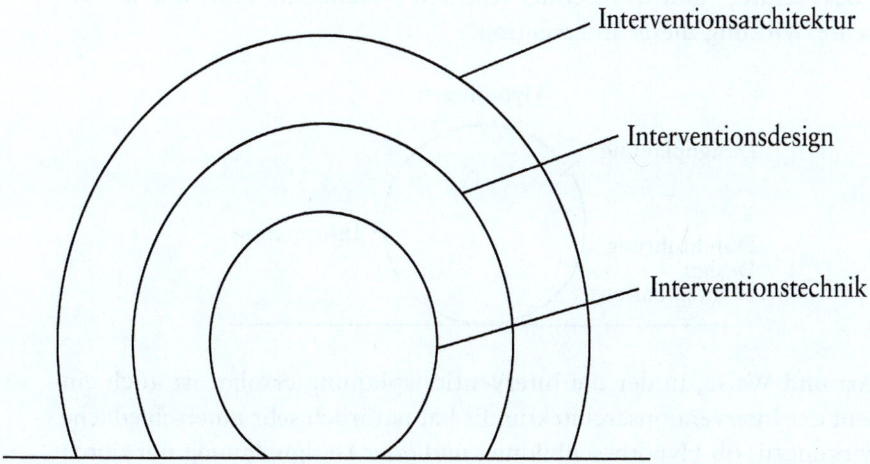

Design ist ein weiter Begriff und leidet – wie alle analytischen Modelle in der Praxis – unter Abgrenzungsproblemen hinsichtlich der benachbarten Begriffe Interventionsarchitektur und Interventionstechnik. Designplanungen, die in sehr groß angelegten Interventionsarchitekturen – etwa einem einjährigen Veränderungsprozeß – eingebettet sind, lassen oft mehr Freiraum als Designs, die für eine Kurzberatung entwickelt werden.

Auch die Eigenkomplexität des Interventionsdesigns kann erheblich variieren, je nachdem, ob es um die Gestaltung ganzer Architekturelemente oder nur kurzer Arbeitseinheiten geht.

Großveranstaltungen (1,5 Tage) (siehe Kap. 4.2.1 Suchfeld Großgruppenveranstaltungen)	Arbeitseinheit im Rahmen eines Workshops (0,5 bis 1,5 Stunden) (z. B.: Interventionsdesign: „Die anwesenden Abwesenden")	Abschlußsequenzen einer Arbeitseinheit (10 min.) (z. B.: Interventionsdesign: „Sesselbarometer")

Komplexere Designs – etwa eine Großveranstaltung, die im Rahmen eines Beratungsprozesses stattfindet – setzen sich wieder aus einzelnen Detaildesigns zusammen.

Wichtig ist, daß die Designplanung immer auf Hypothesenbildungen basiert. Die Hypothesen beziehen sich sowohl auf den Zustand des Klienten-, des Berater- und des Berater-Klienten-Systems als auch auf die erwünschte Wirkung dieser Intervention.

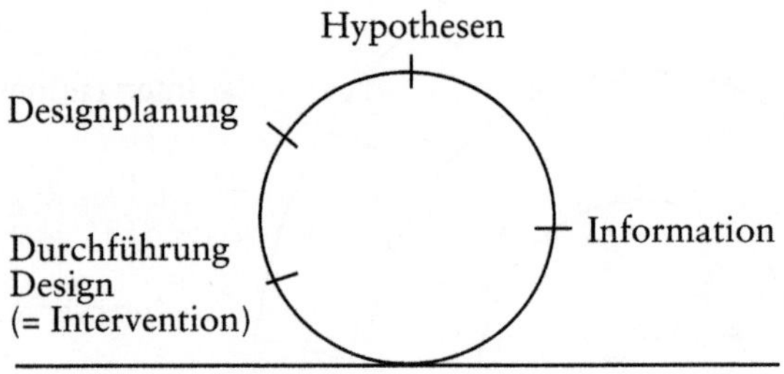

Die Art und Weise, in der die Interventionsplanung erfolgt, ist auch ein Element der Interventionsarchitektur. Es hat natürlich sehr unterschiedliche Auswirkungen, ob Hypothesenbildung und/oder Designplanung nur durch das Beratersystem oder durch Klienten- und Beratersystem gemeinsam erfolgt (vgl. Kap. 3.2, Fall 5: „Organisationsentwicklung als Serienprodukt?").

Basierend auf erwünschten Wirkungen und den zugrundeliegenden Hypothesen gilt es, ein Design in den vier Dimensionen

- zeitlich
- räumlich
- inhaltlich
- sozial

zu entwerfen. Dabei handelt es sich um einen kreativen und künstlerisch anmutenden Akt. Im folgenden möchten wir Anregungen für die Gestaltung der vier Dimensionen geben und einige Grundprinzipien bezüglich der Designgestaltung, die sich in unserer Praxis bewährt haben, vorstellen.

Im anschließenden Kapitel (Kap. 4.2) stellen wir dann verschiedenste Designs vor, die für uns eine Art Schatzkiste darstellen, aus der wir immer wieder neue Interventionsdesigns weiterentwickeln.

Anregungen für die Gestaltung der vier Dimensionen (zeitlich, räumlich, sachlich, sozial)

Auch hier gilt, daß diese Aufgliederung in vier Dimensionen eine theoretische Teilung eines untrennbaren Ganzen darstellt. Wir ordnen die Anregungen der Dimension zu, die in diesem Kontext besonders wichtig erscheint, ohne den Anspruch zu erheben, daß diese Zuordnung logisch eindeutig ist.

Zeitlich

Eine Grundentscheidung in diesen Dimensionen besteht darin, ob man klar strukturierte Arbeits- und Pausenzeiten plant (z. B. 3 x Fünfminutengespräche) oder einen lockeren, fließenden Umgang mit Zeit zuläßt, d. h. sehr prozeßorientiert arbeitet (z. B. eine themenlose Gruppe moderiert, in der latente Themen Platz haben sollen).

Die Dauer der strukturierten Arbeitszeiten (von der Schule sind wir 50 Min. gewöhnt, im betrieblichen Alltag kennen wir oft keine Pausenzeiten) sowie die Dauer der Pausen (Rauchpause oder z. B. 30 Min.) sind wichtige Gestaltungselemente, die immer im Kontext der diesbezüglichen betrieblichen Kultur eingesetzt werden sollten.

Eine interessante Variante ist es, die Arbeitszeiten, die nicht durch uns mitgestaltet werden, nicht als Pause, sondern als unstrukturierte Arbeitszeiten zu definieren.

Dies trägt der Hypothese Rechnung, daß sich in dieser Phase oft – entsprechend dem Motto „Veränderungsarbeit findet ohne den Berater statt“ – wichtige Kommunikation abspielt. Bei vielen Managern erzeugt erstaunlicherweise die Empfehlung, Arbeitszeit unstrukturiert zu verbringen, viel weniger Schuldgefühle oder Unsicherheit als der Vorschlag, eine etwas längere Pause zu machen.

Bewußter Umgang mit Zeit und Rhythmus im Hinblick auf die Ent- bzw. Belastung des Klientensystems kann sehr wirkungsvoll sein. In diesem Zusammenhang ist auch etwa die Entscheidung, ob am Abend im Rahmen von Workshops bzw. Veranstaltungen gearbeitet werden soll, zu sehen. Als Faustregel gilt, daß nach dem Essen inhaltliche Inputs möglichst zu vermeiden sind und Abendeinheiten sich sehr gut für Arbeiten auf der persönlichen Ebene eignen.

Räumlich

Der Auswahl des Ortes ist größte Bedeutung zuzumessen. Die Entscheidung, ob intern oder extern gearbeitet werden soll, ist immer auch im Kontext des Gesamtprozesses zu betrachten. Faktoren, die diese Entscheidung beeinflussen, sind z. B. Intentionen wie die, Nähe/Distanz zum Unternehmensalltag herzustellen, Reflexionsraum zu schaffen, Kosten zu sparen, einmal etwas anderes zu machen etc.

Die Auswahl der Art und Größe der benötigten Räume stellt eine wichtige Voraussetzung für die Umsetzung des geplanten Designs dar. Visionsarbeit in einem Besprechungszimmer im Untergeschoß ist sicherlich genauso ungünstig wie ein zu kleiner Raum mit fixer Bestuhlung, wenn man Strukturen räumlich sichtbar (vgl. Interventionsdesign G1 „Positionierung im Raum“) machen möchte.

Die Raumgestaltung hinsichtlich der benötigten Einrichtung – Bestuhlung, Tische, Flip-charts, Pinnwände, Overhead, Video, Musikanlage etc. – ist rechtzeitig zu veranlassen.

Interventionsdesigns, die Unterschiede und Relationen räumlich sichtbar werden lassen, gehören zu den wirkungsvollsten Interventionen. Dazu zählen wir die bewußte Gestaltung von Sitzordnungen, wie z. B. das Abbilden von Organisationsstrukturen durch eigene Tische im Plenum, das Sichtbarmachen von Meinungen/Einstellungen (Design „Kontinuum“) oder auch das Arbeiten mit Skulpturen.

Die Entscheidung, ob Kleingruppenarbeit im Plenarraum oder in gesonderten Räumen stattfinden soll, ist auch eine Intervention.

Alle Formen von Outdoor-Arbeit beziehen den regionalen räumlichen Aspekt mit ein.

Bei Großveranstaltungen gewinnt die räumliche Dimension explizit an Bedeutung und reicht bis zu Logistikfragen, z. B. wie man ein Plenum mit

1 000 Teilnehmern zeiteffizient in Teilplenare von 200 Teilnehmern aufteilt.

Auch ganz profane Aspekte wie die Anordnung von beschriebenen Flipcharts (Wo aufhängen? Wann wieder weggeben?) oder die Frage, wer sich für die Ordnung und Sauberkeit im Arbeitsraum verantwortlich fühlt, (Klientensystem, Berater, Servierpersonal), können als Interventionsmöglichkeit vielfältig genutzt werden.

Inhaltlich

Ein hilfreiches Modell bei der Entscheidung, an welchen Inhalten gearbeitet werden soll, ist die Unterscheidung zwischen **Wachstumsproblemen** und einer **rigiden Schleife.**

Im Gegensatz zu Wachstumsproblemen, die aus einer Weiterentwicklung des Klientensystems entstehen (z. B. eine der neuen Unternehmensgröße angepaßte Kostenrechnung), verstehen wir unter einer rigiden Schleife ein sich ständig wiederholendes Muster, das vom System nicht verändert werden kann und als dysfunktional erlebt wird (z. B.: der bereits 5. Marketingvorstand wird nach einem halben Jahr wegen Unfähigkeit gekündigt, obwohl jedesmal ein exzellenter Fachmann mit besten Referenzen gewonnen werden konnte).

Bei rigiden Schleifen ist es meistens nicht hilfreich, auf der Ebene der manifesten inhaltlichen Themenstellung weiterzuarbeiten, und bei Wachstumsproblemen sind Hypothesen wichtig – etwa hinsichtlich der Frage, ob das Klientensystem überhaupt das erforderliche Fach-Know-how besitzt, um sie lösen zu können.

Bezogen auf die Inhalte ist immer wieder von neuem zu entscheiden, ob man das jeweilige aktuelle Thema fokussiert und in die Tiefe geht oder ob man das Thema öffnet und ausweitet.

Hilfreich für die Gestaltung des Interventionsdesigns ist auch die Unterscheidung in Informationsfragen (vgl. Interventionsdesign D2 „Die anwesenden Abwesenden“), Entscheidungen (vgl. Interventionsdesign M4 „Entscheidungsbeschleuniger“) oder Innovationsprobleme (Kreativitätstechniken).

Wenn die Hypothesenbildung stark auf im Klientensystem latente Themen hinweist, ist bei der Designplanung zu entscheiden, ob man diese Themen überhaupt ansprechen soll und – falls dies sinnvoll erscheint – ob dies inhaltlich in direkter oder indirekter Form geschieht.

Sozial

Im allgemeinen ist durch die Interventionsarchitektur vorgegeben, welche und wie viele Personen bei Veranstaltungen, Workshops, Besprechungen etc. anwesend sind. In der sozialen Dimension besteht daher meist die Aufgabenstellung, sich zu entscheiden, in welchen Zusammensetzungen im Rahmen einer Zusammenkunft gearbeitet werden soll. Wir verwenden dafür folgende Begriffe:

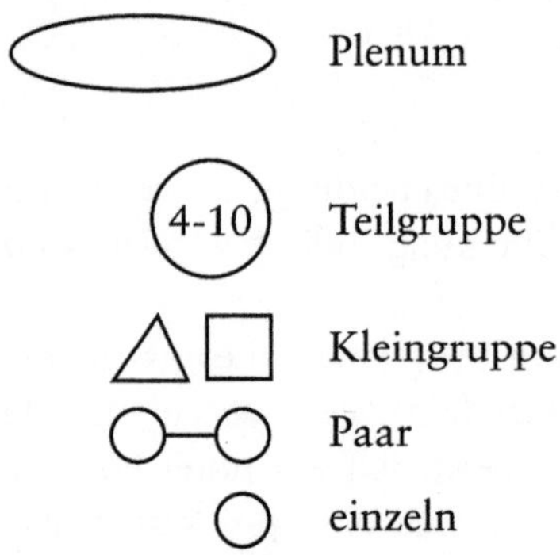

Wichtige Kriterien für die Wahl der Zusammenarbeitsform und eventuell auch dafür, welche Zusammensetzung vorgeschlagen wird, sind Inhalte, Dauer, Wechsel und Rhythmus.

PLENUM:

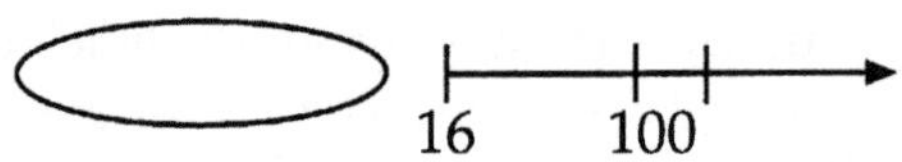

Das Plenum bietet Anonymität für den einzelnen und kann folgende Gefühle auslösen: Ich kann mich verstecken, aber auch als ein Teil der Masse mitschwimmen und mitschwingen.

Es können sich folgende Phänomene ausbilden:

- **Regressionstendenzen**, Ich-Funktionen werden reduziert, Eigenverantwortlichkeit ist reduziert;
- **es entstehen schnell Feindbilder**, Sündenbockmechanismen;
- es werden **massive Projektionen** vorgenommen (gut/schlecht, Führertendenzen);
- **kollektiv Unbewußtes, Latentes** ist hier mehr als anderswo spürbar;
- starke **Ansprechbarkeit von Gefühlen**, Stimmung greift rasch um sich;

- viel **Energie** im Raum;
- **Manipulationsgefahr.**

GRUPPE:

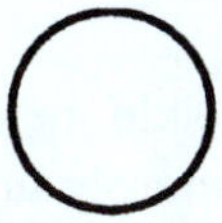 4–10 Teilnehmer

Bei der Gruppe steht die einzelne Person im Vordergrund. Wenn jemand ausfällt bzw. abschaltet, fehlt er. Der/die einzelne wird bis zu einem gewissen Grad mitgetragen und durch die Gruppe geschützt.

Eine Gruppe ist dann besonders wirksam, wenn sie dem Ziel, die Vielfalt der Teilnehmer zu nützen, gerecht wird.

Beim Gestalten von Designs ist darauf zu achten, daß Interventionen gesetzt werden, die das Entstehen einer Gruppenkohäsion fördern, wie z. B.:

- Zeit geben: Eine neu entstehende Gruppe braucht einige Stunden für sich, damit sich Normen, Regeln, Strukturen, Rollen etc. entwickeln können.
- Durch Namensgebung (am besten durch die Gruppe selbst) wird die Identität gestärkt.

KLEINGRUPPE:

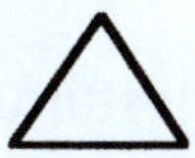 3 Mitglieder

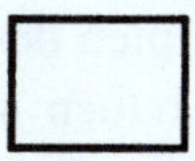 4 Mitglieder

Die Kleingruppe bietet folgende Vorteile:

- die Person steht im Zentrum,
- Intimität wird blitzartig übertragen (kommt aus der Familie),
- damit ist die Angst reduziert,
- es herrscht mehr Offenheit,
- persönliche Dinge haben mehr Platz,
- so etwas wie ein Heimatgefühl ist rasch herstellbar.

PAAR:

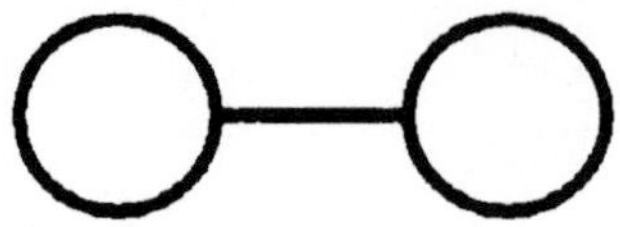

Die Paarkonstellation bietet viel Raum, um auch heikle, berührende Themen besprechen zu können. Der nahe Kontakt ist intensiv und mobilisiert Nähe. Es besteht nicht die Gefahr – wie etwa in der Dreiergruppe –, daß die Situation „zwei gegen einen“ entsteht.

Sehr wirkungsvoll kann die Intervention sein, Paare miteinander spazierengehen zu lassen, weil sich durch die Bewegung und die räumliche Veränderung Neues entwickeln kann, aber auch oft eine Entkrampfung einstellt.

EINZELARBEIT:
Einzelarbeit dient dazu, sich auf sich selbst zu konzentrieren – z. B. unter folgenden Aspekten: inhaltliche Vorbereitung, Zusammenfassung von Diffusem, Klärung der eigenen Position.

Alle diese Formen, vom Plenum bis zur Einzelarbeit, lassen sich – wie im Kapitel 4.2.2. dargestellt – in vielfältigen Formen aneinanderreihen und ineinander verweben.

Prinzipien und Qualitätskriterien der Designgestaltung

Zum Abschluß dieses Kapitels möchten wir einige Prinzipien der Designgestaltung, die sich aus unserer Praxis heraus entwickelt haben und uns bei der Designplanung hilfreich sind, vorstellen:
- weniger ist mehr;
- auf den Energiepegel im Gesamtprozeß achten;
- möglichst viel durch das Kundensystem durchführen lassen (Begrüßung, Inputs, Organisation);
- im allgemeinen: Erleben vor Input stellen, d. h. Theorien und Modelle sollten helfen, Erlebtes einzuordnen bzw. zu entlasten;
- relevante Umwelten sichtbar machen („anwesende Abwesende“);
- heikle Themen nicht ganz an den Anfang stellen, „sachliche“ Arbeit vorziehen;
- Anfangssituation gestalten:

 - Aktivierung: jeder soll etwas sagen (Plenum/Kleingruppen/Paar);
 - Orientierung über Zielsetzung/Ablauf/Organisation verschaffen;
 - Rollenklärung/Protokoll/Arbeitsformen;
 - Teilnehmer bekannt machen;
- Räume schaffen für
 - Arbeit an Unterschieden;
 - analoge Interventionstechniken (Energiezufuhr, Latentes anrühren);
 - Reflexion;
- Ergebnisse von Gruppenarbeiten möglichst nicht im Plenum referieren lassen (z. B. letzter Arbeitsschritt im Plenum, Interviews, Hearing);
- Bewußter Umgang mit Visualisierung (über das gesamte Design);
- Verlangsamen als Gestaltungselement (Einzelarbeit, Spaziergang, meditative Elemente);
- Entscheidungssitzungen durch Entscheidungsträger des KS durchführen lassen.
- Am Ende sollte ein Aktivitätenplan (wer, was, wann) erstellt sein.
- Zum Abschluß sollte es immer noch Energiezufuhr geben.

Aber: Jeder Berater sollte seine eigenen Prinzipien finden!

Bei Supervisionen, Reflexionen im Staff oder Evaluierungsprozessen haben sich folgende „Qualitätskriterien“ und Prinzipien bezüglich funktionaler Designs herausentwickelt:

- Themenschwerpunkt paßt (fachbezogen, personenbezogen)
- Erlebnistiefe (oberflächlich oder berührend)
- Lernmöglichkeit (hoch, klar, nieder, unklar)
- Öffnung, Deblockierung (öffnend, dynamisierend oder schließend, blokkierend)
- Aktivierung der Teilnehmer, Lebendigkeit, Betroffenheit (hoch, nieder)
- Praxisbezug (sofort umsetzbar, nicht umsetzbar)
- Zielsetzung der Veranstaltung (hoch, nieder)
- Anschlußfähigkeit (hoch, gering)

4.2 Praxisbeispiele

4.2.1 Aufbau und Anwendungsfelder der Interventionsdesigns

Wir haben über 70 Praxisbeispiele für Interventionsdesigns im folgenden Kapitel (4.2.2) dargestellt.

Sie sind alle nach dem gleichen Schema aufgebaut:

- **Titel** z. B. „Organisationsdiagnose“
- **Codierung** z. B. A6
  Diese Codierung erlaubt eine Zuordnung zu einem Anwendungsfeld (siehe nachfolgende Übersicht).
- Beschreibung der **Zielsetzung**
- **Anmerkungen zur Wirkungsweise,**
  die den theoretischen Hintergrund des jeweiligen Interventionsdesigns bzw. seine praktischen Auswirkungen skizzieren
- erforderlicher **Zeitrahmen**
- **Teilnehmeranzahl**
- **räumliche Erfordernisse**
- **erforderliche Hilfsmittel**
- **Kurzbeschreibung des Interventionsablaufs** mit
  - grundsätzlicher Aussage über die Funktion des jeweiligen Designs;
  - schrittweiser Erklärung der Abfolge – mit Zeitangabe je Schritt;
  - fallweise auch Skizzen.

Als große Herausforderung hat sich für uns die Auswahl und anschließende Ordnung der Interventionsdesigns herausgestellt. Wir haben folgende Vorgangsweise gewählt:

Wir haben über 50 Berater und Veränderungsmanager interviewt, nach welchen Begriffen sie Ausschau halten würden, falls sie Anregungen für ihre konkrete Beratungsarbeit suchen sollten. Aus den gesamten Begriffen haben wir **16 Anwendungsfelder** herausdestilliert (z. B.: A = Diagnose, Mustererkennung). Jedem Interventionsdesign haben wir **primär** ein Anwendungsfeld zugeordnet, aber auch bis zu zwei weitere Anwendungsfelder angeführt, wenn eine **sekundäre** Mehrfachzuordnung zu diesen auch möglich ist. Diese Zuordnung ist in nachfolgender **Übersicht** dargestellt.

Interventionsdesign		
Anwendungsfeld	**primär zugeordnet (die Interventionsdesigns sind in dieser Reihenfolge im Buch angeführt)**	**sekundär zugeordnet (diese Interventionsdesigns sind auch für dieses Anwendungsfeld geeignet)**
A) Diagnose, Mustererkennung	A1 Selbstdiagnose der Unternehmenskultur A2 Sketch-Diagnose A3 Normogramm A4 Das Aufspüren kollektiver Ängste A5 Organisations(selbst)-forschung A6 Organisationsdiagnose	I2 Tabuzirkel I5 „Viele Bäche bilden einen Fluß“
B) Anfang, Kennenlernen, Kontrakt	B1 „Etwas“ (Workshop) B2 Das systemische Porträt B3 Die Mitarbeitergalerie	C2 Außenblicke C6 „Die Geschichtenerzähler“
C) Identitätsarbeit	C1 Eine Gruppe definiert sich C2 Außenblicke C3 Szenen-Feedback C4 Stärken-Schwächen-Analyse von Teams C5 Der „Wertediamant“ C6 „Die Geschichtenerzähler“ C7 Das Führungskräfteprofil	A2 Sketch-Diagnose A3 Normogramm B1 „Etwas“ (Workshop) B2 Das systemische Porträt E1 Rückblick aus der Zukunft E2 Das „Traumteam“ F1 Die Projektfieberkurve F2 (Selbst-)Beobachtung von Gruppen J2 Abschied und Neuanfang N2 „Carpe diem!“
D) Relevante Umwelten, Umfeldanalyse	D1 Projektumfeldanalyse (PUA) D2 Die anwesenden Abwesenden D3 Konzeptentwicklung – systemisch D4 „Weiße Flecken“ D5 Sounding-board (Workshop)	B2 Das systemische Porträt C2 Außenblicke M2 Die „Problemlösungs-zwiebel“ (Umfeldvariante) N1 Die anwesenden Abwesenden kommen zu Wort N3 „Evaluationssonne“ O2 Multiplikatorensuche P1 Der Projektmarkt
E) Visionsarbeit	E1 Rückblick aus der Zukunft E2 Das „Traumteam“ E3 Die „Visionstreppe“ E4 Die „Schusterkugeln“	K6 Kooperationsfördernde Gesprächsmoderation
F) Reflexion	F1 Die Projektfieberkurve F2 (Selbst-)Beobachtung von Gruppen	A1 Selbstdiagnose der Unternehmenskultur A3 Normogramm

Interventionsdesign		
Anwendungsfeld	primär zugeordnet (die Interventionsdesigns sind in dieser Reihenfolge im Buch angeführt)	sekundär zugeordnet (diese Interventionsdesigns sind auch für dieses Anwendungsfeld geeignet)
F) Reflexion	F3 Die „Zuspruchluftballons“	A4 Das Aufspüren kollektiver Ängste H1 „Geht, wie's euch geht!“ I1 Das Glas ist halb voll J3 „Change-Landkarte“ K2 „Reinwaschung der Schuldigen“ K5 Konfliktintervention (Stufenmodell) K6 Kooperationsfördernde Gesprächsmoderation
G) Unterschiede, Positionierungen, Differenzierungen	G1 Positionierung im Raum G2 „Sag es mit Musik!“ G3 Blitzlichtkontinuum G4 Das „Sesselbarometer“ G5 Das Streitgespräch im Projekt	M4 Entscheidungsbeschleuniger
H) Feedback	H1 „Geht, wie's euch geht!“ H2 Evaluation von Beratungsprozessen	C1 Eine Gruppe definiert sich C3 Szenen-Feedback C6 „Die Geschichtenerzähler“ D5 Sounding-board (Workshop) G1 Positionierung im Raum G4 Das „Sesselbarometer“
I) Blockaden, Energiezufuhr, Widersprüche	I1 Das Glas ist halb voll I2 Tabuzirkel I3 Teilerfolge feiern I4 „Tritsch-Tratsch“ I5 „Viele Bäche bilden einen Fluß“ I6 „Neuer Drive“	K3 Konfliktauflösung L1 „Das Gute im Schlechten“ F3 Die „Zuspruchluftballons“
J) Kulturveränderung, Widerstand	J1 „Die Schlachtung der heiligen Kühe“ J2 Abschied und Neuanfang J3 „Change-Landkarte“ J4 „Auszug aus dem Paradies“	
K) Konfliktauflösung	K1 Dissensdialog K2 „Reinwaschung der Schuldigen“ K3 Konfliktauflösung K4 Der „Auszeit-Spaziergang“	

Interventionsdesign		
Anwendungsfeld	**primär zugeordnet (die Interventionsdesigns sind in dieser Reihenfolge im Buch angeführt)**	**sekundär zugeordnet (diese Interventionsdesigns sind auch für dieses Anwendungsfeld geeignet)**
K) Konfliktauflösung	K5 Konfliktintervention (Stufenmodell) K6 Kooperationsfördernde Gesprächsmoderation	
L) Systemische Haltung	L1 „Das Gute im Schlechten" L2 Die paradoxe Information	D3 Konzeptentwicklung – systemisch K2 „Reinwaschung der Schuldigen"
M) Problemlösung, Entscheidungshilfe	M1 Die „Problemlösungszwiebel" M2 Die „Problemlösungszwiebel" (Umfeldvariante) M3 „Geht nicht, gibt's nicht!" M4 Entscheidungsbeschleuniger M5 Emotionale Bewältigung von Veränderung M6 Prozeßorientierte Umstrukturierung (Workshops) M7 „Das kann doch nicht wahr sein ..."	C4 Stärken-Schwächen-Analyse von Teams I4 „Tritsch-Tratsch" O1 Markt der Erwartungen O3 Von der Person zur Organisation P2 Entscheidungen in Großgruppen (Workshop)
N) Abschluß	N1 Die anwesenden Abwesenden kommen zu Wort N2 „Carpe diem!" N3 „Evaluationssonne"	G1 Positionierung im Raum H2 Evaluation von Beratungsprozessen
O) Umsetzungshilfe	O1 Markt der Erwartungen O2 Multiplikatorensuche O3 Von der Person zur Organisation O4 Die „Gerüchtelawine"	D2 Die anwesenden Abwesenden D4 „Weiße Flecken" H2 Evaluation von Beratungsprozessen M3 „Geht nicht, gibt's nicht!"
P) Großgruppenveranstaltungen	P1 Der Projektmarkt P2 Entscheidungen in Großgruppen (Workshop) P3 Zukunftskonferenz P4 Workshop Märkte – Ressourcen – Ziele P5 Großveranstaltungs-Kick-off P6 Komplexe Strukturentscheidung	D5 Sounding-board (Workshop) M5 Emotionale Bewältigung von Veränderung M6 Prozeßorientierte Umstrukturierung (Workshops) O1 Markt der Erwartungen J4 „Auszug aus dem Paradies"

Sie haben daher zwei Möglichkeiten, das folgende Kapitel zu lesen:

1. Sie lesen es einfach der Reihenfolge nach bzw. suchen sich das Sie interessierende Anwendungsfeld heraus. Sie folgen dann der primären Zuordnung der Interventionsdesigns zu den Anwendungsfeldern.
2. Sie orientieren sich an der vorangegangenen Übersicht (Anwendungsfelder, primär und sekundär zugeordnete Interventionsdesigns). Dann haben Sie – allerdings um den Preis des Herumblätterns – ein größeres Angebot an Interventionsdesigns für das jeweilige Anwendungsfeld.

4.2.2 Praxisbeispiele Interventionsdesigns

A Diagnose, Mustererkennung (A1–A6)

A1 Selbstdiagnose der Unternehmenskultur

Design: R. Königswieser

Weitere Anwendungsfelder: Reflexion

Zielsetzung: Eine rasche Annäherung an eine erste Unternehmenskulturdiagnose

Zeitrahmen: 2 bis 3 Stunden

Teilnehmeranzahl: 3 bis 20

Räumliche Erfordernisse: keine besonderen

Hilfsmittel: Schreibwerkzeug

Anmerkungen zur Wirkungsweise: Kulturelemente – auch latente – werden als solche wahrnehmbar gemacht, und das bildet die Basis für Hypothesenbildungen und Interventionen bezüglich des weiteren Verlaufs des Veränderungsprozesses.

Grundlegende Aussage:
Es geht hier darum, über persönliche Erlebnisse auf Charakteristika der Unternehmenskultur zu kommen.

1. Schritt (Einzelarbeit): 15 min.

Aufgabenstellung: Schreiben Sie drei konkrete Situationen bzw. Erlebnisse auf, die sich im letzten Halbjahr im Unternehmen zugetragen haben.

2. Schritt (Gruppenarbeit): 90 min.

Einteilung in Dreiergruppen und Aufgabenstellung:
Präsentieren Sie nacheinander Ihre Erlebnisse, und tauschen Sie sie auf diese Weise untereinander aus! Fragen Sie nach! Versuchen Sie schließlich, Gemeinsamkeiten zu finden, die sich wie ein roter Faden durch alle beobachteten Vorkommnisse ziehen. (Auffinden gemeinsamer Kulturmuster.)

3. Schritt: 60 min.

Präsentation im Plenum; die als gemeinsame Phänomene erarbeiteten Muster werden als Normen und Werte (Du sollst …) schriftlich festgehalten.

A2 Sketch-Diagnose

Design: R. Königswieser/U. Cichy/A. Doujak

Weitere Anwendungsfelder: Identitätsarbeit

Zielsetzung: Durch das Sichtbarmachen der Stärken bzw. Schwächen sollen Muster erkennbar werden, und auch Latentes soll besprechbar gemacht werden. Es soll eine Balance zwischen Verändern und Bewahren gefunden werden.

Zeitrahmen: 3 Stunden bis 1 Tag

Teilnehmeranzahl: 20 bis 100

Räumliche Erfordernisse: je nach Teilnehmeranzahl,
1 Sessel pro Person,
evtl. Podium (Bühne)

Hilfsmittel: Utensilien für die Sketches,
Schreibmaterial,
Flip-chart

Anmerkungen zur Wirkungsweise: Nach Überwindung einer gewissen Scheu vor dem Spielen der Sketches wirkt diese Intervention kathartisch. Durch die Überzeichnung der Stärken bzw. Schwächen werden die Muster des Systems leichter erkennbar. Die Tendenz zu Personenzuschreibungen wird reduziert, der Widerstand gegenüber Veränderung verringert sich.
Da die Teilnehmer sich und die Situation selbst analysieren, erleben sie sich als die eigentlichen Experten des Beratungsprozesses, was dazu dient, diesbezügliche Vorbehalte zu eliminieren.

Grundlegende Aussage:
Hier geht es darum, mit Hilfe der Darstellung der Stärken bzw. Schwächen des Systems die Balance zwischen Bewahren und Verändern zu finden und den Widerstand gegenüber verändernden Maßnahmen zu reduzieren.

1. Schritt: 15 min.
Die Teilnehmer bilden Untergruppen (à ca. 6 Personen).

2. Schritt: 45 min.
Die Untergruppen werden in zwei gleich große Blöcke geteilt.
Der eine Block arbeitet am Thema:
Was sollten wir bewahren?
Was läuft gut?
Worauf sind wir stolz?
Der andere Block arbeitet am Thema:
Was sollten wir verändern?
Was ist dysfunktional?
Das Erarbeitete soll von den Untergruppen jeweils in Form eines Sketches präsentiert werden.

3. Schritt: à 5 min.
Jede Untergruppe bestimmt zwei Zuschauer, die nach der Präsentation spontan Feedback geben sollen. Dann werden der Reihe nach die Sketches präsentiert.

4. Schritt: 20 min.
Das Präsentierte wird in der Großgruppe (oder in Verschnittgruppen) diskutiert.

5. Schritt: 30 min.
Eine Delegiertenrunde wird zusammengestellt (die „Entscheider" müssen dabei sein). Diese schlägt aufgrund der bisherigen Ergebnisse Projekte und deren Besetzung vor.

6. Schritt: 10 min.
Aus dem Plenum kommt Resonanz zu den Vorschlägen.

7. Schritt: 15 min.
Die Delegiertenrunde arbeitet die Resonanz mit ein und trifft dann die endgültigen Entscheidungen. Diese werden visualisiert.

A3 Normogramm

Design: R. Königswieser/A. Exner

Weitere Anwendungsfelder: Identitätsarbeit
Reflexion

Zielsetzung: Bewußtmachen von Normen in sozialen Systemen (Unternehmen, Abteilungen, Projekten), Erhöhung der diesbezüglichen Transparenz.
Das Erkennen von Normen (Normsetzern) soll erleichtert werden, ohne daraus unmittelbare Änderungsansprüche abzuleiten.

Zeitrahmen: 0,5 bis 2 Tage

Teilnehmeranzahl: ca. 6 bis 15

Räumliche Erfordernisse: keine besonderen

Hilfsmittel: Schreibwerkzeug
Flip-charts

Anmerkungen zur Wirkungsweise: Diese Intervention hilft, Normen – die ja ein wichtiges Element sozialer Strukturen sind – zu überdenken.
Das Design ist nicht zu empfehlen, wenn Mächtige (Personen, Subsysteme) nicht zur Reflexion (ihrer Rolle bzw. Position) bereit sind; wenn angenommen werden kann, daß latente Normen nicht aufgedeckt werden dürfen. Schon die Beschreibung des Ist-Zustands stellt in diesem Zusammenhang eine Intervention zur Veränderung dar.

Grundlegende Aussage:
Hier geht es um das Auffinden und die Analyse der systemeigenen Normen und der damit verbundenen Strukturen und Rollen.

1. Schritt: 20 min.

Input: Zielsetzung und Ablauf werden erklärt; Information zu den Fragen: Was sind Normen (Normsetzer), und welche Funktion erfüllen sie?

2. Schritt (Einzelarbeit): 20 min.

Jeder Teilnehmer notiert 7 bis 10 derzeit gültige Normen.

Fragestellung: Welche Normen gibt es bei uns in der offziellen Kultur, aber auch auf inoffizieller Ebene in einer Art Subkultur? Welche Gebote bzw. Verbote gibt es? Wie muß man hier sein bzw. darf man nicht sein?

3. Schritt: 1 h–2 h

Die Teilnehmer bilden aufgrund hypothetischer Ähnlichkeiten darin, wie sie die Normen sehen und erleben, Gruppen.
In diesen Gruppen werden die Einzelarbeiten präsentiert, und die 10 wirksamsten Normen werden herausgefiltert, in ganzen Sätzen formuliert und auf einem Flip-chart visualisiert. Es können auch widersprüchliche Normen formuliert werden!

4. Schritt: 2 h–4 h

Auf der Basis der von den Gruppen erarbeiteten Normen werden nun im Plenum die allgemein wichtigsten Normen erarbeitet und auf dem Flip-chart visualisiert.
Die Berater (evtl. auch Mitglieder des Systems) geben als Beobachter periodisch Feedback darüber, welche Normen sie im Entscheidungsprozeß feststellen können.

5. Schritt (Einzelarbeit): 3 h–6 h

Jeder Teilnehmer notiert, wer eine Norm setzt bzw. sie am stärksten repräsentiert (pro Norm jeweils 3 Namen).

6. Schritt: ca. 2 h

Das Erarbeitete wird im Plenum visualisiert.

7. Schritt:

Auswertung und Diskussion des Erarbeiteten mit Hilfe der Fragen:
Wer wird besonders oft genannt?
Sind die Normen funktional oder dysfunktional?

8. Schritt: ca. 1 h

Abschluß: Wie geht es uns nach dieser Analyse?

A4 Das Aufspüren kollektiver Ängste

Design: R. Königswieser

Weitere Anwendungsfelder: Reflexion

Zielsetzung: Über das Bewußtwerden individueller Ängste sollen kollektive Ängste geortet und bearbeitbar gemacht werden.

Zeitrahmen: ca. 2 Stunden

Teilnehmeranzahl: 9 bis 51

Räumliche Erfordernisse: 1 Sessel pro Person

Hilfsmittel: Pinnwände,
Moderationskoffer,
Schreibmaterial,
Kärtchen

Anmerkungen zur Wirkungsweise: Durch die Arbeit in Kleingruppen wird eine emotionale Dichte erzeugt, die wesentlich mehr Information über kollektiv Latentes zutage fördert als die reine Summierung individueller Ängste. Jedenfalls hilft diese Intervention, die diesbezügliche Hypothesenbildung anzuregen.

Grundlegende Aussage:
Hier geht es darum, von individuellen Ängsten und Sorgen hinsichtlich des Unternehmens ausgehend, Schlüsse auf kollektive Ängste ziehen zu können, um diese dann bearbeiten zu können.

1. Schritt: 10 min.
Die Teilnehmer bilden Dreiergruppen – Kriterien sind gegenseitiges Vertrauen und Interesse aneinander.

2. Schritt: 60 min.
Die Mitglieder der Dreiergruppen interviewen einander zu der Frage: Was bereitet dir derzeit die größten beruflichen Sorgen bzw. verursacht dir die meiste Angst? (A interviewt B, B interviewt C, C interviewt A; der jeweilige Dritte hört zu.)
Die Inhalte der Interviews werden nicht veröffentlicht.

3. Schritt: 20 min.
Innerhalb der Dreiergruppen versucht man Gemeinsamkeiten – rote Fäden – herauszufiltern. Diese werden auf Kärtchen notiert.

4. Schritt: 10 min.
Der Reihe nach präsentieren die Vertreter der Dreiergruppen das jeweils Erarbeitete (verbal), und die Gesamtheit der Ergebnisse wird visualisiert (z. B. Mind-map).

5. Schritt: 30 min.
Gemeinsam bildet man Hypothesen bezüglich latenter, unbewußter, problematischer Themen, die das System insgesamt betreffen (Arbeitsplatzverlust, Sicherheitsverlust, Überforderung, Entwurzelung, Auflösung der Identität etc.).
Die Resultate werden visualisiert.

A5 Organisations(selbst)forschung

Design: H. Jarmai

Weiter Anwendungsfelder:

Zielsetzung: Reflexion des Organisationsverhaltens bezüglich erfolgskritischer Aufgabenstellungen als Basis und Anregung hinsichtlich eines Redesigns.

Zeitrahmen: extern: Wochen
intern: arbeitsbegleitend und Miniworkshops

Teilnehmeranzahl:

Räumliche Erfordernisse:

Hilfsmittel:

Anmerkungen zur Wirkungsweise: Diese Intervention ist dort hilfreich, wo für komplexe Aufgabenstellungen (z. B. Risikomanagement einer Bank, Produktentwicklung eines Automobilunternehmens) wesentliche Hebelpunkte für eine schnelle und einschneidende Leistungsverbesserung gesucht werden. Wenn noch nicht ausreichend Selbstbeschreibungsfähigkeit vorhanden ist, stellt die Einführung externer Beobachtung bereits die erste Intervention dar, erteilt sie doch einen kräftigen Impuls zur Selbstbeobachtung. Ausschlaggebend für den Erfolg ist es, Organisationsmitglieder mit Multiplikatorenfunktionen möglichst rasch in die Forschungsarbeit zu integrieren.

Grundlegende Aussage:
Hier geht es darum, Hebelpunkte für Veränderung zu finden, wenn ein Unternehmen in einer erfolgskritischen Geschäftsdimension Verbesserungsbedarf zeigt und bisherige Bemühungen kaum oder gar nicht erfolgreich waren.

1. Schritt:
Schaffung einer Forschungsinfrastruktur durch Rollenverteilung:
- Interne Vermittler („door-opener");
- interne Beobachter (möglichst reflektiert), die dann auch als Interviewpartner fungieren;
- externe Gesprächspartner (Interviews, Rückspiegelung), die dann auch als Diagnostiker fungieren (Interviewauswertung, Modellbildung, Interpretation).

2. Schritt:
Erhebungsphase: Interviews, Begleitung „on the job", Datensammlung und erste Hypothesenrückspiegelung.

3. Schritt:
Auswertungsphase: Dabei interessieren insbesondere
- Beschreibung der Oberflächen- und der Tiefenstruktur im Entscheidungsgeschehen;
- Erkennen der Muster und ihrer Verankerungen;
- Aufzeigen bereits gelebter Alternativen und ihrer Rahmenbedingungen;
- die mentalen Modelle der beteiligten Personen;
- die Vielfalt bzw. Redundanz des Systems.

Die Auswertung liefert Beobachtungsraster und Interpretationsmodelle bezüglich des Systemverhaltens und zeigt Hebelpunkte für Veränderungsinterventionen, aber auch die dadurch voraussichtlich erwachsenden Anforderungen auf.
Kernstück dieser Forschungsintervention bilden Miniworkshops, in denen jeweils Aspekte der Auswertung rückgespiegelt werden. Hierbei wird zu eigenständiger Interpretation angeregt, und es bleibt genügend Raum zur Entscheidungsbildung. Bezüglich der Zusammenstellung der Teilnehmer hat sich hier eine Middle-up-down-Strategie bewährt.

A6 Organisationsdiagnose

Design: U. Froschauer
(weiterentwickelte BGN-Tradition)

Weitere Anwendungsfelder:

Zielsetzung: Rekonstruktion der für die Organisation charakteristischen Kommunikationsmuster und der latenten Strukturen, um – darauf aufbauend – weitere Interventionen planen zu können.

Zeitrahmen: 4 Wochen – am Beginn des Beratungsprozesses

Teilnehmeranzahl: pro Gruppengespräch max. 10

Räumliche Erfordernisse: störungsfreier Besprechungsraum

Hilfsmittel: Kassetten- bzw. Videorecorder zur Protokollierung der Gespräche

Anmerkungen zur Wirkungsweise: Durch die Erstellung einer Organisationsanalyse am Beginn eines Beratungsprozesses können Beziehungen aufgebaut werden, die hinsichtlich des Projekts von zentraler Bedeutung sind. Durch Einzel- und Gruppengespräche werden die Mitglieder bezüglich des Beratungsprozesses sensibilisiert. Diese Gespräche selbst stellen bereits eine wirkungsvolle Intervention dar.
Die Kombination von Gesprächen und Beobachtungen hinsichtlich der praktizierten Kommunikation und der produzierten „Artefakte“ (Außendarstellungen der Organisation in Broschüren, Führungsleitlinien, organisationsinternen Zeitungen etc.) erhöht die Qualität des auszuwertenden Materials.

Literatur: Froschauer/Lueger: *Das qualitative Interview zur Analyse sozialer Systeme.* Wiener Universitätsverlag, Wien 1992.

Grundlegende Aussage:
Hierbei geht es darum, die Sichtweisen und Logiken der Mitglieder einer Organisation zu erfassen, die Kultur des Unternehmens zu erleben, auszuwerten und zurückzuspiegeln.

1. Schritt:
Auswahl der zu Befragenden und der Beobachtungssituationen bzw. -bedingungen durch die Auftraggeber oder die Steuergruppe.

2. Schritt:
Datenerhebung, z. B. Einzel- und Gruppeninterviews (à 2 Stunden), Beobachtungen (à 1–3 Stunden).

3. Schritt:
Interpretation des Denkmaterials, z. B. mit Hilfe der sequenzanalytischen Methode.

4. Schritt:
Rückspiegelung der Ergebnisse an Schlüsselpersonen des Unternehmens – erfolgt zumeist im Rahmen eines Workshops.

5. Schritt:
Entscheidung über das weitere Vorgehen.

B Anfang, Kennenlernen, Kontrakt (B1–B3)

B1 „Etwas" (Workshop)

Design: H. Exner/A. Exner/C. P. Seibt

Weitere Anwendungsfelder: Identitätsarbeit

Zielsetzung: Die Sprache der Symbole soll es erleichtern, über Aufgaben bzw. Probleme im Kontext des Projekts Klarheit zu gewinnen.
Die Bildung von Teams soll initiiert bzw. forciert werden.

Zeitrahmen: je nach Teilnehmeranzahl
(z. B.: 10 Personen ca. 2 Stunden)

Teilnehmeranzahl: 3 bis 20

Räumliche Erfordernisse: 1 Stuhl pro Person

Hilfsmittel: Flip-chart
Schreibmaterial

Anmerkungen zur Wirkungsweise: Die Intervention stellt einen hilfreichen Anstoß (Kick-off) am Beginn von Projekten dar.
Der Symbolcharakter erleichtert es, über Gemeinsamkeiten, Unterschiede oder sonstige Relationen zueinander nachzudenken.

Grundlegende Aussage:
Hier geht es darum, mit Hilfe von Symbolen die Rollen und Erwartungen der Teilnehmer und ihre Relationen zueinander sichtbar zu machen und somit Impulse für Teambildungen zu setzen.

Vorbereitung:
Die Teilnehmer werden aufgefordert (evtl. bereits einige Tage vor dem Workshop – schriftlich), ein „Etwas" mitzubringen, das ihre Rolle im Prozeß und ihre Erwartungen an diesen veranschaulicht. (Das können Gegenstände, Symbole, Kleidungsstücke, Bilder, Musikstücke, Düfte, Geschmäcker etc. sein – sinnlich Erfaßbares aller Art.)

1. Schritt:
a) Jeder Teilnehmer bekommt die Möglichkeit, sein „Etwas" zu präsentieren. Vor der Präsentation wählt er sich zwei Feedback-Geber aus. Diese kommentieren das „Etwas". (Frage: Was löst es bei mir aus?)
b) Während der Präsentationen macht sich jeder Teilnehmer Notizen darüber, welche Gemeinsamkeiten bzw. Unterschiede ihm an den einzelnen „Etwas" auffallen, und notiert erste Hypothesen über Gruppenbildung und künftige Zusammenarbeit im Projekt (Einzelarbeit).

2. Schritt:
In Kleingruppen zu 3 bis 4 Personen werden die Einzelarbeiten diskutiert, zu einem Ergebnis zusammengefaßt, und dieses wird visualisiert (Flip-chart).

3. Schritt:
Im Plenum werden die Ergebnisse der Kleingruppenarbeiten diskutiert und eventuell bereits Entscheidungen getroffen.

B2 Das systemische Porträt

Design: R. Königswieser/A. Exner

Weitere Anwendungsfelder: Identitätsarbeit
Relevante Umwelten, Umfeldanalyse

Zielsetzung: Aufzeigen des Kontexts und der relevanten Umwelten von Arbeitsgruppen (Personen, Teams); Transparentmachen von Abhängigkeiten bzw. Loyalitäten (auch bezüglich wichtiger nicht anwesender Personen); gegenseitiges (besseres) Kennenlernen; Teambildung.

Zeitrahmen: 1,5 bis 2 Stunden

Teilnehmeranzahl: 3 bis 10

Räumliche Erfordernisse: keine besonderen

Hilfsmittel: Flip-chart,
Schreibwerkzeug

Anmerkungen zur Wirkungsweise: Diese Intervention ist besonders gut geeignet, latente innere Konflikte, Beziehungsnetze, aber auch den Einfluß nicht anwesender Personen sichtbar zu machen.
Sie ist hilfreich, wenn Personen unter Druck stehen; wenn sich Gruppen neu konstituieren; wenn die Komplexität und Vernetzung der Aufgaben und der Beziehungsstrukturen transparenter werden soll – vor allem wenn systemische Sichtweisen unüblich sind.
Sie dient dazu, aufzuzeigen, daß die Identität von Personen auch über deren Beziehungsnetze definiert wird.

B2

Grundlegende Aussage:
Hier geht es darum, Beziehungsnetze sichtbar zu machen, und in der Folge um die Vertiefung des gegenseitigen Verständnisses.

1. Schritt: ca. 30 min.
Vorbereitung (kann auch schon mitgebracht werden):
Jeder Teilnehmer zeichnet sein „systemisches Porträt“.
Aufgabenstellung: Zeichnen Sie sich selbst in die Mitte. Um sich gruppieren Sie die für Sie (im Kontext unserer Arbeit) relevanten Umwelten. Charakterisieren Sie die verschiedenen Beziehungen jeweils durch Symbole, kleine Bilder oder andere optische Heraushebungen. Zeichnen Sie den Problemcharakter einer Beziehung in einem Schlagwort auf.

Beispiel

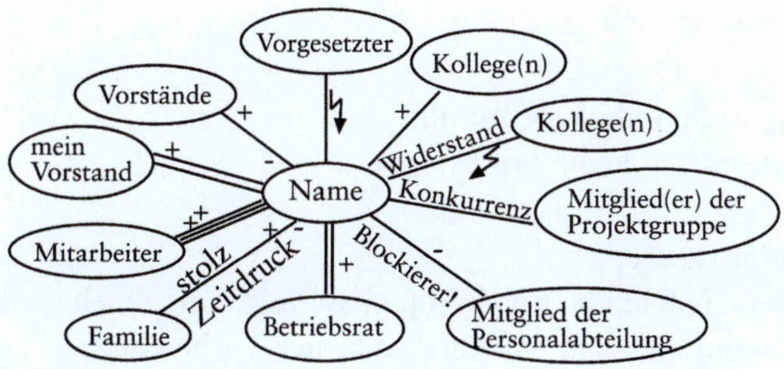

2. Schritt: ca. 60 min.
Jeder Teilnehmer präsentiert sein Portät und gibt kurze Erläuterungen zu den einzelnen Beziehungen ab.
Jeweils 2 Kollegen geben spontan ein kurzes Feedback.

B3 Die Mitarbeitergalerie

Design: B. Klipstein

Weitere Anwendungsfelder:

Zielsetzung: Das Kennenlernen der anderen Teilnehmer soll erleichtert werden.

Zeitrahmen: 15 bis 30 Minuten

Teilnehmeranzahl: beliebig viele

Räumliche Erfordernisse: je nach Teilnehmeranzahl; ansonsten keine besonderen

Hilfsmittel: Pinnwände;
pro Teilnehmer ist 1 Flip-chart mit von diesen auszufüllendem Steckbriefaufdruck vorbereitet;
Polaroidkamera (Fotograf)

Anmerkungen zur Wirkungsweise: Diese Intervention bietet die Möglichkeit, bei Großveranstaltungen rasch einen näheren Eindruck von den übrigen Teilnehmern zu bekommen und sich somit einen Überblick zu verschaffen. Die sorgfältige Vorbereitung der „Steckbriefe“ ist sehr wichtig!
Soll auf Basis dieses Designs ein Mitarbeiterhandbuch erstellt werden, so ist von den betroffenen Personen eine diesbezügliche Einwilligung einzuholen (Datenschutz!).

Grundlegende Aussage:
Hier geht es darum, möglichst rasch über viele andere Teilnehmer Informationen sammeln zu können.

Vorbereitung:
Für jeden Teilnehmer wird ein Flip-chart mit einem Steckbrief-Vordruck vorbereitet.
Muster: Name, Position: …
Ausbildung: …
Derzeitiger beruflicher Schwerpunkt: …
Größter bisheriger beruflicher Erfolg: …
Das beste mir bekannte Team: …
Meine engsten Berufsbeziehungen: …
Was ich sonst noch mag/kann: …

1. Schritt: ca. 10 min.

a) Jeder Teilnehmer füllt nach dem Eintreffen einen Steckbrief aus.
b) Von jedem Teilnehmer wird ein Polaroidfoto angefertigt (Fotograf).
c) Die Steckbriefe mit den Fotos werden in alphabetischer Ordnung auf Pinnwänden präsentiert.

2. Schritt: ca. 20 min.

Jeder Teilnehmer hat nun Gelegenheit, die „Galerie" zu besichtigen.

Evtl. 3. Schritt:
Nach Abschluß der Veranstaltung wird auf Basis der Flip-charts ein Mitarbeiterhandbuch erstellt. (Genehmigung einholen – Datenschutz!)

C Identitätsarbeit (C1–C7)

C1 Eine Gruppe definiert sich

Design: R. Königswieser

Weitere Anwendungsfelder: Feedback

Zielsetzung: Definition der Aufgabe eines (Steuerungs-) Teams durch die Gruppe;
Abstecken des Verantwortungsrahmens;
Klärung des eigenen Selbstverständnisses und der wechselseitigen Erwartungen;
Bewußtmachung der Differenz zwischen IST und SOLL;
Ingangsetzung eines Feedbackprozesses über Rollenbeschreibungen

Zeitrahmen: 1 bis 2 Stunden

Teilnehmeranzahl: 3 bis 12

Räumliche Erfordernisse: Sesselkreis

Hilfsmittel: Papier,
Stifte

Anmerkungen zur Wirkungsweise: Durch die zeichnerische (verbale) Darstellung des Ist- bzw. Sollzustands wird die Definition der Beziehung der (Steuer-)Gruppe zum Gesamtunternehmen bzw. zum Veränderungsprozeß plastisch spürbar.
Durch die analoge Interventionsform werden verschiedene Aspekte nebeneinander besprechbar: Rolle, Verantwortung und Struktur der Gruppe; der Prozeß und die Beziehung zu den Beratern.
Als Begleiterscheinung wird gleichsam spielerisch ein Feedbackprozeß in Gang gesetzt.

Zentrale Frage:
Wie sieht die Beziehung der (Steuer-)Gruppe zum Gesamtunternehmen im IST- bzw. SOLL-Zustand aus?

1. Schritt: 10 min.
Einzelarbeit: Jedes Gruppenmitglied fertigt entweder zwei Zeichnungen an (IST/SOLL) oder beschreibt eine Szene im IST- und dieselbe im SOLL-Zustand.

2. Schritt: 30–40 min.
Nacheinander legen die Gruppenmitglieder die Zeichnungen in die Mitte des Kreises auf den Boden und erläutern diese; oder sie schildern die signifikanten Szenen. (Z. B.: Wir sind der Tender eines Zugs. Im Istzustand wird wenig geheizt, es gibt wenig Rauch; im Sollzustand ist der Zug flott unterwegs. Oder: Ein Gebäude soll saniert werden, und wir sind der Renovierungstrupp. Im IST herrscht ein Chaos der Zuständigkeiten. Im SOLL geht die Renovierung zügig voran.)
Zu diesem Zeitpunkt sind nur Nachfragen zugelassen.

3. Schritt: 30 min.
Nachdem alle Zeichnungen bzw. geschilderten Szenen besprochen wurden, resümiert die Gruppe die Fragen: Was bedeutet das insgesamt für unser Selbstverständnis? Zeigen die Differenzen zwischen SOLL und IST Gemeinsamkeiten bzw. Unterschiede? Welche? Was ist darüber hinaus zu besprechen? Wie erleben wir einander?

4. Schritt: 10 min.
Fragestellung: Wie verbleiben wir? Wollen wir Konsequenzen ziehen? Welche?

C2 Außenblicke

Design: W. Sieber/J. Haas

Weitere Anwendungsfelder: Anfang, Kennenlernen, Kontrakt
Relevante Umwelten, Umfeldanalyse

Zielsetzung: Vermittlung von Außensichten auf analogem Weg;
Sensibilisierung für unterschiedliche Sichtweisen und Logiken.

Zeitrahmen: 4 bis 8 Stunden

Teilnehmeranzahl: 10 bis 30

Räumliche Erfordernisse:

Hilfsmittel: 2–4 Sofortbildkameras,
2–4 Diktiergeräte,
Flip-charts bzw. Pinnwände,
Papierbögen, Stifte, Scheren, Kleber

Anmerkungen zur Wirkungsweise: Diese Intervention ist beim Einstieg in Projekte hilfreich, und zwar bei der Erstellung von Leitbildern und Konzepten für längerfristige Entwicklungsvorhaben. Die analogen Darstellungsformen (Erzählen, Bilder, Collagen, Sketches, kurze Hörspiele) und die Form der Präsentation (Vernissage) erweitern die Wahrnehmung und verändern die Erwartungshaltung. Das empfiehlt sich besonders bei Systemen, die zur Quantifizierung neigen, stark zahlengläubig sind und vorwiegend auf einzelne Sektoren bezogen denken und agieren.

Grundlegende Aussage:
Hier geht es darum, daß unvoreingenommene Außenstehende dem Projektteam (bzw. dem Klientensystem) ihre Ansichten bezüglich des Projekts vermitteln und somit die Chance, neue, kreative Wege (Architekturen, Designs) zu finden, erhöhen.

Vorbereitung:
Die Projektleitung sucht noch vor Projektstart eine Gruppe von 6 bis 12 Personen aus, die weder dem Berater- noch dem Klientensystem angehören. Die Gruppe sollte aus unvoreingenommenen, offenen Beobachtern bestehen – Fach- oder Systemkenntnisse sind nicht erforderlich.

1. Schritt: 15 min.
Anhand einer analogen Geschichte (z. B. Märchen) wird eine Beziehung zum Klientensystem hergestellt.

2. Schritt: 15 min.
Die Teilnehmer werden in 2 bis 4 Gruppen eingeteilt und in ihre Aufgabe eingewiesen.

3. Schritt: 1h–4h
Begehung des Betriebs (des Amtsgebäudes etc.) und von dessen Umgebung: Die Teilnehmer sammeln mit Kamera und Diktiergerät spontan Eindrücke von charakteristischen Situationen und Gegenständen.

4. Schritt: 1 h
Jede Gruppe erstellt aus den gewonnenen Eindrücken eine Collage.

5. Schritt: 30–60 min.
Die Collagen werden dem Klientensystem anläßlich einer festlichen Vernissage (mit Buffet und Sekt) präsentiert.

6. Schritt: 30 min.
Das Klientensystem reagiert verbal oder nonverbal (z. B. in einem inneren Sesselkreis sitzend).

7. Schritt: 30 min.
Jeder Teilnehmer (externe Beobachter und Klientensystem) formuliert schriftlich einen Wunsch bezüglich des Systems. Die Wünsche werden dokumentarisch festgehalten.

C3 Szenen-Feedback

Design: R. Königswieser/U. Königswieser

Weitere Anwendungsfelder: Feedback

Zielsetzung: Lernen durch Feedback;
das Denken in Relationen und Kontexten soll forciert werden.
Latente Themen sollen an die Oberfläche gebracht werden.
Grundstimmungen in der Gruppe sollen sichtbar gemacht werden.
Unterschiedliche Beurteilungen der Situation innerhalb des Teams sollen somit leichter besprechbar werden.

Zeitrahmen: 1,5 Stunden

Teilnehmeranzahl: 3 bis 12

Räumliche Erfordernisse: Sesselkreis

Hilfsmittel: Schreibmaterial

Anmerkungen zur Wirkungsweise: Diese Intervention ermöglicht es, in einem Prozeß ein Zwischenresümee zu ziehen.
Durch die analoge Darstellungsform werden latente Themen, Rollen und Positionen leichter besprechbar.
Das Feedback geht über die individuelle Ebene hinaus – es betrifft Prozesse, Rollen und Positionen in der Gruppe, die Aufgaben des Teams und deren Sinnhaftigkeit an sich.

Grundlegende Aussage:
Hier geht es darum, die aktuelle Situation verfremdet und in einem fiktiven Kontext darzustellen. Dadurch soll Latentes bewußtgemacht und infolgedessen die Situation differenzierter gesehen und leichter besprechbar werden.

1. Schritt (Einzelarbeit): 15 min.
Jeder für sich entwirft eine Szene, die seiner Meinung nach die Situation in der Gruppe am besten versinnbildlicht. Jedes Teammitglied sollte darin eine entsprechende Rolle spielen. (Z. B. Schiffsmannschaft, Autoreparaturwerkstatt, Bergsteigertruppe, Expeditionsteam, Großfamilie etc.)

2. Schritt: 50 min.
Einer nach dem anderen erzählt seine Szene.

3. Schritt: 20 min.
Die Gruppe vergleicht die verschiedenen Szenen untereinander, bespricht sie und zieht eventuell ein Resümee.

C4 Stärken-Schwächen-Analyse von Teams

Design: BGN-Tradition

Weitere Anwendungsfelder: Problemlösung, Entscheidungshilfe

Zielsetzung: Als Team lernen;
Selbststeuerung des Teams infolge des Erkennens seiner Stärken bzw. Schwächen;
Herstellung eines Feedbackprozesses;
Verbesserung der Zusammenarbeit.

Zeitrahmen: 2 bis 3 Stunden

Teilnehmeranzahl: 3 bis 12

Räumliche Erfordernisse: keine besonderen

Hilfsmittel: Kärtchen,
Schreibmaterial,
Pinnwände

Anmerkungen zur Wirkungsweise: Der Schwerpunkt der Analyse liegt nicht auf der Personen-, sondern auf der Gruppenebene, und folglich ist die Intervention weniger angstbesetzt.
Wir setzen diese Intervention auch als Strategie zur Umsetzung von Veränderungsprojekten ein.
Die Fokussierung des Teams – und nicht einzelner Personen – eröffnet ganz andere Möglichkeiten des Feedbacks.
Wird die Intervention flächendeckend eingesetzt, so erlebt jeder Mitarbeiter ganz konkret, was von ihm erwartet wird.

Grundlegende Aussage:
Hier geht es darum, daß ein Team (rasch) seine Stärken bzw. Schwächen erkennen und konsequente Maßnahmen planen kann.

1. Schritt (Einzelarbeit): 20 min.

a) Jeder Teilnehmer überlegt sich Antworten auf die Frage:
Wo zeigen wir als Team Stärken bzw. Schwächen in der Zusammenarbeit? (Wie äußern sich diese?)
Die Antworten werden stichwortartig auf verschiedenfarbigen Kärtchen festgehalten (etwa Stärken: blau, Schwächen: grün).
b) Jeder Teilnehmer zeichnet ein Bild, das veranschaulichen soll, wie er das Team sieht.

2. Schritt: 40 min.

Die Kärtchen werden eingesammelt und an Pinnwänden geclustert.
Die Bilder werden gezeigt und interpretiert.

3. Schritt: 60 min.

Die zentralen (gehäuft vertretenen) Themen werden besprochen.

4. Schritt: 20 min.

Es werden Entscheidungen über Konsequenzen getroffen bzw. Maßnahmen geplant.
Mögliche Fragestellung: Wie verbleiben wir?

5. Schritt (Abschlußrunde):

Jeder Teilnehmer zieht in zwei Sätzen ein persönliches Resümee.

C5 Der „Wertediamant" (Workshop)

Design: R. Königswieser

Weitere Anwendungsfelder:

Zielsetzung: Die tatsächlich gelebten Werte sollen bewußtgemacht werden.
Gemeinsame, für alle verbindlich lebbare Werte sollen erarbeitet werden.

Zeitrahmen: 0,5 bis 1 Tag

Teilnehmeranzahl: 5 bis 30
(Vorstände und obere Führungskräfte)

Räumliche Erfordernisse: 1 Sessel pro Person

Hilfsmittel: Moderationskoffer,
Schreibwerkzeug,
Kärtchen

Anmerkungen zur Wirkungsweise: In Veränderungsprozessen taucht generell früher oder später der Themenkomplex „Werte" auf.
Werte sind tief internalisierte Weltbilder und Lebenshaltungen (Einstellungen), die nicht einfach zu ändern sind.
Diese Intervention erleichtert vor allem durch die Betonung der Gemeinsamkeiten eine Annäherung an die vielleicht etwas sperrige Materie.

Grundlegende Aussage:
Hier geht es um die gemeinsame Auseinandersetzung mit Werten und Haltungen, die der Entwicklung (dem Lernvorgang) des Unternehmens förderlich sein könnten.

1. Schritt: 20 min.
Input zum Thema Werte (Haltungen, Weltbilder, Einstellungen) im Unterschied zu Normen und Gewohnheiten; Input bezüglich des „offenen Interviews“.

2. Schritt (Einzelarbeit): 10 min.
Die Teilnehmer halten ihre Überlegungen zu folgenden Fragen fest:
Wie äußern sich meine Werte im Umgang mit Mitarbeitern? (Welchen Niederschlag finden sie?) Wer ist für mich hinsichtlich von mir geschätzter Werte ein Vorbild?

3. Schritt: 5 min.
Die Teilnehmer bilden Dreiergruppen (Kriterium ist das Interesse aneinander).

4. Schritt: à 15 min.
Die Teilnehmer – abwechselnd in der Rolle des Interviewers, des Interviewten und des Beobachters – interviewen einander zum Thema Werte und visualisieren dann die Gemeinsamkeiten (roten Fäden).

5. Schritt: à 5 min.
Die Kleingruppen präsentieren die herausgefilterten gemeinsamen Werte im Plenum.

6. Schritt: 45 min.
Das Präsentierte wird im Plenum diskutiert.

7. Schritt: 30 min.
Die Kleingruppen entsenden jeweils einen Delegierten in eine Delegiertenrunde. Diese filtert 5 bis 7 zentrale Werte heraus, auf deren Basis künftig Entscheidungen getroffen werden sollen.

8. Schritt: 20 min.
Eine Untergruppe (Repräsentanten) der Delegierten entwirft den „Wertediamanten“.

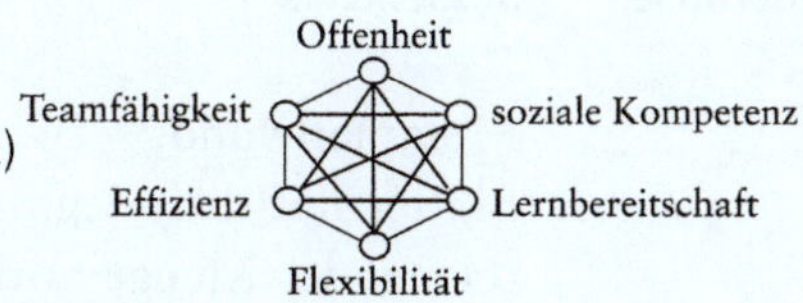

9. Schritt (analoge Umsetzung): 45 min.
Die Teilnehmer bilden neu zusammengesetzte Kleingruppen und erarbeiten in diesen Sketches, die den Unterschied zwischen Ist- und Sollzustand bezüglich der gelebten Werte verdeutlichen sollen (je 2 Szenen à 5 min., z. B. Konfliktsituation, Personalentscheidung).

10. Schritt: 20–90 min.
Präsentation, Diskussion und Reflexion im Plenum.

11. Schritt: 60 min.
Die Teilnehmer geben einander in den ursprünglichen Kleingruppen Feedback. Wie erlebe ich dich im Hinblick auf den herausgearbeiteten „Wertediamanten“?

12. Schritt: 30 min.
Zum Abschluß werden Entscheidungen über das weitere Vorgehen bzw. bezüglich weiterer Maßnahmen getroffen (Umstrukturierung wichtiger Sitzungen, Job-Rotation etc.).

C6 „Die Geschichtenerzähler"

Design: A. Rall
(weiterentwickelte Beratertradition)

Weitere Anwendungsfelder: Anfang, Kennenlernen, Kontrakt
Feedback

Zielsetzung: Durch das Aufspüren bzw. Verdeutlichen latenter Potentiale und Wünsche soll die eigene Rolle im Team (System) gefunden bzw. sichtbar gemacht werden, und infolgedessen soll der Teambildungsprozeß angeregt bzw. erleichtert werden.

Zeitrahmen: individuelle Vorbereitungszeit;
dann pro Teilnehmer ca. 15 Minuten;
gemeinsam ca. 60 Minuten.

Teilnehmeranzahl: 8 bis 15

Räumliche Erfordernisse: Sesselkreis

Hilfsmittel: Metaplanwand,
Blätter mit dem Beginn einer Geschichte (in ausreichender Menge vorbereitet)

Anmerkungen zur Wirkungsweise: Diese Intervention ist geeignet, die in einem Team verborgenen Potentiale, Wünsche und Erwartungen sichtbar zu machen, und regt Teambildungsprozesse an.
Sie ist hilfreich, wenn es darum geht, Zusammenarbeit neu zu gestalten bzw. auszurichten.
Sie unterstützt in einem Veränderungsprozeß bei der Standortbestimmung.
Sie dient zur Adaption neuer (eher abstrakter) Rollenerwartungen. (Was bedeutet „Serviceorientierung" für uns? Was soll „die Führungskraft als Entwicklungsleiter" leisten?)
Die Teilnehmer müssen mit den Feedbackregeln vertraut sein.
Das Design ist auch bei Workshops zur berufsbezogenen Neuorientierung gut einsetzbar.

Grundlegende Aussage:
Hier geht es darum, über das Aufspüren latenter Potentiale und Wünsche die eigene Rolle in einem System zu definieren und darüber hinaus zur Teambildung anzuregen.

Vorbereitung:
Jeder Teilnehmer erhält ein Blatt Papier mit dem Anfang (2 Sätze) einer Geschichte. Er soll die Geschichte in einer stillen Stunde zu Ende schreiben und nach einem treffenden Symbol suchen (Gegenstand, Bild, Wort, Satz, Titel), mit dem er das Ganze visualisieren kann.

1. Schritt: à 15 min.
Der Reihe nach lesen die Teilnehmer ihre Geschichten vor und präsentieren – für alle sichtbar – ihr Symbol (Metaplanwand, Boden).
Jeder Teilnehmer hat zwei Feedbackgeber bestimmt, die unmittelbar auf die jeweilige Präsentation reagieren.
Wird die Intervention im Rahmen eines Beratungsprozesses in kleineren Einheiten zu 3 bis 4 Teilnehmern durchgeführt, so wird jede Einheit mit einem „open staff" zur Hypothesenbildung von seiten der Berater abgeschlossen. Hierbei interessieren vor allem Gemeinsamkeiten in den Geschichten, Parallelen bzw. Unterschiede zum realen Alltag der Gruppe, und es besteht die Chance, verborgene Wünsche, Potentiale bzw. manifeste Muster deutlich zu machen. à 10 min.

2. Schritt: 60 min.
Nachdem alle Geschichten und Symbole präsentiert sind, versammelt sich die Gruppe um die gemeinsam erstellte Collage. Jeder Teilnehmer hat die Möglichkeit, sein Symbol zu verändern (etwas hinzuzufügen) oder es zu belassen. Gleichzeitig kommentiert er den bisherigen Prozeß (Feedback) und plaziert sein Symbol in der Collage. Die Plazierung erfordert das Einverständnis der anderen Teilnehmer. (Veränderungen sind möglich und erwünscht und können durch Nachfragen angeregt werden.) Wenn die Collage für alle stimmt, kann die Runde entweder durch ein Feedback der Teilnehmer bezüglich der Collage im ganzen oder durch einen abschließenden „open staff" beendet werden. Der „open staff" gibt Feedback zum Prozeß der Collagebildung und macht die Differenz bzw. Kongruenz zwischen Beziehungs- und Inhaltsebene sichtbar.

C7 Das Führungskräfteprofil

Design: R. Königswieser

Weitere Anwendungsfelder:

Zielsetzung: Erarbeiten von Profilen für Schlüsselpersonen bzw. Führungskräfte;
Reflexion personalpolitischer Prinzipien;
Bewußtwerden der eigenen Stärken und Schwächen.

Zeitrahmen: 2 bis 4 Stunden

Teilnehmeranzahl: 3 bis 6

Räumliche Erfordernisse: Sesselkreis

Hilfsmittel: Moderationskoffer,
Flip-chart,
Schreibmaterial

Anmerkungen zur Wirkungsweise: Durch die kritische Beleuchtung konkreter Personen bzw. durch den Vergleich ihrer Eigenschaften miteinander, aber auch mit den eigenen, zeichnet sich im Verlauf dieser Intervention wie von selbst ein Idealbild und konträr dazu ein extrem negatives ab.

Die Arbeit ist höchst spannend, da sie sehr persönliche Stellungnahmen erfordert, folglich auch nicht theoretisch und trocken sein kann.
Das Design ist nur für die Vorstandsebene zu empfehlen (ansonsten heikel).

Grundlegende Aussage:
Anhand der Beurteilung konkreter Schlüsselpersonen soll hier ein Idealprofil bzw. ein extrem negatives Profil erstellt werden. Über Vergleiche sollen qualitative Informationen generiert werden, die bewußtmachen, welche Eigenschaften bzw. Qualitäten im Veränderungsprozeß gefragt sind.

1. Schritt (Einzelarbeit): 20 min.
Jeder Teilnehmer notiert jeweils drei Namen von besonders positiv bzw. besonders negativ auffallenden Personen.
Fragestellung: Wer fördert die Entwicklung des Unternehmens?
Wer verhindert Lernen und Zukunftsorientierung?

2. Schritt: 60 min.
Zuerst werden die positiv bewerteten Personen für alle sichtbar aufgelistet, dann die negativen beurteilt. Der jeweilige Vorgesetzte einer genannten Person wird aufgefordert, seine Sicht zu äußern. Dann müssen diejenigen, die einen bestimmten Namen genannt haben (positiv oder negativ), das jeweils begründen.
Ein Berater moderiert, der andere listet mittlerweile alle Eigenschaften, die zur Beschreibung genannt werden, auf.
In dieser Phase wird nicht diskutiert, die Wahrnehmungen stehen einfach im Raum.

3. Schritt: 30 min.
Die aus der Auflistung sich ergebenden Profile werden diskutiert.

4. Schritt: 30 min.
Die Ergebnisse werden zu einem „Idealprofil" bzw. „Negativprofil" verdichtet.

D Relevante Umwelten, Umfeldanalyse (D1–D5)

D1 Projektumfeldanalyse (PUA)

Design: F. Boos/A. Doujak/R. Gareis

Weitere Anwendungsfelder:

Zielsetzung: Die Komplexität und Vernetzung des Projektumfelds soll sichtbar gemacht werden.
Konfliktpotentiale, aber auch Möglichkeiten der Zusammenarbeit sollen frühzeitig erkannt werden.
Strategien zur Gestaltung der Beziehungen sollen entwickelt werden.
Konkrete Aktionspläne sollen erstellt werden.

Zeitrahmen: 0,5 bis 1,5 Stunden

Teilnehmeranzahl: 3 bis 15

Räumliche Erfordernisse: keine besonderen

Hilfsmittel: Pinnwand,
Moderationskoffer

Anmerkungen zur Wirkungsweise: Diese Intervention ist besonders am Beginn eines Projekts hilfreich, um möglichst frühzeitig die Einflüsse der diversen relevanten Umwelten bewußtzumachen. Das zeigt immer überraschende, völlig neue Perspektiven auf, die dann in die weitere Arbeit mit einfließen und dieser somit eine neue, zusätzliche Qualität verleihen. Darüber hinaus ist die Projektumfeldanalyse in akuten Krisensituationen und zum Abschluß von Projekten wirkungsvoll einzusetzen.

Literatur: F. Boos. „Projektmanagement“. In: Königswieser/Lutz (Hrsg.): *Das systemisch-evolutionäre Management. Neue Horizonte für Unternehmer.* S. 69–77. Orac Verlag, Wien 1990.

Grundlegende Aussage:
Hier geht es darum, die Aufmerksamkeit auf das Projektumfeld, d. h. auf die diversen relevanten Umwelten zu lenken. Die Analyse des Beziehungsgeflechts soll zur Planung weiterer Strategien führen.

1. Schritt:
Die Teilnehmer erarbeiten gemeinsam eine graphische Darstellung der für das Projekt relevanten Umwelten.
Fragestellung: Wer beeinflußt den Erfolg des Projekts (z. B. Projektteam)?
Wie stark ist der Einfluß?
(Durch unterschiedlich große Kreise darstellen!)
Wie groß ist die Nähe bzw. Distanz zum Projekt?
(Durch unterschiedliche Entfernung darstellen!)

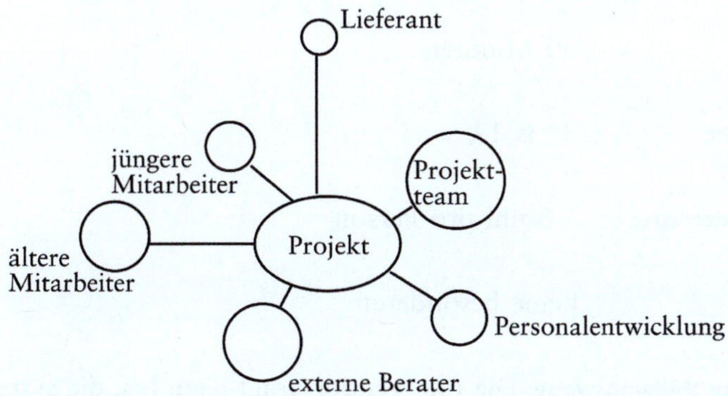

Beispiel für die graphische Darstellung des Projektumfelds
(Die Nähe bzw. Distanz zum Projekt kann durch konzentrische Kreise um das „Projekt" noch verdeutlicht werden.)

2. Schritt:
Die Teilnehmer diskutieren nun anhand der erarbeiteten Graphik die spezifischen Einflußnahmen bzw. unterschiedlichen Erwartungen der diversen Umwelten. Die Teilnehmer versetzen sich dazu in die jeweilige Rolle und betrachten das Projekt und andere Beteiligte aus dieser Perspektive. Das Erkennen der diesbezüglichen Widersprüche ermöglicht es, Konfliktpotentiale aufzuspüren und somit frühzeitig entsprechend zu handeln.

3. Schritt:
Die Teilnehmer erarbeiten nun bezüglich jeder relevanten Umwelt eine spezifische Strategie, die in einen konkreten Aktionsplan mündet. (Wer macht was bis wann?)

D2 Die anwesenden Abwesenden

Design: A. Exner/R. Königswieser

Weitere Anwendungsfelder: Umsetzungshilfe

Zielsetzung: Es sollen relevante Sichtweisen nicht anwesender Personen eingebracht werden.
Die Intervention sollte zugleich als Transferübung dienen.

Zeitrahmen: 30 Minuten

Teilnehmeranzahl: 3 bis 12

Räumliche Erfordernisse: 1 Stuhl pro Person

Hilfsmittel: keine besonderen

Anmerkungen zur Wirkungsweise: Die Intervention trägt dazu bei, die systemische Haltung zu üben und über den eigenen Tellerrand zu schauen.
Die Projektion auf eine abwesende Person ermöglicht es, klarer Stellung zu nehmen und mutiger Kritik zu üben.
Die Meinungsvielfalt bringt Differenziertheit und ein höheres Maß an Bewußtheit in den Raum.
Die „Quasi-Anwesenheit" geschätzter Menschen erzeugt Wärme.
Die Teilnehmer werden darauf vorbereitet, die neuen Erfahrungen im Arbeitsalltag zu kommunizieren.

Grundlegende Aussage:
Hier geht es darum, die möglichen Sichtweisen nicht anwesender Personen mit einzubeziehen und auf diese Weise Stellung zu nehmen bzw. Kritik zu üben (Abschluß).

1. Schritt: 3 min.
Aufgabenstellung: Jeder Teilnehmer denkt an eine von ihm geschätzte, wichtige, abwesende Person und stellt sich vor, was diese, hätte sie an der Veranstaltung teilgenommen, jetzt denken würde.

2. Schritt: à 2 min.
Der Reihe nach stellen sich die Teilnehmer jeweils hinter ihren Sessel und haben nun die Möglichkeit, stellvertretend für die imaginierte Person ein bis drei Sätze zu sagen.
(Mögliche Aussagen:
Ich hätte nicht gedacht, daß bei dem Ganzen soviel herauskommt!
Von X hätte ich erwartet, daß er/sie unsere Interessen noch deutlicher vertritt, etc.)

D3 Konzeptentwicklung – systemisch

Design: B. Heitger

Weitere Anwendungsfelder: Systemische Haltung

Zielsetzung: Herausarbeiten des Für und Wider komplexer Konzepte;
Integration der Perspektiven erfolgsrelevanter Umwelten (Stakeholder);
Klärung von Vernetzungs- und Kooperationsfragen;
systembezogene Weiterentwicklung der Konzepte.

Zeitrahmen: Pro Konzept 1 bis 3 Stunden
(je nach Teilnehmeranzahl und Intensität der Diskussion)

Teilnehmeranzahl: 10 bis 20

Räumliche Erfordernisse: 30 bis 60 m^2
Es müssen verschiedene Gruppierungen räumlich sichtbar gemacht werden können.

Hilfsmittel: Flip-charts, Filzstifte, Pinnwand, evtl. Overheadprojektor, evtl. schriftliche Zusammenfassung des Konzepts (der Konzepte) als Unterlage, Schreibmaterial

Anmerkungen zur Wirkungsweise: Dieses Design ist besonders hilfreich, wenn sozial komplexe und widersprüchliche Konzepte vorliegen.
Durch pointierte Stellungnahmen (pro bzw. contra), Feedback und Diskussion wird Orientierung möglich.
Das Beleuchten mehrerer Konzepte (Bereichsstrategien, Abteilungsstrategien etc.) und das Miteinbeziehen relevanter Umwelten verschafft mehr Klarheit hinsichtlich der Vernetzung und zeigt Möglichkeiten zur Kooperation auf.

Grundlegende Aussage:
Hier geht es darum, sozial komplexe und widersprüchliche (Change-)Konzepte so darzustellen, daß eine systembezogene Weiterentwicklung ermöglicht wird und somit die Voraussetzungen für eine erfolgreiche Umsetzung geschaffen werden.

1. Schritt: 5 min.
Einrichtung des Settings: Der Konzeptentwickler wählt jeweils 2 Teilnehmer als *Mentoren* bzw. als *Advocati Diaboli.*
Die *Mentoren* vertreten den Pro-Standpunkt. (Das Konzept ist optimal, und die Umsetzung wird gelingen.)
Die *Advocati Diaboli* vertreten den Kontra-Standpunkt. (Das Konzept ist ungeeignet und zum Scheitern verurteilt.)
Die übrigen Teilnehmer betrachten das Ganze jeweils aus einer relevanten (Stakeholder-)Perspektive (2 Teilnehmer pro Standpunkt) und bestimmen, wer das Feedback zusammenfaßt *(Beobachterperspektive).*

2. Schritt: 10–20 min.
Der Konzeptentwickler präsentiert das Konzept (Geschichte, Entwicklung, Ziele, geplante Schritte, bisher Gelungenes, Schwierigkeiten ...) und erbittet Feedback zu zentralen Fragen.

3. Schritt: 10 min.
Nacheinander kommen die *Mentoren* (nur „Pro-Statements"!) und die *Advocati Diaboli* (nur „Contra-Statements"!) zu Wort.

4. Schritt: 2 min.
Kurze Reaktion des Präsentators (keine Richtigstellungen!).

5. Schritt: 15 min.
Die *Beobachter* geben aus ihrer Perspektive Empfehlungen bezüglich des Konzepts ab und reagieren auf die zentralen Fragen. (Bei mehreren *Beobachtern* pro Perspektive evtl. vorerst „Murmelgruppen").
Variante: Will man die Beobachterperspektiven nach ihren Empfehlungen stärker integrieren, so bildet man danach Querschnittsgruppen, in denen jeweils alle Perspektiven vertreten sind.
Mögliche Aufgabenstellung für diese Gruppen: Zeichnen Sie ein Bild des Systems – vor bzw. nach der Umsetzung des Konzepts. Erarbeiten Sie aufgrund der Diskussion gesamthafte Impulse zu den zentralen Fragestellungen.
Das Erarbeitete wird im Plenum präsentiert, verglichen und diskutiert.

6. Schritt: 10 min.
Es werden Vereinbarungen bezüglich der Konsequenzen getroffen, Prioritäten gesetzt, eventuell werden auch Entscheidungen hinsichtlich vernetzter Bereiche und übergreifender Kooperationen getroffen.

7. Schritt: 5 min.
Abschließende Reaktion des Präsentators und evtl. ein Statement pro Teilnehmer. (Was wurde mir klar?)

D4 „Weiße Flecken"

Design: R. Königswieser/A. Doujak/U. Cichy

Weitere Anwendungsfelder: Umsetzungshilfe

Zielsetzung: Zu analysieren sind der jeweilige Grad des in den Prozeß Miteinbezogenseis und die sich daraus ergebenden Energieflüsse. Diese Analyse soll als Basis für weitere Interventionen auf der sozialen Ebene dienen (etwa dazu, einflußreiche Schlüsselpersonen stärker einzubinden).

Zeitrahmen: 1 bis 1,5 Stunden

Teilnehmeranzahl: 3 bis 12

Räumliche Erfordernisse: keine besonderen

Hilfsmittel: Flip-chart,
Stifte

Anmerkungen zur Wirkungsweise: Diese Intervention ist besonders hilfreich, wenn sich die Projektleiter (Hauptverantwortlichen, Steuergruppe) vergewissern wollen, ob tatsächlich alle Schlüsselpersonen miteinbezogen wurden.
Durch die graphische Darstellung werden die „weißen Flecken" auf der Landkarte des Unternehmens rasch sichtbar und bewußt.
Das ist besonders wichtig, wenn viele Subprojekte vorhanden sind. Diese können ihre Ideen nämlich nur dann realisieren, wenn sie aufgrund gezielter Einbindung in den Prozeß Akzeptanz genießen.
Somit kann das Phänomen des „elfenbeinernen Turms" reduziert bzw. vermieden werden, da Konzeptarbeit und -umsetzung bereits parallel laufen.

Grundlegende Aussage:
Hier geht es darum zu analysieren, ob auch tatsächlich alle für den Prozeß relevanten Personen und Einheiten in diesen eingebunden sind.

1. Schritt: 20 min.
Jede Subprojektgruppe fertigt jeweils eine Graphik an. Darzustellen ist der (zu analysierende) jeweilige Grad des in den Prozeß Eingebundenseins.

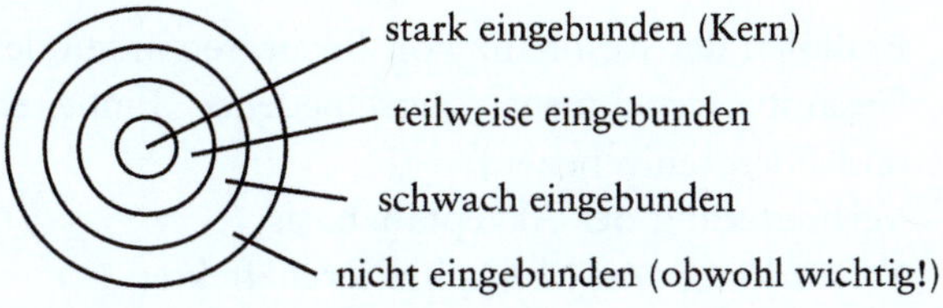

Stellen Sie sich die Frage: Fühlen wir uns sozial gut eingebettet oder nicht?
Welche Personen bzw. Bereiche sind gar nicht vertreten?
Formulieren Sie drei Kernaussagen nach dem Muster:
- Der Verwaltungsbereich wurde vernachlässigt.
- Der technische Bereich ist unterrepräsentiert.
- Alle Schlüsselpersonen sind anwesend.

2. Schritt: 30 min.
Alle Subprojektgruppen präsentieren ihre Graphiken.

3. Schritt: 30 min.
Die Gesamtgruppe analysiert und diskutiert anhand der graphischen Darstellungen die soziale Struktur des Projekts und die damit zusammenhängenden Energieflüsse. Die Ergebnisse werden zusammengefaßt, und daraus werden Konsequenzen gezogen.

D5 Sounding-board (Workshop)

Design: R. Königswieser/A. Exner

Weitere Anwendungsfelder: Großgruppenveranstaltungen
Feedback

Zielsetzung: Einholen der Resonanz von Respräsentanten des Gesamtunternehmens (verschiedener Einheiten und Hierarchieebenen);
Verbreiterung der Akzeptanzbasis;
Verstärkung von Multiplikatoreneffekten.

Zeitrahmen: 1 Tag (6 bis 8 Stunden)

Teilnehmeranzahl: 20 bis 200

Räumliche Erfordernisse: Plenarraum (1 Sessel pro Person),
Gruppenräume (Platz für Tische zu 6 bis 8 Personen),
evtl. Podium (Bühne)

Hilfsmittel: Pinnwände, Flip-charts, evtl. Schnurlosmikrophon, Schreibmaterial, Kärtchen, Overheadprojektor, Musikanlage

Anmerkungen zur Wirkungsweise: Sounding-boards sind Kernstücke unserer Projekte. (Ihre Funktion wird in den Beiträgen zu „Architektur" bzw. „Design" näher beschrieben).
Eine gute, exakte, liebevolle Vorbereitung ist die Basis für den Erfolg (Vorbereitung der Gruppen, Musik, etc.). Auch die Raumgestaltung ist eine bewußte Intervention – so sitzt man z. B. an runden Tischen, bunt gemischt aus den verschiedenen Bereichen. Durch diesen unmittelbaren Kontakt wird Vertrauen aufgebaut.
Will man die Resonanz auf ein Projekt noch besonders anschaulich (analog) sichtbar machen, kann man die Intervention mit Hilfe des Designs „Sag es mit Musik" (siehe dort) abschließen.

Grundlegende Aussage:
Hier geht es darum, einen möglichst vielschichtigen Eindruck davon, auf welche Resonanz das Projekt stößt, zu bekommen.

1. Schritt: 10 min.
Begrüßung und Input der internen Projektleitung (Tagesziel, Gesamtziel, Projektübersicht, Organisatorisches etc.) 10 min.
Input der externen Berater (Erklärung des Raumkonzepts, der Vorgangsweise, der Regeln etc.)

2. Schritt: 20 min.
Warm-up: An den Tischen (6–8 Personen) machen sich die Teilnehmer miteinander bekannt und tauschen ihre Vorstellungen und Erwartungen aus.
Die Moderatoren machen stichprobenartig erste Befragungen dazu. 5 min.

3. Schritt: 1 h – 2 h
Alle Subprojekte präsentieren möglichst anschaulich (à 7 min.) ihre bisherigen Ergebnisse, Konzepte etc. (Pro Subprojekt höchstens 3 Folien, 1 bis 2 Sketches, Symbole etc.)
Zwei bereits zuvor von den Präsentatoren bestimmte Teilnehmer vermitteln ihren Gesamteindruck in einem kurzen, spontanen Feedback.

4. Schritt: 60 min.
In gemischten Gruppen (à ca. 6 Personen), auf die auch die Steuergruppenmitglieder verteilt sind, wird über die gesamte Information diskutiert.
Mögliche Fragestellung: Was finden wir gut? Was sehen wir kritisch? Welche Anregungen haben wir dazu? Das Erarbeitete auf Kärtchen notieren!

5. Schritt:
Kurzpräsentation der Gruppenergebnisse im Plenum. à 3 min.

6. Schritt: 20 min.
Das Präsentierte wird im Plenum diskutiert.

7. Schritt: 20–30 min.
Reaktion der Steuergruppenmitglieder: Diese berichten, in einem Kreis im Plenum sitzend, was sie jeweils in ihren Gruppen gehört, erlebt, gelernt haben – zur Unterstützung haben sie die Kärtchen mit den Notizen bei sich –, und ziehen ein Resümee.

8. Schritt: 10 min.
Als symbolische Abschlußgeste werden die Kärtchen in eine kleine Schatztruhe gelegt und dem Gesamtprojektleiter übergeben. Dieser verspricht, beim nächsten Treffen (Termin!) zu berichten, ob und wie die Anregungen umgesetzt wurden.
(Evtl. Abschluß mit „Sag es mit Musik".)

E Visionsarbeit (E1–E4)

E1 Rückblick aus der Zukunft

Design: A. Exner/R. Königswieser

Weitere Anwendungsfelder: Identitätsarbeit

Zielsetzung: Unterwanderung rationaler Blockaden; Generierung kollektiver Zukunftsbilder und -gedanken; Stärkung des Selbstbewußtseins

Zeitrahmen: 1–2 Stunden (bzw. je nach Teilnehmeranzahl)

Teilnehmeranzahl: 3 bis 30

Räumliche Erfordernisse: keine besonderen

Hilfsmittel: Schreibmaterial

Anmerkungen zur Wirkungsweise: Die Intervention vereinfacht die oft schwierige Loslösung von der Realität; sie beflügelt die Gedanken, das Vorstellungsvermögen, forciert also Träume.
Mögliche Wege, wie die Visionen in Realität umgesetzt werden könnten, werden gleich mitphantasiert.

Das Design ist in beliebigem Kontext einsetzbar (Unternehmensvision, Projektvision, Teamvision, persönliches Life-planning).

Grundlegende Aussage:
Durch die Inszenierung eines fiktiven, in die Zukunft vorverlegten Interviews entsteht eine Überhöhung der Realität, mit deren Hilfe ein plastisches Zukunftsbild und konkrete Möglichkeiten der Verwirklichung sichtbar werden.

1. Schritt (Einzelarbeit): 30 min.
Aufgabenstellung: Stellen Sie sich vor, wie das Unternehmen (die Abteilung etc.) in fünf Jahren sein wird, wenn all Ihre Visionen und Wunschträume in Erfüllung gehen. (Mögliche Dimensionen: Marktposition; Beziehung zu Kunden, relevanten Umwelten, Mitarbeitern; Unternehmenskultur; Image. Warum sind Sie stolz darauf, hier zu arbeiten?)

2. Schritt (Rollenspiel): 7–10 min. (pro Interview)
Nun – fünf Jahre später, als es tatsächlich, real ist – treten die Berater in der Gestalt von Rundfunk- oder TV-Reportern auf und interviewen die Mitglieder des Unternehmens zur aktuellen Situation: Warum und wie (mit Hilfe welcher Maßnahmen, Entscheidungen, Prozesse) haben Sie es geschafft, diesen positiven Zustand zu erreichen? Die Interviewten sind angehalten, sehr konkret zu beschreiben.

3. Schritt: 30 min.
Zusammenfassung im Plenum; Weiterarbeit an der Visionsarbeit.

E2 Das „Traumteam"

Design: R. Königswieser/A. Exner

Weitere Anwendungsfelder: Identitätsarbeit

Zielsetzung: Visionen bewußtzumachen; unterschiedliche Leitbilder und Vorstellungen besprechbar zu machen; als Team zu einem gemeinsamen Zukunftsentwurf zu kommen; gemeinsam für das gesamte Team gültige Spielregeln zu entwickeln.

Zeitrahmen: 3 Stunden

Teilnehmeranzahl: 3 bis 10

Räumliche Erfordernisse: 1 Stuhl pro Person

Hilfsmittel: Schreibwerkzeug, Zeichenmaterial

Anmerkungen zur Wirkungsweise: Diese Intervention ist besonders im Anfangsstadium eines Prozesses hilfreich, aber auch dann, wenn ein Team wenig Vertrauen in seine Fähigkeiten hat. Über die bildliche Darstellung von subjektiven Wünschen, Ängsten und Visionen werden auch subtile Inhalte bezüglich der Zusammenarbeit leichter besprechbar, und somit wird das Zusammenrücken innerhalb der Gruppe erleichtert.

Grundlegende Aussage:
Hier geht es darum, daß über das Herausfinden von Gemeinsamkeiten schließlich verbindliche Spielregeln fixiert werden können.

1. Schritt (Einzelarbeit): 30 min.
Die Fragestellung lautet: Wie müßte ein für das Unternehmen ideales Team aussehen? (Aufgabenspektrum, Aufgabenteilung nach innen und außen; Gestaltung von Beziehungen; Spielregeln für die Zusammenarbeit usw.)
Zeichnen Sie ein Bild, das die Ist-Situation verdeutlicht, und eines, das den Soll-Zustand darstellt.
(Dieser Schritt kann auch schon vorbereitet sein, das heißt, die Zeichnungen können fertig mitgebracht werden.)

2. Schritt: 60 min.
Zuerst werden die Bilder besprochen, dann die Idealvorstellungen ausgetauscht, und es wird nachgefragt. Anschließend werden die jeweiligen Unterschiede und Gemeinsamkeiten herausgearbeitet und schriftlich festgehalten.

3. Schritt: 60 min.
Das Team entscheidet sich für ein Modell und legt die Spielregeln schriftlich fest.

4. Schritt: 30 min.
Den Abschluß bildet eine Feedback-Runde mit Aussagen und Fragen nach dem Muster:
Was gefällt dir an mir?
Bitte weiter so!
Was wünschst du dir anders?
Ich wünsche mir zusätzlich …
(In größeren Runden sucht sich jeder 2 Feedback-Geber aus.)

E3 Die „Visionstreppe“

Design: R. Königswieser

Weitere Anwendungsfelder:

Zielsetzung: Das kollektive Erarbeiten von Visionen, die für alle Gültigkeit haben.

Zeitrahmen: 2 Tage

Teilnehmeranzahl: ca. 10 bis 100

Räumliche Erfordernisse: Plenarraum (1 Sessel pro Person); Raum für Kleingruppen an runden Tischen (à 6 Personen)

Hilfsmittel: Flip-charts, Pinnwände, Moderationskoffer, Schreibwerkzeug

Anmerkungen zur Wirkungsweise: Wenn nicht genügend Zeit für einen langen Visionsprozeß zur Verfügung steht, man aber doch mehr erzielen möchte als ein vom Topmanagement verfaßtes Konzept, ist diese komprimierte Intervention hilfreich. Blitzlichtartig werden verschiedene Perspektiven und vor allem auch die individuellen „Träume“ der Beteiligten miteingebunden. Insbesondere dadurch und aufgrund der Energie der (Groß-)Gruppe wird die Vision hoch energetisch geladen, und es ist eine hohe Identifikation mit dem Projekt zu erwarten.
Stufenweise wird das Erarbeitete immer mehr gefiltert und verdichtet, bis eine von allen vertretbare Fassung erzielt ist.

Grundlegende Aussage: Hier geht es darum, in relativ kurzer Zeit – auf dem Weg über individuelle Visionen – eine Gesamtvision für das Unternehmen zu entwickeln.

1. Schritt: Begrüßung durch den internen Projektleiter; Organisation (Ziel, Zeit etc.). 15 min.

2. Schritt: Warm-up (z. B. persönlicher Bezug zum Thema, Erwartungen etc.). 30 min.

3. Schritt: Input der externen Berater (über Visionsarbeit, das Konzept und die Regeln für offene Interviews). 20 min.
Input der Geschäftsführer (Gründungsidee, Leistungen in der Vergangenheit). 10 min.

4. Schritt: Bildung von Dreiergruppen, deren Mitglieder einander interviewen sollen. 90 min.
Fragestellung: Wie müßte unser Unternehmen aussehen, damit ich stolz wäre, darin zu arbeiten?
Wie sieht meine Traumrolle darin aus?

Vorweg Einzelarbeit, dann Interviews (A → B → C → A à 20 min.).
Gemeinsamkeiten – rote Fäden – werden herausgefiltert und visualisiert.
(Nur diese werden im Plenum präsentiert!)

5. Schritt: Präsentation des Erarbeiteten im Plenum und weitere Verdichtung (bei Großgruppensettings in Delegiertenrunden). Ein (bereits vorher bestimmtes) Redaktionskomitee von 3 wichtigen Personen bringt eine erste Fassung der gemeinsamen Vision zu Papier. 60 min.

6. Schritt: Diskussion der noch verbliebenen Differenzen (in Verschnittgruppen, dann im Plenum). 2 h

7. Schritt: Im Plenum werden Umfeldszenaria visualisiert (Pinnwand): Wer ist für unsere Visionsarbeit relevant? (Namen notieren). Anschließend Interviewplanung: Wer interviewt wen bis wann? Festlegung der Frageblöcke und Auswertungskategorien (z. B.: Sinn, Kernkompetenz, Standard, Struktur, Markt, Kultur etc.). 90 min.

8. Schritt: Interviews à 1,5 Stunden 90 min.

9. Schritt: Erste Auswertung der Interviews in kleinen Gruppen. 90 min.

10. Schritt (2. Tag): Warm-up: Welche Erlebnisse hatten wir bei den Interviews? 30 min.

11. Schritt: Präsentation der ersten Auswertungen nach den jeweiligen Kategorien und anschließende Diskussion im Plenum. 30–60 min.

12. Schritt: Die ursprünglichen Dreiergruppen besprechen die Auswertungen unter dem Aspekt: Das wollen wir bzw. wollen wir nicht. 3–5 Kernsätze bilden (visualisieren).

13. Schritt: Präsentation des Erarbeiteten und Diskussion im Plenum.

14. Schritt: Rollenspiel (im Plenum): 2 Rundfunkjournalisten interviewen 2 Unternehmensvertreter. Kontext: Es ist 5 Jahre später. Das Unternehmen ist extrem erfolgreich. Wie haben Sie das geschafft? Was unterscheidet Sie vom Mitbewerber? 20 min.

15. Schritt: Diskussion in der Gruppe. 60 min.

16. Schritt: Rollenspiel: Einige Mitarbeiter hören von dieser Vision. Was sagen sie dazu? Diskussion der Hypothesen und der daraus zu ziehenden Konsequenzen. 30 min.

17. Schritt: Das Redaktionskomitee schreibt die endgültige Fassung der gemeinsamen Vision.

18. Schritt: Umsetzungsplanung im Plenum: Wer macht wann was? (Visualisieren!) 60 min.

19. Schritt: Abschließende Reflexion: Welche Eindrücke hat uns diese Visionsarbeit vermittelt? 15 min.

E4 Die „Schusterkugeln“

Design: H. Ahlemeyer (Weiterentwicklung einer unbekannten Quelle)

Weitere Anwendungsfelder:

Zielsetzung: Kreative Problemlösung

Zeitrahmen: 30 bis 60 Minuten

Teilnehmeranzahl: 1 bis 30 (und mehr)

Räumliche Erfordernisse: keine besonderen

Hilfsmittel: Schreibmaterial

Anmerkungen zur Wirkungsweise: Diese Intervention ist besonders dann indiziert, wenn die derzeitigen Muster der Problemlösung stark vom Intellekt diktiert sind und noch keinen wirklichen Durchbruch erbracht haben. Diese mentale Übung wird von den Teilnehmern durchwegs als sehr positiv erlebt, weil sie an Erfolgserfahrungen anknüpft, und kann daher oft überaus wirkungsvoll sein.

Grundlegende Aussage:
Hier geht es darum, mögliche Lösungen im Umgang mit einem Problem aufzuspüren. Dabei wird auf die Ressourcen der rechten (analogen) Gehirnhälfte rekurriert, was überraschend kreative Lösungsansätze zutage fördern kann.

Vorbemerkung:
Schusterwerkstätten waren früher oft relativ dunkle Souterrainlokale.
Also stellten die Schuster kugelförmige, mit Wasser gefüllte Glasgefäße – sogenannte „Schusterkugeln" – vor die Fenster, um mit Hilfe der auf diese Weise verstärkten Lichtstreuung den Raum zu erhellen.

1. Schritt: 5 min.
Jeder Teilnehmer überdenkt für sich – möglichst entspannt und mit geschlossenen Augen – noch einmal das zu lösende Problem.
Fragestellung: Welche Aufgabe gilt es zu bewältigen?
Wofür muß eine Lösung gefunden werden?

2. Schritt: 10 min.
Jeder Teilnehmer wirft nun hintereinander vier imaginäre Blicke in jeweils eine Schusterkugel. Aufgaben:

a) Erinnern Sie sich an einen Erfolg, den Sie hatten. Wie kam es dazu? Worin bestand die Lösung, die dazu führte? Wie kamen Sie darauf?
b) Erinnern Sie sich an eine erfolgreiche Situation, die in ihrer Problematik der jetzigen ähnlich war. Wie und wodurch haben Sie das Problem damals gelöst?
c) Imaginieren Sie eine Lösung für das aktuelle Problem. Lassen Sie alles zu, was sich spontan aufdrängt, auch wenn es verrückt erscheint.
d) Stellen Sie sich vor, wie die Umwelt auf diese Lösung reagiert. Welche relevanten Umwelten gibt es? Wer würde die Lösung unterstützen bzw. sie vereiteln wollen?
e) Betrachten Sie nochmals die vier imaginären Kugeln und die Lösungen, die sie Ihnen dargeboten haben. Bereiten Sie sich darauf vor, die Augen wieder zu öffnen.

3. Schritt: 5 min.
Jeder Teilnehmer hält seine Eindrücke und Erkenntnisse in knapper Form schriftlich fest.

4. Schritt: 10 min.
Die Teilnehmer tauschen sich bezüglich des Erarbeiteten aus. Dabei wird fast immer – quasi wie von selbst – eine gemeinsame Lösung für das anstehende Problem erarbeitet.
Der Berater soll während der gesamten Imaginationsübung mit den Teilnehmern in Kontakt sein und genau beobachten, wie es ihnen geht. Geschlossene Fragen – wie „Alles klar?" – können dabei unterstützen.

F Reflexion (F1–F3)

F1 Die Projektfieberkurve

Design:	A. Exner/R. Königswieser
Weitere Anwendungsfelder:	Identitätsarbeit
Zielsetzung:	Analyse des Zustands (der Hochs bzw. Tiefs) eines Projekts. Lernen durch Reflexion.
Zeitrahmen:	1,5 bis 3 Stunden
Teilnehmeranzahl:	3 bis 30
Räumliche Erfordernisse:	keine besonderen
Hilfsmittel:	Pinnwände bzw. Flip-charts Stifte

Anmerkungen zur Wirkungsweise: Die Arbeit in Untergruppen ermöglicht eine Entlastung der einzelnen Individuen.
Im Plenum geht es um Gesamtsichten.

Grundlegende Aussage:
Hier geht es darum, sich einen Überblick zu verschaffen bezüglich der Beurteilung des Verlaufs (Zustands) eines Projekts durch die daran beteiligte Gruppe.

1. Schritt: 40 min.

Die Gruppe wird in Untergruppen aufgeteilt. Kriterium der Zusammensetzung ist eine ähnliche Sichtweise. Nun werden die zentralen Ereignisse der Vergangenheit aufgelistet und – gemäß ihrer positiven bzw. negativen Beurteilung – auf eine Art Fieberkurve übertragen.

2. Schritt: 40 min.

Jede Untergruppe präsentiert ihre Kurve.
Die verschiedenen Kurven werden untereinander verglichen, und es wird darüber diskutiert.

3. Schritt: 30 min.

Die Gruppe wird neuerlich in Untergruppen aufgeteilt.
Diesmal ist das Kriterium der Zusammensetzung eine unterschiedliche Sichtweise.
Fragestellung: Welche (positiven bzw. negativen) Muster sind zu erkennen?
Was können wir daraus lernen?

4. Schritt: 60 min.

Die Ergebnisse der Untergruppen werden im Plenum untereinander ausgetauscht.
Wenn nötig, werden Konsequenzen gezogen und Aktivitätenpläne erstellt.

F2 (Selbst-) Beobachtung von Gruppen

Design: F. Boos/B. Heitger

Weitere Anwendungsfelder: Identitätsarbeit

Zielsetzung: Erhöhung der Reflexionsfähigkeit der Gruppe; Fokussierung des Arbeitsinhalts (-Themas) bzw. -prozesses; Erlernen von Prozeßbeobachtung. Mehr Verständnis für das beobachtete System („Systemlernen").

Zeitrahmen: ca. 2 Stunden

Teilnehmeranzahl: 10 bis 40

Räumliche Erfordernisse: keine besonderen

Hilfsmittel: Schreibwerkzeug

Anmerkungen zur Wirkungsweise: Diese Intervention erleichtert Reflexion und Metakommunikation.
Teilnehmer schlüpfen in Beobachterrollen, und die so hinzukommenden Perspektiven verleihen dem Arbeitsprozeß zusätzliche Qualitäten.

Das Design dient auch der abschließenden Reflexion in Arbeitsgruppen.

Grundlegende Aussage:
Hier geht es darum, ein Problem und dessen Bearbeitung (einen Prozeß) aus einem anderen Blickwinkel zu beobachten, zu reflektieren und diese Reflexionen in den Gesamtprozeß einzubauen. Die von der Gruppe bearbeiteten Themen können ganz unterschiedlicher Art sein, wobei komplexe und mehrdimensionale Fragestellungen besonders ergiebig sind. Die Gruppe selbst kann wahlweise moderiert sein oder auch nicht. Hilfreich ist es in manchen Fällen, die Beobachter ausdrücklich in bestimmte Rollen schlüpfen zu lassen (nichtanwesende Dritte).

1. Schritt: 20 min.
Im Plenum werden Inhalt und Ziel dieser Arbeitssequenz erläutert.
(Mögliche Problemstellung:
Neuverteilung der Aufgaben zwischen zwei Abteilungen.)
Die Rollen bzw. Aufgaben der (noch zu bestimmenden) Beobachter werden beschrieben und erklärt.
Mögliche Rollen:
Zentrale Stakeholder zu dem System, um das es geht.
Mögliche Aufgaben:
- Beobachtung und Reflexion des Gruppen- bzw. Arbeitsprozesses;
- Beobachtung und Reflexion der inhaltlichen Ergebnisse/Fragen;
- Beobachtung und Reflexion der eigenen Reaktionen aus einer Stakeholdersicht.

Danach werden die Personen ausgewählt (je nach Teilnehmeranzahl 1 bis 4), die die Beobachterrollen übernehmen sollen.
Die Beobachter werden deutlich sichtbar von den anderen Teilnehmern getrennt im Raum positioniert (Außenkreis, Innenkreis).

2. Schritt: 60 min.
Nun wird (im Innenkreis) das eigentliche Problem bzw. Thema bearbeitet, während die Beobachter (im Außenkreis) aus ihrer Perspektive den Ablauf verfolgen und für sich reflektieren.

3. Schritt: à 5 min.
Die Beobachter präsentieren den übrigen Teilnehmern ihre Wahrnehmungen (Rückmeldung an den Innenkreis).
Wichtig: Diskussionen sind unzulässig! Das Feedback ist als Intervention gedacht, mit der nach eigenem Gutdünken im Innenkreis weitergearbeitet wird.
Falls erforderlich, erfolgt ein zweiter Durchgang (Wiederholung von Schritt 2 und 3).

F3 Die „Zuspruchluftballons"

Design: U. Cichy/R. Königswieser/A. Doujak

Weitere Anwendungsfelder: Blockaden, Energiezufuhr, Widersprüche

Zielsetzung: Durch das Sichtbarmachen der Sorgen anderer sollen die eigenen Probleme relativiert werden, was Entlastung mit sich bringt.
Der Zuspruch anderer soll Erleichterung schaffen und kreative Hoffnung ermöglichen.

Zeitrahmen: 1 bis 2 Stunden

Teilnehmeranzahl: 30 bis 80

Räumliche Erfordernisse: großer Raum,
1 Stuhl pro Person

Hilfsmittel: Karten, Kuverts (numeriert), Stifte,
gasgefüllte Luftballons, Schnüre

Anmerkungen zur Wirkungsweise: Diese Intervention kann durch das Sichtbarmachen der aktuell größten Sorgen besonders im Zuge von Workshops und Großveranstaltungen große Betroffenheit auslösen.
Es sollte also ausreichend Zeit gegeben werden, um in Untergruppen darüber (die „Sorgenkarten") zu sprechen.
Idealerweise gibt es eine Gruppe von „Entscheidern", die ihre Eindrücke zurückspiegeln und daraus Konsequenzen ziehen.
Das Design bewährt sich in Situationen massiver Veränderung, die mit kollektiven Ängsten einhergehen, über welche aber nur informell gesprochen werden kann, weil vemeintlich der Mythos permanenten Starkseins aufrechterhalten bleiben muß.
Bezüglich der „Sorgenkarten" ist strikt auf Anonymität zu achten.

Grundlegende Aussage:
Hier geht es im wesentlichen um den paradoxen Auftrag, nicht ausdrücklich über die eigenen Sorgen zu sprechen, sondern sich tröstend mit den Sorgen anderer – die ja vielleicht auch die eigenen oder diesen ähnlich sind – zu beschäftigen. Auf diesem indirekten Weg wird sonst nicht Besprechbares kommunizierbar, was zum Impetus für das weitere Vorgehen werden sollte.

1. Schritt: 10 min.
Jeder Teilnehmer schreibt seine größte aktuelle Sorge auf eine Karte und steckt diese danach in ein numeriertes Kuvert (Zahl merken!).

2. Schritt: 10 min.
Die Kuverts werden in Körben eingesammelt und gemischt.
Danach zieht jeder Teilnehmer ein Kuvert.

3. Schritt: 45 min.
In Untergruppen (3–4 Personen) werden nun die gezogenen Karten vorgelesen und besprochen. Jeder Teilnehmer schreibt auf die Rückseite der gezogenen „Sorgenkarte" einen tröstlichen Kommentar, zum Beispiel:
Sorge: „Ich fühle mich restlos überfordert."
Zuspruch: „Es geht uns allen so! Gespräche mit Kollegen und gezielte Weiterbildung helfen!"

4. Schritt: 7 min.
Jeder Teilnehmer befestigt das gezogene Kuvert an einem mittlerweile von Helfern ausgeteilten Gasballon und bindet den Ballon mit dem Kuvert an seinem Stuhl fest.

5. Schritt: 20 min.
Jeder Teilnehmer sucht nun sein ursprüngliches Kuvert (Zahl!), kehrt dann an seinen Platz zurück und liest still für sich allein den Zuspruch auf der Rückseite seiner „Sorgenkarte".

6. Schritt: 5 min.
Alle Teilnehmer sitzen 5 Minuten lang still und lassen schweigend den jeweiligen Zuspruch auf sich wirken.

7. Schritt:
Resümee: Die anwesenden „Entscheider" tauschen öffentlich (Plenum) ihre Eindrücke (Stimmung) aus und äußern erste Gedanken hinsichtlich der kollektiven Ängste und Sorgen und überlegen, was sie diesbezüglich in die Wege leiten können.

G Unterschiede, Positionierungen, Differenzierungen (G1–G5)

G1 Positionierung im Raum

Design: A. Exner/R. Königswieser
(Adaption für Großveranstaltungen)

Weitere Anwendungsfelder: Feedback
Abschluß

Zielsetzung: Rasches Sichtbarmachen von Unterschieden bzw. Positionierungen – und somit Erzeugung von Klarheit und Eindeutigkeit.

Zeitrahmen: 0,5 bis 1,5 Stunden

Teilnehmeranzahl: 2 bis Großveranstaltung (mehrere hundert)

Räumliche Erfordernisse: je nach Teilnehmeranzahl

Hilfsmittel: Tesa-Krepp (Kontinuum),
Schnurlosmikrophon,
Flip-charts (od. Folien),
Schreibmaterial

Anmerkungen zur Wirkungsweise: Diese Intervention ermöglicht rasche Meinungsfindung und bietet Entscheidungshilfe, indem sie Unterschiede aufzeigt, und ist somit auch eine geeignete Maßnahme, um eine Diagnosestellung zu erleichtern.
Wichtige Voraussetzung für den Erfolg dieses Designs ist es, daß die Fragestellung auf gründlich erarbeiteten Hypothesen basiert. (Z. B.: Für wie erfolgversprechend halte ich die bezüglich der Markterschließung gewählte Strategie?)

Grundlegende Aussage:
Hier geht es darum, rasch sichtbar zu machen, welche Positionen einer bestimmten Frage gegenüber eingenommen werden.

1. Schritt: 10–30 min.
Konkretisierung der Frage und deren Skalierung (entweder mit dem Klientensystem gemeinsam oder nur im Beratersystem).
Z. B.: Wie zufrieden bin ich mit dem neuen Organisationskonzept?
(0 bis 100 Punkte)

2. Schritt: 5 min.
Jeder Teilnehmer notiert auf einem Zettel seine Position bezüglich der konkreten Frage.

3. Schritt: 5–10 min.
Die Teilnehmer beziehen im Raum jeweils die Position (auf einem Kontinuum oder in Feldern), die ihrer Stellungnahme gegenüber der speziellen Frage entspricht.

4. Schritt:
Jeder Teilnehmer begründet seine Positionierung.

5. Schritt: 10–20 min.
Die Teilnehmer bilden Gruppen – Kriterium ist die ähnliche Positionierung – und diskutieren die Gründe für ihre Einstellung bzw. Haltung in dieser Frage.

6. Schritt: 10–20 min.
Die Gruppen (Delegierte) präsentieren ihre Ergebnisse (Hauptströmungen) im Plenum.

G2 „Sag es mit Musik!"

Design: BGN-Tradition

Weitere Anwendungsfelder:

Zielsetzung: Mit Hilfe von Musik soll in Großgruppen eine Differenzierung ermöglicht werden.
Rasch und einfach sollen Positionierungen sichtbar gemacht werden.

Zeitrahmen: 30 bis 60 Minuten

Teilnehmeranzahl: 10 bis 300

Räumliche Erfordernisse: je nach Teilnehmeranzahl

Hilfsmittel: 4 verschiedene Musikstücke, die den zentralen Differenzierungen entsprechen;
4 CD-(Kassetten-)Spieler;
evtl. Schnurlosmikrophon (Großgruppe)

Anmerkungen zur Wirkungsweise: Die „Sprache“ der Musik öffnet die Herzen und dringt in tiefere Schichten.
Musik verbindet über ein imaginäres Energiefeld große Gruppen.

Die Intervention ist besonders für Großgruppen geeignet, weil mit ihrer Hilfe in kurzer Zeit Zuordnung – auch einer großen Anzahl von Menschen – organisierbar ist.
Obwohl nicht alle Teilnehmer direkt zu Wort kommen, haben alle das Gefühl, eine persönliche Aussage treffen zu können.
Sie fühlen sich – wenn auch nicht verbal, so doch emotional – angesprochen.

G2

Grundlegende Aussage:
Hier geht es darum, mit Hilfe eines einfachen analogen Mittels (Musik) Differenzierungen und Positionierungen sichtbar und erlebbar (spürbar) zu machen.

1. Schritt: 10 min.
Die Gruppe steht in der Mitte des Raums beisammen.
Nacheinander ertönen vier unterschiedliche (charakteristische) Musikstücke, und zwar aus jeder Ecke jeweils eines.

2. Schritt: 10 min.
Die Teilnehmer begeben sich jeweils in eine Ecke, in der ihrer Meinung nach die Musik am ehesten der vorgegebenen Thematik entspricht (z. B.: Bewertung eines OE-Prozesses; Einschätzung der aktuellen Marktsituation, der Kommunikationskultur etc.).
Während dieses Schritts werden allen vier Musikstücke gleichzeitig gespielt.

3. Schritt: 10 min.
Haben alle Teilnehmer ihren Platz eingenommen, so werden stichprobenartig Interviews gemacht.
Fragestellung: Warum stehen Sie hier?
Was drückt diese Musik für Sie aus?

Evtl. 4. Schritt: Gesamtreflexion in der Großgruppe.

G3 Blitzlichtkontinuum

Design: R. Königswieser/A. Exner

Weitere Anwendungsfelder:

Zielsetzung: Evaluierung einer Veranstaltung (z. B. Workshop) bezüglich der Erfüllung (Qualität und Ausmaß) der Erwartungen, hinsichtlich der Veränderungsimpulse und des Erfolgs bzw. Mißerfolgs.

Zeitrahmen: ca. 30 Minuten

Teilnehmeranzahl: 10 bis 30

Räumliche Erfordernisse: keine besonderen

Hilfsmittel: Klebestreifen, Schreibmaterial

Anmerkungen zur Wirkungsweise: Mit Hilfe dieser Intervention werden unterschiedliche Einschätzungen bzw. Beurteilungen nicht nur sprachlich, sondern auch sinnlich erlebbar.
Sie ermöglicht die Wahrnehmung – und folglich auch die Berücksichtigung – der verschiedenen Sichtweisen und der vielfältigen Strömungen.

G3

Grundlegende Aussage:
Hier soll die eigene Position geklärt werden.
Gleichzeitig sollen widersprüchliche Positionen mit reflektiert werden.

Vorbereitung:
Mit Klebestreifen wird auf dem Fußboden ein Kontinuum markiert. 5 min.

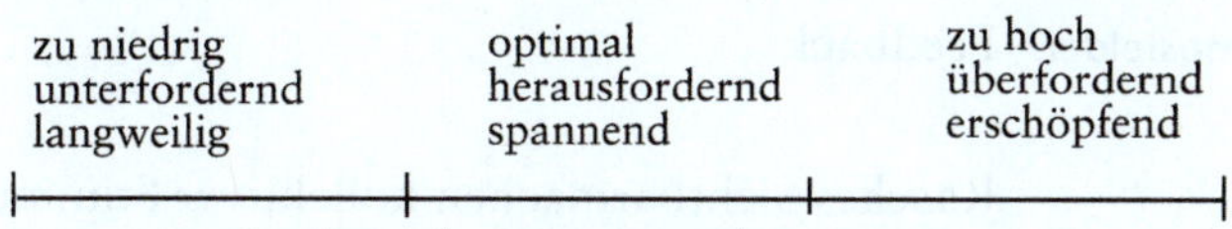

Qualitäts- bzw. Intensitätskontinuum

1. Schritt (Einzelarbeit): 2 min.
Jeder Teilnehmer überlegt, welche Position auf dem Kontinuum seinem Gefühl entspricht.

2. Schritt: 8 min.
Jeder Teilnehmer nimmt den für ihn passenden Platz auf dem Kontinuum ein und begründet mit einem Satz, warum er gerade diese Position gewählt hat.

3. Schritt: 15 min.
Alle Teilnehmer setzen sich auf den Boden (bzw. auf Stühle).
Die beiden Gruppen derer, die auf dem Kontinuum extrem (negativ, hoch oder niedrig) positioniert waren, überlegen jeweils:
Was ist das Gute im Schlechten?
Die Gruppe derer, die in der Mitte des Kontinuums (gemäßigt, positiv) positioniert waren, überlegt:
Was ist das Schlechte im Guten?

4. Schritt: à 1 min.
Die Gruppen einigen sich jeweils auf einen Satz, der die Situation treffend umreißt und dann vorgelesen wird.

G4 Das „Sesselbarometer"

Design: unbekannt,
Neuwaldegger Tradition

Weitere Anwendungsfelder: Feedback

Zielsetzung: Rasches Sichtbarmachen kollektiver Stimmungen bzw. von Feedback;
Verdeutlichung der Beurteilung einer Situation, der Einschätzung von Planungen etc.

Zeitrahmen: 10 bis 20 Minuten

Teilnehmeranzahl: ab ca. 15 bis zu Großgruppen (mehrere hundert Personen)

Räumliche Erfordernisse: 1 Sessel pro Person

Hilfsmittel: evtl. Schnurlosmikrophon (bei Großveranstaltung)

Anmerkungen zur Wirkungsweise: Die Intervention ist sehr effektiv, da außergewöhnlich rasch und eindrücklich jedwede Gesamtbeurteilung sichtbar gemacht werden kann.

Möglicherweise bei sehr formellen Veranstaltungen etwas schwierig. (Kann man sich auf den Boden setzen bzw. auf den Sessel stellen?)

G4

Grundlegende Aussage:
Hier geht es darum, in körperlich sichtbarer Weise ein Urteil bezüglich einer bestimmten Frage abzugeben.
Etwa: Wie schätzen Sie die Chancen, die gesteckten Ziele zu erreichen, ein?

1. Schritt: 2 min.
Die Frage wird gestellt, und dieTeilnehmer werden gebeten, sich gemäß ihrer Einschätzung der Lage zu positionieren.

sehr gut:	auf den Sessel steigen
gut:	aufstehen
schlecht:	sitzen bleiben
miserabel:	auf den Boden setzen

2. Schritt: 5–10 min.
Je nach Teilnehmeranzahl und verfügbarer Zeit kann nun die jeweilige Begründung der Positionierung einzeln oder stichprobenartig abgefragt werden.
Während dessen bleiben die Teilnehmer in ihrer jeweiligen Position, damit sich der Gesamteindruck einprägen kann.

G5 Das Streitgespräch im Projekt

Design: B. Heitger/A. Doujak

Weitere Anwendungsfelder:

Zielsetzung: Unterschiedliche Standpunkte sollen sichtbar gemacht und in der Folge ernst genommen werden. Die Betrachtung eines Sachverhalts aus zwei Extrempositionen soll eine Stärken-Schwächen-Analyse ermöglichen.
Mögliche Konflikte sollen vorweggenommen werden.

Zeitrahmen: ca. 1,5 Stunden

Teilnehmeranzahl: 4 bis 12

Räumliche Erfordernisse: 2 Gruppenräume
1 Stuhl pro Person

Hilfsmittel: 2 Pinnwände, Karten, Schreibwerkzeug, Moderationskoffer

Anmerkungen zur Wirkungsweise: Diese Intervention hebt bewußt die unterschiedlichen Strömungen, die in einem Team (einer Gruppe, Organisationseinheit etc.) bestehen, hervor. Werden diese Unterschiede (zum richtigen Zeitpunkt) besprochen, so hilft das, eventuelle spätere Konflikte zu vermeiden.
Die Bewertung einer Situation aus konträren Extrempositionen ermöglicht eine Stärken-Schwächen-Analyse, die als Basis einer Weiterentwicklung dienen kann.

Grundlegende Aussage:
Hier geht es darum, einen möglichen Konflikt vorwegzunehmen. Das Einnehmen überzogener (fiktiver) Argumentationsstandpunkte erleichtert die Klärung der tatsächlichen Positionen.

1. Schritt: 10 min.
Annahme: Es gibt zwei konträre Standpunkte.
Beispiel: Das derzeitige Projektmanagement bringt nichts.
Das derzeitige Projektmanagement ist äußerst wirksam.
Jeder Teilnehmer soll zu einem dieser Standpunkte eine Argumentationslinie entwickeln.

2. Schritt: 5 min.
Die Teilnehmer bilden zwei Gruppen. Kriterium der Gruppenbildung ist die hypothetische Ähnlichkeit der Standpunkte.

3. Schritt: 15 min.
Als Vorbereitung auf das Streitgespräch notiert jede Gruppe ihre Argumente auf Karten. Diese werden auf die Gruppenmitglieder aufgeteilt (Gedächtnisstütze in der Diskussion).

4. Schritt: 10 min.
Die beiden Gruppen setzen sich zum eigentlichen „Streitgespräch" einander frontal gegenüber. Die unterschiedlichen Argumente werden vorgebracht. (Es wird nicht moderiert. Der Berater unterbricht nach 10 Minuten.)

5. Schritt: 15 min.
Die beiden Gruppen tauschen die Karten mit den Argumenten aus. Die gegnerischen Argumente werden bewertet. Die Bewertung wird an einer Pinnwand visualisiert (Treffendes ganz oben usw.). Argumente, die erst im Streitgespräch gefallen sind, können auch bewertet werden.

6. Schritt: 20 min.
Die Bewertungen werden jeweils präsentiert. Die jeweils andere Gruppe kann darauf reagieren. Die Karten können noch umgruppiert werden.

H Feedback (H1–H2)

H1 „Geht, wie's euch geht!"

Design: P. Heintel

Weitere Anwendungsfelder: Reflexion

Zielsetzung: Analytisch erfolgte Problem- und Themendarstellungen sollen von ihrer neutralen Abstraktheit befreit werden.
Es soll körperlich spürbar werden, was die Diagnose für die Gesamtbefindlichkeit (individuell und kollektiv) bedeutet.

Zeitrahmen: ca. 1 Stunde

Teilnehmeranzahl: 3 bis 30

Räumliche Erfordernisse: je nach Teilnehmeranzahl

Hilfsmittel: keine besonderen

Anmerkungen zur Wirkungsweise: Dieses Design ermöglicht ganzheitliche Erfahrung und ist besonders hilfreich, wenn in einem Prozeß lange analysiert wurde und hohe Komplexität herrscht, wodurch die Teilnehmer zumeist erschöpft sind.

Situationsanalysen und -diagnosen sind oft sprachlich reichlich abstrakt und stellen sich als reine „Kopfgeburten" dar. Nichtsdestoweniger wirken sie sich auf die Empfindungen, Gefühle, Emotionen etc. aus. Das zu verdeutlichen ist der Zweck dieser Übung.

H1

Grundlegende Aussage:
Hier geht es darum, die analytisch-kognitiven Diagnosen spontan und emotional in Körpersprache zu übersetzen. Die Beurteilung der Situation wird mit einfachen Mitteln sichtbar gemacht.

1. Schritt: 10 min.
Alle Teilnehmer gehen im Raum umher, ohne miteinander zu sprechen. Die Art und Weise, wie sie sich fortbewegen, soll ausdrücken, wie sie sich fühlen – nach dem Motto: „Ich gehe, wie's mir geht."
Die jeweilige Befindlichkeit in der konkreten Situation wird erlebbar gemacht und verliert somit ihre „Kopflastigkeit". (Einer hat „Boden unter den Füßen", der andere „schwebt auf Wolken" usw.)

2. Schritt: 30 min.
Die Teilnehmer tauschen ihre Eindrücke und Empfindungen aus. Darüber hinaus soll auch die Dimension der kollektiven emotionalen Gestimmtheit thematisiert werden.

H2 Evaluation von Beratungsprozessen

Design: U. Froschauer

Weitere Anwendungsfelder: Abschluß
Umsetzungshilfe

Zielsetzung: Kontrollieren und Prüfen von Beratungsprozessen;
Bewertung des Prozesses und des Entwicklungspotentials.

Zeitrahmen: Jeweils ca. 4 Wochen am Beginn und nach Beendigung eines Beratungsprozesses

Teilnehmeranzahl: pro Gruppengespräch max. 10

Räumliche Erfordernisse: störungsfreier Besprechungsraum

Hilfsmittel: Kassetten- bzw. Videorecorder zur Protokollierung der Gespräche

Anmerkungen zur Wirkungsweise: Diese Intervention ist hilfreich, wenn man Evaluation als unterstützende Maßnahme zur Weiterentwicklung sieht. Sie trägt dazu bei, Prozesse besser zu verstehen, und ermöglicht es, im Beratungsprozeß Korrekturen vorzunehmen. In diesem Kontext übernimmt Evaluation kurzfristig die Funktion von Supervision für die Beratung und kann blinde Flecke der beteiligten Systeme beleuchten.
Evaluation sensibilisiert hinsichtlich Veränderungen und informiert bzw. aktiviert auch Mitglieder des Klientensystems, die nicht unmittelbar in den Beratungsprozeß eingebunden sind. Hierfür ist das Bewußtmachen bereits stattgehabter Veränderungen ein wichtiges Instrument.
Ausschlaggebend für den Erfolg ist es, daß das Evaluierungsteam eigenständig und unabhängig arbeiten kann.

Literatur: Froschauer/Lueger: „*Qualitative Evaluation psychotherapeutischer Gespräche*". In: Zeitschrift für systemische Therapie, 2/96, S. 98–110

Grundlegende Aussage:
Hier geht es darum, daß zusätzlich zum Beratungssystem (Klienten- plus Beratersystem) ein eigenes soziales System etabliert wird, das sich aus Mitgliedern des Beratungssystems zusammensetzt. Diese Einrichtung ermöglicht einen kommunikativen Austausch über Zwischenergebnisse, deren Aufarbeitung und kritische Diskussion im Hinblick auf produktive Weiterarbeit.

1. Schritt:
Der Evaluierungskontrakt wird ausgehandelt.

2. Schritt:
Das Evaluierungsdesign wird (mit dem Auftraggeber) ausgehandelt, und die Gesprächsgruppen werden festgelegt.

3. Schritt:
Datensammlung: In Einzel- bzw. Gruppengesprächen werden Mitglieder des Klientensystems (sowohl solche, die innerhalb des Beratungssystems stehen, als auch solche, die sich nicht im Beratungssystem befinden), Mitglieder des Beratungssystems und Mitglieder relevanter Bezugsgruppen (relevanter Umwelten) befragt.
Es empfiehlt sich eine offene Gesprächsform, die primär an den Themen der Befragten orientiert und durch gesprächsimmanentes Nachfragen gekennzeichnet ist. Es handelt sich hierbei also sowohl um Kommunikation über laufende Ereignisse als auch um Metakommunikation bezüglich der Beratung.

4. Schritt:
Interpretation des Datenmaterials, z. B. mit Hilfe hermeneutischer Interpretationsverfahren wie der Sequenz- und Grobanalyse.

5. Schritt:
Rückkommunikation der Ergebnisse (zwischendurch bzw. am Schluß).

Grundsätzliche Schlußbemerkung: Bezüglich des Beratungserfolgs und der Implementierung von Veränderung ist Dauerhaftigkeit nur zu erzielen, wenn man weiß, warum bestimmte Maßnahmen gut bzw. schlecht gegriffen haben und welche Rolle die verschiedenen Bewertungskriterien diesbezüglich spielten.

I Blockaden, Energiezufuhr, Widersprüche (I1–I6)

I1 Das Glas ist halb voll

Design: R. Königswieser/U. Cichy/A. Doujak

Weitere Anwendungsfelder: Reflexion

Zielsetzung: Überwindung von Mutlosigkeit;
Deblockieren von Energie;
Motivation;
Bewußtwerden der eigenen Anteile an der Blockade;
Bewußtwerden der Erfolgsmöglichkeiten

Zeitrahmen: 1,5 bis 2 Stunden

Teilnehmeranzahl: 10 bis 16

Räumliche Erfordernisse: Sessel

Hilfsmittel: Moderationskoffer,
Pinnwand,
Flip-chart

Anmerkungen zur Wirkungsweise: Durch die Koppelung von paradoxen und visionären Elementen eignet sich diese Intervention, um wieder Bewegung in einen Veränderungsprozeß zu bringen, wenn dieser ins Stocken geraten ist – was sich in Mutlosigkeit, Kleingläubigkeit, rigiden Schleifen und pessimistischen Grundhaltungen in den Gruppen mit zentraler Verantwortung (Steuergruppen) äußert.
Meist sind in der Gruppe verschiedene Strömungen vertreten, was durch die vorgeschlagene Arbeitsteilung energetisch genutzt werden kann.

Grundlegende Aussage:
Hier geht es um das Verstehen der Situation (z. B. von seiten der Steuergruppe) in bezug auf den Gesamtprozeß, der zur Zeit überkritisch beurteilt wird.

1. Schritt: 30–45 min.
Einteilung in drei Gruppen, die jeweils an einem Thema arbeiten. Die Zuordnung erfolgt freiwillig, nach Interesse. Die drei Gruppen bearbeiten (visualisieren) folgende Aufgaben (Fragen):

1. Gruppe: Was müssen wir als (Steuer-)Gruppe tun, damit es noch schlimmer wird?
2. Gruppe: Zu einem fiktiven Zeitpunkt – zwei Jahre voraus, in der Zukunft – schreiben wir einen Bericht an einen „ungläubigen Thomas“.
   Wir schildern, daß und wodurch sich unsere kühnsten Träume erfüllt haben und das Projekt ein Erfolg wurde.
3. Gruppe: Welchen Anteil hat die (Steuer-)Gruppe an der heutigen Situation? Die Antwort soll in analoger Form (künstlerisch) präsentiert werden.

2. Schritt:
Präsentation (à 3–5 min.). 20 min.

3. Schritt:
Gemeinsame Diskussion. 30 min.

4. Schritt:
Konsequenzen ziehen; Entscheidungen treffen (visualisieren). 15 min.

12 Tabuzirkel

Design: A. Doujak/M. Patak

Weitere Anwendungsfelder: Diagnose, Mustererkennung

Zielsetzung: Tabuthemen bewußtzumachen, ohne sie offen zu besprechen.
Das Eröffnen einer Chance, latente Themen behutsam an die Oberfläche zu holen.

Zeitrahmen: 0,5 bis 1 Stunde

Teilnehmeranzahl: 3 bis 12

Räumliche Erfordernisse: runder Tisch,
1 Stuhl pro Person

Hilfsmittel: Moderationskoffer,
Schreibwerkzeug,
Kärtchen

Anmerkungen zur Wirkungsweise: Durch das anonyme schriftliche Aufzeigen von Tabuthemen wird die Angst vor diesen reduziert.
Die Aufforderung, nicht über die Tabus zu sprechen, stimuliert paradoxerweise das Gespräch.

Grundlegende Aussage:
Hier geht es um das indirekte Besprechen von eigentlich Unbesprechbarem: um die Tabus in der Gruppe (Organisation). Und zwar sollen diese keineswegs beseitigt werden, vielmehr dient es bereits der Entwicklung des Prozesses, sie auch nur zu kennen.

1. Schritt: 10 min.
Jeder Teilnehmer notiert auf Kärtchen die Themen, die in der Gruppe nie offen diskutiert werden, latent aber vorhanden sind (1 Thema pro Karte, anonym). Der Berater sammelt die Kärtchen ein.

2. Schritt: 5 min.
Die Karten werden gemischt und so wieder verteilt. Sie sollen während der gesamten Intervention unter dem Tisch verborgen bleiben.

3. Schritt: 10 min.
Jeder Teilnehmer liest still für sich die Kärtchen, die er bekommen hat. Kommentare sind nicht gestattet. Danach wird das Kartenpäckchen jeweils an den rechten Sitznachbarn weitergegeben. Diesen Vorgang setzt man so lange fort, bis jeder alle Kärtchen gelesen hat.

4. Schritt: 5 min.
Die Kärtchen werden eingesammelt, bleiben verdeckt und werden vernichtet. Es folgt keine Diskussion – Tabu bleibt Tabu.

Variante:
Zur besseren Wahrung der Anonymität kann der Berater die Kärtchen einsammeln (zwischen Schritt 1 und 2) und Pendants in neutraler Schrift anfertigen.

13 Teilerfolge feiern

Design: R. Königswieser/M. Keil

Weitere Anwendungsfelder:

Zielsetzung: Bewußtmachen der bisherigen Erfolge;
Aufmunterung einer verzagten Gruppe,
Impulsgebung;
Bearbeitung von Selbstüberforderung;
Rückbesinnung auf den Sinn des Arbeitsprojekts.

Zeitrahmen: 30 bis 60 Minuten

Teilnehmeranzahl: 3 bis 20

Räumliche Erfordernisse: keine besonderen

Hilfsmittel: keine besonderen

Anmerkungen zur Wirkungsweise: Diese Intervention ist besonders hilfreich bei depressiven, unzufriedenen oder sich selbst überfordernden Gruppen.
Unsere Erfahrungen zeigen, daß die Verbesserungen, die im Zuge von Veränderungsprozessen erreicht werden, rasch als selbstverständlich in den Arbeitsalltag integriert werden. Im Gegensatz dazu werden die noch vorhandenen Probleme unverhältnismäßig stark betont und als gravierend bewertet, was Unzufriedenheit zur Folge hat.
Diese Intervention fördert eine Umorientierung des Denkens: von den Mängeln weg – hin zu den Ressourcen.

Grundlegende Aussage:
Hier geht es darum, die bisherigen Erfolge bewußtzumachen und sie auch gebührend schätzen zu können.
Das soll auch aus Unzufriedenheit bzw. Lethargie oder Resignation aufrütteln und Impulse zur Nutzung der Ressourcen setzen.

1. Schritt: 5 min.
Vorbereitung: Der ursprüngliche Kontrakt wird verlesen.
Alle Teilnehmer haben Gelegenheit, sich auf das eigentliche Ziel zu besinnen.

2. Schritt (Einzelarbeit): 10 min.
a) Jeder Teilnehmer überlegt für sich: Welche Teilerfolge haben wir bisher zu verzeichnen?
b) Jeder Teilnehmer beschafft einen Gegenstand (ein Symbol), der (das) den bisherigen Erfolg charakterisiert.

3. Schritt: 10 min.
Der Reihe nach präsentiert jeder Teilnehmer sein Symbol und kommentiert es.

4. Schritt: 5 min.
Austausch der Überlegungen im Plenum.

5. Schritt: 5 min.
Die Teilnehmer ziehen ein Resümee.
Fragestellung: Warum sind wir problemfixiert?
Sollten wir unser Ziel erneut definieren?
(Evtl.: Wollen wir eine kleine Erfolgsfeier organisieren?)

14 „Tritsch-Tratsch"

Design: R. Königswieser

Weitere Anwendungsfelder: Problemlösung, Entscheidungshilfe

Zielsetzung: Persönliche Konsequenzen schwerwiegender Entscheidungen (Vision, Mitarbeiterabbau) sollen durchdacht werden.
Ängste und Hoffnungen sollen bewußt werden, und das gegenseitige Verstehen soll vertieft werden.
Das Anbieten gegenseitiger Unterstützung soll ermöglicht werden.
Ein Anstoß zum Umdenken soll gegeben werden.

Zeitrahmen: 1 Stunde

Teilnehmeranzahl: 3 bis 6

Räumliche Erfordernisse: keine besonderen

Hilfsmittel: Schreibmaterial

Anmerkungen zur Wirkungsweise: Diese Intervention bewährt sich nach einschneidenden Entscheidungen, und zwar besonders bei sehr rationalen Menschen, die Schwierigkeiten haben, ihre Gefühle zuzugeben, und glauben, immer stark sein zu müssen.
Die Übung hilft, Beziehungen zu vertiefen, und fördert das gegenseitige Vertrauen.

Grundlegende Aussage:
Hier geht es darum, darauf zu achten, welche Probleme die Umsetzung gravierender Entscheidungen mit sich bringt, und zwar auf der persönlichen Ebene.

1. Schritt: 5 min.
Die Teilnehmer formulieren gemeinsam nochmals die Entscheidung. Diese wird schriftlich festgehalten und vorgelesen.

2. Schritt: 30 min.
Je zwei Teilnehmer bilden ein „Tratschpaar", das über einen dritten reden soll, und zwar in dessen Beisein.
Themen: Welche Konsequenzen wird die Entscheidung für ihn/sie haben?
Was wird ihm/ihr die größten Sorgen bereiten?
Wer wird wie über ihn/sie reden?
Welche Veränderungen werden auf ihn/sie zukommen?
Was wird ihm/ihr dann am schwersten fallen?
Wie könnten wir ihn/sie konkret unterstützen?
Die Antworten werden auf Kärtchen geschrieben und dem dritten am Ende übergeben.

3. Schritt: 20 min.
Der jeweilige dritte reagiert.
Aspekte: Was hat mich berührt?
Was wurde mir bewußt?
Welche Hilfsangebote möchte ich annehmen?

15 „Viele Bäche bilden einen Fluß"

Design: U. Königswieser/R. Königswieser/A. Doujak

Weitere Anwendungsfelder: Diagnose, Mustererkennung

Zielsetzung: Nutzbarmachung von Zersplitterung;
Schaffung von Konstruktivität in einer chaotischen, diffusen, widersprüchlichen Situation;
Analyse latenter, tabuisierter Themen.

Zeitrahmen: 1,5 bis 2 Stunden

Teilnehmeranzahl: 10 bis 30

Räumliche Erfordernisse: 1 Stuhl pro Person

Hilfsmittel: Schreibmaterial,
Kärtchen

Anmerkungen zur Wirkungsweise: Diese Intervention ist besonders dann hilfreich, wenn in einem Analyseprozeß im Plenum unterschiedliche Strömungen spürbar sind, und zwar bezüglich des Problembewußtseins an sich (viele bzw. gar keine Probleme), aber auch hinsichtlich der Intentionen zur Bearbeitung.
Die Wirkung liegt darin, daß man verschiedene Positionen ernst nimmt und entsprechende Aufgaben stellt.
Die Aufgabenverteilung bewirkt paradoxerweise, daß unbewußt gerade von den Lösungsorientierten Tiefenanalysen angestellt werden, aber auch die Analytiker plötzlich Lösungsvorschläge haben.

Grundlegende Aussage:
Hier geht es darum, in einem Analyseprozeß, der chaotisch-unterschiedliche Strömungen zeigt – die einen wollen noch analysieren, die anderen bereits an Lösungen arbeiten, – gemeinsame Konstruktivität zu ermöglichen.

1. Schritt: 15 min.
Die Teilnehmer ordnen sich – ihren Gefühlen und Intentionen ensprechend – einer der folgenden vier Gruppen zu:

1) Interpreten
2) Detektive
3) Tiefenforscher
4) Problemlöser

2. Schritt: 40 min.
In den Untergruppen wird an den entsprechenden Aufgaben gearbeitet.

1) Die Interpreten deuten das bisher im Prozeß Erarbeitete: Was sagt das über die Situation des Systems, über Muster und Beziehungen aus?
2) Die Detektive sichern Spuren: Welche Hypothesen haben wir zur Situation des Systems? Was spielt sich hier und jetzt bzw. im Unternehmen insgesamt auf der manifesten bzw. der latenten Ebene ab? Welche Personen sind dabei die Hauptakteure?
3) Die Tiefenforscher gehen der Sache auf den Grund: Gibt es Verborgenes bzw. Tabuisiertes zu entdecken? Worüber soll hier nicht gesprochen werden?
4) Die Problemlöser liefern Konkretes: Welche 3 Lösungsvorschläge können wir als Praktiker einbringen, die uns sofort – ohne lange nachzuforschen und somit Zeit zu verlieren – effizient weiterbrächten?

Jede Gruppe muß das Gefühl haben, einen wesentlichen Arbeitsschritt zu tun!
Das Erarbeitete wird (auf Kärtchen) schriftlich festgehalten.

3. Schritt: 20 min.
Die Gruppenarbeiten werden im Plenum präsentiert (à 5 min.)

4. Schritt: 20 min.
Das Präsentierte wird im Plenum diskutiert.

5. Schritt: 15 min.
Eine Delegiertenrunde (1 Delegierter pro Gruppe), inmitten des Plenums sitzend, ergänzt die Lösungsvorschläge und entscheidet über das weitere Vorgehen.

16 „Neuer Drive"

Design: R. Königswieser/B. Klipstein

Weitere Anwendungsfelder:

Zielsetzung: Erzeugung neuer Energie in Projekten; Sichtbarmachen von Erfolgen.
Auf dem Weg über sinnlich Erfaßbares soll Information vermittelt werden (auch quer über verschiedene Projekte).

Zeitrahmen: 3 bis 5 Stunden

Teilnehmeranzahl: 20 bis 100

Räumliche Erfordernisse: Runde Tische für 7–8 Personen, Stühle, Podium, genug Platz für Innenkreis

Hilfsmittel: Moderationskoffer,
Material für die analogen Darstellungen
(Schreibzeug, Malzeug etc.)

Anmerkungen zur Wirkungsweise: Die Veranstaltung sollte mit der eigenen Gruppe (z. B. Steuergruppe) vorbereitet werden.
Dieses Design eignet sich auch für Subprojekttreffen.
Es bewährt sich besonders bei Projekten, die bereits über längere Zeit laufen.

Grundlegende Aussage:
Hier geht es darum, sichtbar zu machen, was bisher erreicht wurde, und somit Impulse für die weitere Vorgangsweise zu setzen.

1. Schritt (Einzelarbeit bzw. Gruppenarbeit): 60 min.
Jeder Teilnehmer/jede Gruppe soll den für ihn/sie wichtigsten Aspekt des Projekts herausarbeiten und eine analoge Darstellung dazu (Bild, Collage, Sketch, Zeitungsbericht, Pantomime etc.) vorbereiten.

2. Schritt: 40 min.
Das Erarbeitete wird im Plenum präsentiert.

3. Schritt: 30 min.
In Untergruppen (zu 7–8 Personen) werden die Darstellungen diskutiert.
Jede Untergruppe bestimmt einen Delegierten.

4. Schritt: 30 min.
Die Delegierten bilden einen Innenkreis und diskutieren die Ergebnisse der Untergruppen.
Es werden weder Aufträge erteilt noch andere Maßnahmen gesetzt.
Es geht ausschließlich um den Austausch zentraler Erfahrungen.

5. Schritt: 30 min.
Zusammenfassung der Ergebnisse durch die Vorbereitungsgruppe (z. B. Steuergruppe) im Innenkreis.

6. Schritt: 20 min.
Visualisierung der Gesamtbewertung des Projekts durch Positionierung im Raum.

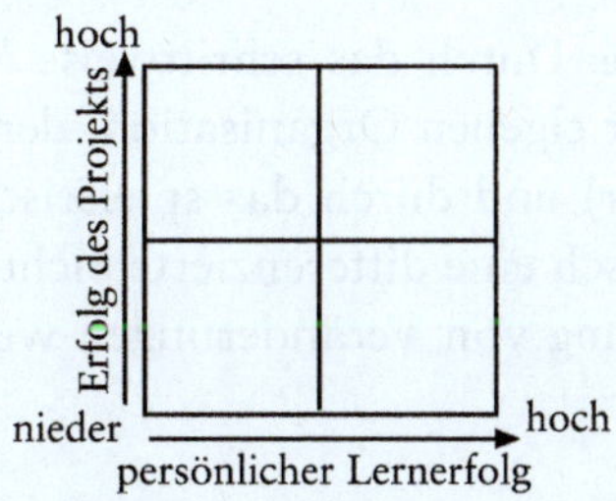

Jeder Teilnehmer stellt sich in jenen Quadranten, der seiner Einschätzung des Sachverhalts am ehesten entspricht.
Der Berater macht stichprobenartige Interviews bezüglich der Positionierung.

J Kulturveränderung, Widerstand (J1–J4)

J1 „Die Schlachtung der heiligen Kühe"

Design:	K. Schweingruber
Weitere Anwendungsfelder:	
Zielsetzung:	Es soll erkannt werden, welche Regeln, Verhaltensmuster und Normen das Lernen in der Organisation be- bzw. verhindern. Mit Hilfe dieser Erkenntnisse sollen Veränderungen in der Organisation – aber auch im persönlichen Verhalten – konzipiert werden.
Zeitrahmen:	ca. 4 Stunden
Teilnehmeranzahl:	8 bis 28 (2 bis 4 Gruppen)
Räumliche Erfordernisse:	Plenum und Gruppenräume
Hilfsmittel:	1 Flip-chart pro Gruppe, Schreibmaterial, Moderationskoffer

Anmerkungen zur Wirkungsweise: Durch das schrittweise Vorgehen vom Allgemeinen zum Speziellen (der eigenen Organisation, der eigenen Situation, der eigenen Verhaltensmuster) und durch das spielerische Herangehen an die Problematik stellt sich rasch eine differenzierte Sicht ein, und die Kreativität bezüglich der Umsetzung von Veränderungen wird aktiviert.

Grundlegende Aussage:
Hier geht es darum, Blockaden zu beseitigen. Auf dem Weg zu einer innovativen lernenden Organisation gibt es unzählige Regeln, Normen und Verhaltensmuster, die Entwicklung behindern bzw. unmöglich machen. Meist wirken diese Kräfte im verborgenen, werden zuwenig beachtet oder sind gar „heilige Kühe". Strebt man eine nachhaltige Entwicklung an, so erfordert das, daß Blockaden als solche erkannt und in der Folge beseitigt werden.

1. Schritt: 10 min.
Die Teilnehmer werden in Gruppen zu 4 bis 7 Personen eingeteilt.

2. Schritt: 60 min.
Jede Gruppe erarbeitet eine analoge Darbietung zum Thema
„Wie kann ich eine Organisation dumm halten?"
Hilfreiche Stichwörter:
Organisationsphilosophie; interne Führungshandbücher; Anforderungsprofile für Manager und Mitarbeiter; Handbuch für den Umgang mit Kunden; Personalreglement, diverse Systemanleitungen zur Arbeitszeitregelung, Entlohnung, Leistungsmessung, Qualitätsmessung.

3. Schritt: 30 min.
Das Erarbeitete (Show, Sketch, Pantomime) wird im Plenum präsentiert.

4. Schritt: 60 min.
Die Präsentationen werden ausgewertet, indem der Bezug zur eigenen Organisation und zu den eigenen Verhaltensweisen hergestellt wird.
Fragestellung:
In welchen Aspekten erkennen Sie Ihre Organisation bzw. eigene Verhaltensweisen wieder?

5. Schritt: 60 min.
Maßnahmenplanung
Fragestellung: Was ist nun zu verändern?
In welcher Form geschieht das am besten?

J2 Abschied und Neuanfang

Design: P. Heintel

Weitere Anwendungsfelder: Identitätsarbeit

Zielsetzung: Kontinuitätsbrüche sollen bewußtgemacht werden, und somit soll die Möglichkeit zur Generierung neuer Bewältigungsformen geschaffen werden.

Zeitrahmen: 1 Tag

Teilnehmeranzahl: 6 bis 30 (eventuell bis 60)

Räumliche Erfordernisse: entsprechend der Teilnehmeranzahl (genügend Gruppenräume)

Hilfsmittel: Flip-charts, Farbstifte, Schreibmaterial, Material für Collagen etc.

Anmerkungen zur Wirkungsweise: Diese Intervention ist besonders hilfreich, wenn in Veränderungsprozessen einschneidende Kulturbrüche erforderlich sind. Sie soll einen „aktiven Abschied“ vom alten Gewohnten ermöglichen und gleichzeitig Mut zu Veränderungen generieren.
Die Intervention dient auch dazu, emotionale Polarisierung zwischen Bewahrern und Veränderern zu vermeiden. Sie ist besonders wirksam gegen passive Resistenz, innere Emigration und Systemabwehr.

Grundlegende Aussage:
Hier geht es um das bewußte Abschiednehmen von Grundmustern, Werten, gewohnten Abläufen, liebgewonnener Routine – und in der Folge um Schaffung einer neuen Kultur und Identität.

1. Schritt:
Input über Veränderungsprozesse (Abschied, Schmerz, Erinnerung, Mitnehmen, Werte, liebgewonnene Gewohnheiten).

2. Schritt:
In Gruppen (bis zu 5 Personen) erarbeiten die Teilnehmer, was ihnen in der bisherigen Unternehmensgeschichte lieb, wert, heilig war, und sie bereiten sich darauf vor, das symbolisch (Bild, Sketch etc.) zu präsentieren.

3. Schritt:
Das Erarbeitete wird präsentiert. Die Betrachter assoziieren zunächst zu den jeweiligen Darstellungen (machen sich Notizen).

4. Schritt:
Es wird diskutiert, wovon man sich verabschieden muß bzw. was man – eventuell in modifizierter Form – mitnehmen kann.

5. Schritt:
In einem feierlichen Abschiedsritual werden die Symbole, von denen man sich zu trennen gedenkt, würdig „bestattet" (Trauerreden, Denkmäler).

6. Schritt:
Nun wird an der „Neugründung" gearbeitet (Vorgangsweise wie in Schritt 2). Das Mitgenommene wird aufgelistet, und man erarbeitet eine symbolische Präsentation dessen, was man an Neuem braucht.

7. Schritt:
Die neuen Symbole werden präsentiert und festgehalten, und man überlegt gemeinsam, wie dieses Resultat der Intervention in den Gesamtprozeß der Veränderung eingebaut werden kann.

J3 „Change-Landkarte"

Design: B. Heitger/H. Jarmai

Weitere Anwendungsfelder: Reflexion

Zielsetzung: Verdeutlichung der jeweiligen Wirkungsweise unterschiedlicher Changemanagementkonzepte im Kontext der spezifischen Situation des Unternehmens; Schaffung klarer Perspektiven bezüglich der Change-Vorhaben und ihrer Verankerung. Die möglichen Konsequenzen für den einzelnen (die Organisation) sollen erfaßbar werden. Die Relationen zueinander (Personen, Organisationseinheiten, Markt) sollen sichtbar werden (unterschiedliche Konzepte bzw. Situationen im Unternehmen).

Zeitrahmen: 1 bis 4 Stunden

Teilnehmeranzahl: Coaching bis Großveranstaltung (1 bis 100 und mehr)

Räumliche Erfordernisse: je nach Teilnehmeranzahl, evtl. flexible Bestuhlung; evtl. Gruppenräume

Hilfsmittel: Flip-chart, Overhead-Projektor etc., schriftliche Unterlagen zu den Changemanagementkonzepten (für die Teilnehmer vervielfältigt)

Anmerkungen zur Wirkungsweise: Die Change-Landkarte macht vielen Personen bzw. Organisationen erstmals klar, daß sie zwischen unterschiedlichen Wegen und Methoden zur Veränderung wählen können.
Die eigentliche Positionierung in der Landkarte verschafft Orientierung und erzeugt gezielte Neugier auf theoretischen Input (Change-Konzepte) und Gestaltungsvarianten geplanter Change-Projekte.
Dieses Design kann in Form und Intensität variiert zur Anwendung kommen (als Event im Rahmen eines Vortrags über Fallarbeit in Managemententwicklungsprogrammen, bis hin zu intensiver Prozeßreflexion und -planung im Zuge von Veränderungsprojekten).

Literaturhinweis: Heinz Jarmai. „Die Rolle externer Berater im Change Management"; in: Reiß u. a.: *Change Management*. Schäffer-Poeschel, Stuttgart 1997.

Grundlegende Aussage:
Hier geht es darum, Klarheit bezüglich unterschiedlicher Veränderungskonzepte zu schaffen, und zwar im Hinblick auf deren Wirkungsweise und deren Ziele, und die sich daraus ergebenden Konsequenzen (für den einzelnen, für das Unternehmen und für die Relation zum Markt) abzuleiten.

1. Schritt:
Input: Das Konzept der „Change-Landkarte" wird erklärt.
Die Wirksamkeit von Changemanagementkonzepten, bezogen auf die Situation im Unternehmen

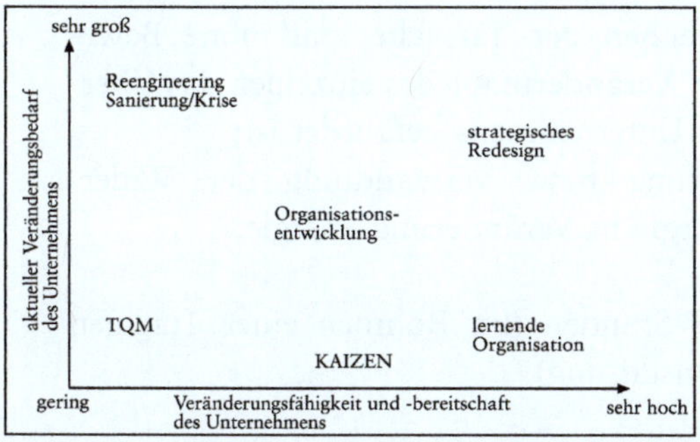

Die Wirksamkeit von Changemanagementkonzepten, bezogen auf die Situation im Unternehmen

Beispiel einer Matrix

2. Schritt:
Im Sinne der Matrix überdenken die Teilnehmer die Situation im Unternehmen (bzw. in ihrer Organisationseinheit etc.) und visualisieren ihre Sichtweise zur Positionierung aktueller Veränderungsvorhaben, indem sie sich entsprechend im Raum positionieren (stehend oder auf Stühlen – je nach Umfang der Intervention).

3. Schritt:
Die Teilnehmer reflektieren ihre spezielle Situation (einzeln oder in Untergruppen) und die Veränderungsprozesse, in die sie involviert sind (Diagnose).

4. Schritt:
Input: Einordnung der Changemanagementkonzepte hinsichtlich ihrer spezifischen Veränderungsprozesse und Wirkungen bzw. der sinnvollen Architektur- und Interventionsplanung.

5. Schritt:
Die Teilnehmer reflektieren die Architekur- und Interventionskonzepte, bezogen auf ihre jeweilige konkrete Situation (Person, Organisation).

6. Schritt:
Die Teilnehmer formulieren die Konsequenzen, die im Rahmen ihres jeweiligen Verantwortungsbereichs zu ziehen wären – individuell, als Organisationseinheit etc. – (Architektur, Design- und Interventionsplanung).

J4 „Auszug aus dem Paradies"

Design: R. Königswieser/A. Kirsche/J. Antz

Weitere Anwendungsfelder: Großgruppenveranstaltungen

Zielsetzung: Aktivierung der Mitarbeiter mit Hilfe von Analogien zum Unternehmen;
Bewußtmachen der Tatsache, daß ohne Bewegung bzw. Veränderung jedes einzelnen das Überleben des Unternehmens gefährdet ist;
Kanalisierung bzw. Verwandlung der Widerstandsenergie in Veränderungsenergie.

Zeitrahmen: 2 bis 2,5 Stunden (im Rahmen einer 1tägigen Großveranstaltung)

Teilnehmeranzahl: 100 bis 500

Räumliche Erfordernisse: großer Raum mit runden Tischen;
evtl. Bühne (oder genug freier Raum)

Hilfsmittel: Inszenierungsrequisiten (Beduinenzelt, Darstellung eines Kamels, Teppiche etc.), Tee in orientalischen Gläsern, Datteln (evtl. orientalische Süßigkeiten), Karten, Stifte, Papprucksäcke, Papiertragetaschen

Anmerkungen zur Wirkungsweise: Inszenierungen dieser Art bewähren sich besonders im Rahmen energetisch brisanter Großveranstaltungen. Die Intervention ist speziell in Unternehmen, die bisher durch eine Monopolstellung verwöhnt waren, hilfreich, um den Schock des deregulierten Markts zu verarbeiten. Kollektiv erlebte Analogien, Symbole und Rituale lassen in den Köpfen andere Bilder entstehen und öffnen Herzen.
Die Inszenierung bedarf exakter Vorbereitung. Im Idealfall sind die Bilder und Geschichten bereits vorher im Unternehmen generiert worden („Ich fühle mich wie bei der Vertreibung aus dem Paradies!" „Unser Markt trocknet aus – wir müssen zu fetteren Weidegründen aufbrechen!").

Grundlegende Aussage:
Hier geht es darum, in einer Analogie – über eine Inszenierung – das Nachdenken über die eigene aktuelle Situation zu erleichtern.

1. Schritt: 5 min.
Einstimmung durch die Moderation: Möglichst anschaulich wird der Auszug aus einem ehemals paradiesischen Land, dem nun die Versteppung droht, geschildert. Die Karawane plant ihren Aufbruch.
Was soll man mitnehmen bzw. dalassen? (Auf der Bühne werden illustrierende Inszenierungsbehelfe sichtbar: Kamel, Zelt, Teppich, Reisetruhe etc.)

2. Schritt: 60 min.
In Untergruppen (an runden Tischen) eingeteilt, überlegen die Teilnehmer, was ins „Reisegepäck" soll: Welche Einstellungen bzw. Verhaltensweisen sind obsolet (z. B. Versorgungserwartungen bzw. -ansprüche)? Welche hingegen sollten beibehalten bzw. weiterentwickelt werden (z. B. Selbstverantwortung)? Die „Gepäckstücke" auf Karten notieren! Zur Intensivierung der Stimmung wird an den Tischen Tee in orientalischen Gläsern serviert, und es werden Datteln (evtl. auch orientalische Backwaren) gereicht.

3. Schritt: 10 min.
In den Untergruppen wird endgültig gepackt (Papprucksäcke, Papiertragetaschen). Was als Ballast empfunden wird, wird weggelegt, was fürs Überleben und Weiterbestehen wichtig und wertvoll erscheint, wird eingepackt.

4. Schritt: 30 min.
Blitzlicht: Einige Untergruppen werden stichprobenartig befragt, was sie mitnehmen bzw. zurücklassen.

5. Schritt: 15 min.
Abschluß: Während auf der Leinwand die jeweiligen Inhalte des Gepäcks zu sehen sind, kommentiert der Moderator (der Berater, die Vorstände, eine eventuell anwesende Steuergruppe) den Aufbruch – die bevorstehenden Strapazen, aber auch die damit verbundenen Herausforderungen. (Z. B.: „Uns erwartet ein Land, in dem zwar nicht wie bisher Milch und Honig fließen, aber es hat fruchtbaren Boden und wird uns ein Leben in Würde und ohne ständige Angst ermöglichen.")

K Konfliktauflösung (K1–K6)

K1 Dissensdialog

Design: H. Jarmai, Stiftung Risikodialog

Weitere Anwendungsfelder:

Zielsetzung: Konstruktiver Umgang mit Interessenkonflikten; wechselseitiges Verstehen aufgrund neuer Kommunikationsmuster; Öffnung für Ideen und Perspektiven

Zeitrahmen: ca. 4 Stunden

Teilnehmeranzahl: max. 40 („Involvierte" – max. 30; „Unbeteiligte" – 6–10)

Räumliche Erfordernisse: großer Raum/Saal; Tische und Stühle (beweglich), offene Nebenräume/Halle

Hilfsmittel: Flip-charts, Pinnwände, Moderationskoffer

Anmerkungen zur Wirkungsweise: Diese Intervention bewährt sich besonders dort, wo zwar für alle Parteien die Notwendigkeit zu handeln klar ersichtlich ist, wo aber eine langjährige Konfliktgeschichte (stereotype wechselseitige Unterstellungen) Veränderungen verhindert.
Versteinerte Kommunikationsmuster werden aufgeweicht, ohne daß dabei die Beseitigung des Konflikts (der Unterschiede) vehement gefordert würde.

Grundlegende Aussage:
Hier geht es darum, wechselseitiges Verständnis für Dissens (unterschiedliche Interessen, Auffassungen, Meinungen, Erwartungen, Befürchtungen etc.) herzustellen. Es wird kein Konsens angestrebt. Die Unterschiede dürfen bestehenbleiben.

Einleitung: 10 min.
Die Teilnehmer setzen sich an beliebige Plätze an den (kleinen) frei verteilten Tischen. Der Ablauf wird kurz erläutert.

1. Schritt: 20 min.
Die Teilnehmer werden aufgefordert, ihre Interessen, Erwartungen, Befürchtungen und Widerstände auszutauschen.

2. Schritt: à 2 min.
Pro Tisch wird ein Kurzstatement abgegeben.

3. Schritt: 5 min.
Daraufhin bilden sich zwei Gruppen: die „Involvierten“ (max. 30) und die „Unbeteiligten“ (max. 10). Die „Involvierten“ bilden Interessengruppen.

4. Schritt: 30 min.
Die Interessengruppen bereiten sich darauf vor, ihre Standpunkte zu vertreten (Delegierter). Während dessen werden die „Unbeteiligten“ bezüglich ihrer Aufgabe instruiert.

5. Schritt: 30 min.
Die Delegierten der Interessengruppen sitzen in einem Innenkreis und diskutieren. Alle anderen hören schweigend zu. (Der Berater hat nur unterstützende Funktion.)

6. Schritt: 10 min.
Die „Unbeteiligten“ äußern ihre Vorschläge bezüglich der Fortführung der Gespräche. Die „Delegierten“ haben die Möglichkeit, ihre Befindlichkeit zum Ausdruck zu bringen.

7. Schritt: 20 min.
Die Delegierten kehren in ihre Interessengruppen zurück. Dort werden die bisherigen Gespräche reflektiert und Optionen für ein zweites Delegiertengespräch überlegt. (Es besteht auch die Möglichkeit eines Delegiertenwechsels.)

8. Schritt: 30 min.
Ein zweites Delegiertengespräch findet statt (wie in Schritt 5).

9. Schritt: 10 min.
Läuft ab wie Schritt 6, wobei die „Unbeteiligten“ auch (schriftlich) festhalten sollen, welche Veränderungen vom 1. zum 2. Delegiertengespräch sichtbar werden.
Es folgt eine längere Pause (Möglichkeiten zu Begegnung, Buffet etc.). 45 min.

10. Schritt: 20 min.
In beliebiger Gruppierung an den Tischen werden Ideen bezüglich der künftigen Kommunikation (Inhalt, Form, Teilnehmer etc.) generiert.

11. Schritt: 15 min.
Die Ideen werden im Plenum präsentiert.

K2 „Reinwaschung der Schuldigen"

Design: R. Königswieser

Weitere Anwendungsfelder: Systemische Haltung
Reflexion

Zielsetzung: Relativierung linearer Schuldzuschreibungen und Sündenbockrollen;
Auflösung von Schwarzweißdenken;
aus Mißerfolgen lernen.

Zeitrahmen: 1,5 bis 2 Stunden

Teilnehmeranzahl: 3 bis 20

Räumliche Erfordernisse: 1 Stuhl pro Person

Hilfsmittel: Schreibwerkzeug,
Kärtchen,
Pinnwand

Anmerkungen zur Wirkungsweise: Diese Intervention führt von einer simplifizierenden Täter-Opfer-Sicht zu einer ganzheitlich-systemischen Sicht. Durch die Projektionen in den Rollenspielen werden die verschiedenen Anteile an einer Situation leichter benennbar.

Grundlegende Aussage:
Hier geht es darum, eine aufgrund von Schuldzuschreibungen emotional aufgeladene Situation zu analysieren, und zwar indem man die Perspektive eines anderen einnimmt.

1. Schritt: 5 min.
Alle Anwesenden positionieren sich entlang eines Kontinuums zwischen den Polen „sehr involviert" und „nicht involviert".

nicht involviert — ein wenig involviert — sehr involviert

2. Schritt: 30 min.
Interviews: Der Reihe nach werden – jeweils in einem Innenkreis sitzend – die stark, gar nicht oder ein wenig Involvierten zu ihrer Sicht oder Situation befragt.

3. Schritt: 10 min.
Aus anderer Sicht: Die 5 wichtigsten Akteure bzw. Subgruppen (etwa Projektgruppe, Vorstände, externe Berater, Führungskräfte, Personalabteilung) werden aufgelistet und mit Rollenspielern besetzt, die stellvertretend die Perspektive des jeweils Darzustellenden einnehmen sollen.

4. Schritt: 20 min.
Die Rollenspieler sitzen in Kleingruppen im Raum und beantworten aus ihrer angenommenen Perspektive heraus Fragen nach dem Muster:
Was war unser Beitrag zum Mißerfolg?
Was ist unser Anteil an der mißliebigen Situation? (Auf Kärtchen notieren!)
Eine mögliche Antwort etwa der Vorstände wäre:
Wir gaben widersprüchliche Signale.

5. Schritt: 20 min.
Austausch der Sichtweisen in direkter Rede. Somit findet zugleich ein indirekter Austausch der möglichen Perspektiven statt. (Evtl. die Kärtchen dann an der Pinnwand befestigen.)

6. Schritt: 30 min.
Die Rollenspieler nehmen wieder ihr tatsächliches Ego an, und es findet eine Großgruppendiskussion statt, in der folgende Fragen beantwortet werden sollten:
Was war überraschend und berührend?
Was können wir alle daraus lernen?
Sollten wir Konsequenzen ziehen? Wenn ja, welche?

K3 Konfliktauflösung (Variante)

Design: B. Heitger/R. Königswieser

Weitere Anwendungsfelder: Deblockierung

Zielsetzung: Deeskalation von Konflikten;
Erkennen systemeigener Konfliktmuster und ihrer Funktionalität;
Deblockieren von Energie;
Entlastung der Konfliktparteien

Zeitrahmen: 1,5 bis 2 Stunden (zusätzlich zum Konfliktauflösungsprozeß → Deissler)

Teilnehmeranzahl: 10 bis 20

Räumliche Erfordernisse: 1 Stuhl pro Person

Hilfsmittel: keine besonderen

Anmerkungen zur Wirkungsweise: Bei stark verhärteten Konflikten hilft das Einbauen von „Alter egos“ für die Konfliktpartner, das heißt, jeder wählt die Person als „zweites Ich“ aus, von der er sich am besten verstanden fühlt und die zu seiner Perspektive vom Berater interviewt wird.
Der Aufbau der Intervention macht die gemeinsame Verantwortung bewußt.

Grundlegende Aussage:
Hier geht es darum, Konflikte aufzuweichen, indem man von „Alter egos“ seine eigenen Perspektiven und Schwierigkeiten quasi vorgeführt bekommt.

1. Schritt: 15 min.
Rolleneinteilung und Aufgabenstellung: Vorweg wählen sich die zentralen Konfliktparteien jeweils ein Alter ego. Diese Alter egos setzen sich schräg hinter die zu interviewenden Konfliktparteien, mit denen sie sich – vorerst schweigend – identifizieren sollen.
Weiters werden den Konfliktparteien Beobachter zugeordnet, die sich in die jeweiligen Positionen hineinversetzen sollen. Als zusätzliche Stakeholdergruppen können darüber hinaus die Perspektiven eingerichtet werden, die wirksame Beiträge zu einer Lösung leisten können.

2. Schritt: 60 min.
Interviews und Reflecting-team-Sequenzen (→ Deissler)

3. Schritt: 15 min.
Die „Alter egos“ drücken ihre Gefühle und Gedanken aus (jeweils 3 min.)

4. Schritt: 30 min.
In Querschnittsgruppen werden von den Beobachtern (Stakeholdern) *erstens Hypothesen gebildet* – zur Konfliktsituation, zu den Konfliktmustern bzw. zum Kontext, in dem der Konflikt stattfindet;
zweitens Ideen generiert, und zwar zu folgenden Fragen:
Was können alle Involvierten (die Konfliktparteien und die Stakeholder) tun, um den Konflikt noch weiter zu verschärfen bzw. um ihn zu entschärfen oder gar aufzulösen?
Während dessen dürfen die Konfliktparteien nicht miteinander sprechen. Die „Alter egos“ gehen mit den Konfliktparteien spazieren.

5. Schritt:
Die Gruppenergebnisse werden präsentiert.
Es dürfen keine Verhaltensmaßregeln an andere erteilt werden. Jeder Stakeholder spricht für sich selbst.

6. Schritt:
Die Konfliktparteien fassen abschließend ihre Eindrücke zusammen, indem sie folgende Frage beantworten: Was hat mich am meisten berührt, überrascht?

K4 Der „Auszeit-Spaziergang"

Design von: P. Heintel

Weitere Anwendungsfelder:

Zielsetzung: Das Aufweichen zementierter Konflikte; die Lockerung von Blockaden zwischen zwei Personen; die Entlastung des vom Konflikt mit betroffenen Umfelds.

Zeitrahmen: 2 bis 4 Stunden

Teilnehmeranzahl: 2 (aus einer Gruppe)

Räumliche Erfordernisse: Eine beruhigende Umgebung ist günstig für den Verlauf.

Hilfsmittel: keine besonderen

Anmerkungen zur Wirkungsweise: Diese Maßnahme ist hilfreich, wenn sich im Rahmen einer übergeordneten Intervention herausstellt, daß der Konflikt zweier Personen den Prozeß blockiert, und diese beiden keinerlei Bereitschaft zu einer Beilegung des Konflikts zeigen.

Grundlegende Aussage:
Hier geht es darum, zwei Personen, die mit ihrem verhärteten Konflikt den übrigen Prozeß blockieren, eine Art Auszeit einzuräumen, indem man mit ihnen einen Spaziergang macht.
(Die anderen Teilnehmer haben während dessen eine Pause oder bekommen einen anderen Auftrag.)

1. Schritt: ca. 2 h
Die beiden Kontrahenten gehen links bzw. rechts neben dem Berater. Während des Gehens beginnt man dann, über den Konflikt zu sprechen.
Durch schnelleres oder langsameres Gehen wird die jeweilige Emotionslage nonverbal zum Audruck gebracht.
Das Gehen hat auch den Vorteil, daß dabei der direkte Augenkontakt – der in einer heftigen Auseinandersetzung immer als aggressiv empfunden wird – vermieden werden kann.

2. Schritt: ca. 30 min.
Kommt es zu einer Lockerung bzw. Lösung des Konflikts, werden die beiden Kontrahenten gebeten, dies den übrigen Teilnehmern mitzuteilen, und zwar gemeinsam.

K5 Konfliktintervention (Stufenmodell)

Design von: K. Schweingruber/W. Mundwiler-Meister

Weitere Anwendungsfelder: Reflexion

Zielsetzung: Erkennen, welche Aspekte den Konflikt bestimmen (sowohl auf der Sach- als auch auf der Beziehungsebene);
Erkennen der eigenen Anteile an der Konfliktsituation;
Aushandeln von Alternativen und Vereinbarungen für die künftige Zusammenarbeit.

Zeitrahmen: ca. 3 Stunden

Teilnehmeranzahl: 2 bis etwa 12

Räumliche Erfordernisse: Sitzungszimmer

Hilfsmittel: Flip-chart,
Schreibwerkzeug

Anmerkungen zur Wirkungsweise: Konflikte haben meist Sach- und Beziehungsanteile. Die Spannungen werden aber zumeist auf der Beziehungsebene manifest, und die Auseinandersetzungen nehmen schnell die Form von „Debatten“ an.

(Literaturhinweis: Friedrich Glasl: *Konfliktmanagement.* Ein Handbuch für Führungskräfte und Berater, Haupt, Bern ^{5}1997.)

Grundlegende Aussage:
Hier geht es darum, verbindliche Vereinbarungen für die künftige Zusammenarbeit aushandeln, indem das Verständnis für die Verhaltensweisen des anderen – aber auch für die eigenen – vertieft bzw. oft auch überhaupt erst hergestellt wird.

1. Schritt: 45 min.
Vorbereitende Faktensammlung: Beide Konfliktparteien beantworten jeweils für sich (knapp, präzise, schriftlich) folgende Fragen:
Sachebene: In welchen Punkten, Aspekten und Situationen unterstützt mich der andere? Wo, wann und in welcher Weise behindert er mich? Welche Folgen hat das für meine Arbeit?
Beziehungs-/Verhaltensebene: Welches Verhalten schätze ich am anderen? Welches stört mich hingegen, und in welcher Hinsicht? Was löst es in mir aus?
Individuelle Ebene (der eigene Anteil): Welche meiner Verhaltensweisen macht mich für den anderen zu einem schwierigen Partner? Wie erlebt mich der andere?

2. Schritt: 30 min.
Austausch: Die schriftlichen Aussagen werden in Anwesenheit eines neutralen Beraters ausgetauscht. Es dürfen (ausschließlich) Verständigungsfragen gestellt werden, da es hier um Verstehen und nicht um Auseinandersetzung bzw. Verteidigung geht.

3. Schritt: 30 min.
Annäherung: Es geht darum, sich irgendwo in der Mitte zu treffen. Die Konfliktparteien überlegen sich jeweils, wie und in welchen Belangen sie dem anderen entgegenkommen können. Dies ist so lange zu wiederholen, bis gemeinsame Standpunkte gefunden sind. Die Resultate sind schriftlich festzuhalten.

4. Schritt: 30 min.
Sicherungssystem: Es geht darum, den Umgang mit Rückschlägen (die nicht auszuschließen sind) festzulegen. Die Absicherung ist zirkulär zu gestalten, das heißt, das Verhalten einer Partei ist jeweils in die Verantwortung der anderen Partei einzubinden.
Diese Abmachungen müssen absolut verbindlich sein, da sonst der Konflikt wieder aufflammt. Das hätte Resignation zur Folge, da sich Konfliktintervention nicht beliebig oft wiederholen läßt.

K6 Kooperationsfördernde Gesprächsmoderation

Design: K. G. Deissler/T. Keller/R. Schug

Weitere Anwendungsfelder: Reflexion
Visionsarbeit

Zielsetzung:

- Ein *gemeinsamer Lernkontext für Klienten und Berater* soll hergestellt werden; dabei werden in einer neuen, gemeinsamen Sprache Bedeutungen neu erzeugt.
- *Gegenwärtige Konflikte und Probleme sollen aufgelöst werden*, dabei kann man zwei Arten der Auflösung/Prozeßarten unterscheiden:
  - *Auflösung von Problemen* als sprachlich konstruierte Kommunikationsdilemmata,
  - *Auflösung von Systemen*, die sich um das „Problem" herum organisieren.
- Zukunftsorientierte gemeinsame Konstruktionen von Handlungs- bzw. Kooperationsoptionen und Visionen sollen entstehen.

Zeitrahmen: 1,5 – 2,5 Stunden (abhängig von TN-Zahl)

Teilnehmeranzahl: 3 – 30, evtl. auch mehr

Räumliche Erfordernisse: Sesselkreise (innen/außen)

Hilfsmittel: übliche Moderationshilfsmittel;
evtl. Videoanlage

Anmerkungen zur Wirkungsweise: Da sich diese Form der Beratungspraxis die Erkenntnisse sprachlicher Kommunikationsabläufe zunutze macht, ist hervorzuheben, daß sie sich selbst nicht als „Intervention" versteht, sondern als das gemeinsam auszuhandelnde Formen sozialer Konstruktionsprozesse. Die zentrale Rolle spielt dabei der zwischen den Beteiligten stattfindende nichthierarchische, partnerschaftliche Gesprächs- und Kooperationsprozeß. Alle am „Problem" Beteiligten sind eingeladen, an dessen Auflösung mitzuarbeiten.

Innerhalb der ausgehandelten Kommunikationsformen können die Gespräche der jeweils anderen mit angehört, kommentiert und reflektiert werden. Dies ermöglicht nachvollziehendes und schöpferisches Verstehen bezüglich der deklarierten Fragestellungen.

Die zentrale Frage, die diese Form sozialer Konstruktionsprozesse organisiert, lautet demgemäß: „Wie können wir gemeinsam Gesprächsprozesse so aushandeln bzw. organisieren, daß wir als beteiligte Gesprächspartner im Sinne der vorliegenden Fragestellung davon profitieren können?“ Die Vorgehensweise bietet eine Vielzahl von Varianten, die zwischen den Beteiligten ausgehandelt werden können. Eine *klassische Variante* ist folgende:

- Ein System setzt sich zusammen aus mehreren Gruppen: Auftraggebern (Gruppe I, z. B. Beratungsfirma), deren Kunden (Gruppe II, z. B. Computerfirma) und dem externen Beraterteam (Gruppe III). Das *Klientensystem* besteht aus den Gruppen I und III. Das Klientensystem beschäftigt ein gemeinsames *Problem*, das sie gegenüber dem Beratersystem deklarieren und gemeinsam mit diesem auflösen möchten (z. B. „an einer bestimmten Stelle unserer Beratungsvereinbarung sind wir steckengeblieben und möchten wieder arbeitsfähig werden“).
  Klientensystem und Beratersystem wiederum bilden gemeinsam das *Problemsystem*. Dies wird zum *Beratungssystem* bzw. *Konsultationssystem*, sobald über das *Problem gesprochen* und gemeinsam versucht wird, es aufzulösen.
  Als *Problem* wird irgendeine mögliche Fragestellung verstanden. Diese kann gegenwarts-, zukunfts-, aber auch vergangenheitsbezogen sein.
- Die drei Gruppen organisieren gemeinsam einen Beratungsprozeß zur Auflösung des Problems. Dabei kann jede Einzelperson (einer jeweiligen Gruppe) in Gegenwart aller anderen mit einem designierten Moderator (Mitglied des externen Beraterteams) sprechen. Jede Einzelperson jeder Teilgruppe hat also die Gelegenheit zum Dialog mit dem Moderator, um die eigenen Sichtweisen usw. zu erläutern.
- Die Abfolge der Gruppen und die Reihenfolge innerhalb der Gruppe sind ebenfalls verhandelbar. Wichtig bleibt, daß die Perspektiven jeder einzelnen Gruppe gehört, bedacht und *reflektiert* werden können.
- Das Beraterteam hat ebenfalls in Gegenwart aller anderen die Möglichkeit zur *Zwischenreflexion*. Die Reflexionen des Beraterteams werden nicht als besser, expertenhafter oder wissender angesehen. Sie ergänzen und kommentieren lediglich die Sichtweisen, die bereits in den vorangegangenen Dialogen entwickelt wurden …
- Jede Gruppe bzw. jede Einzelperson kann anschließend zu den Reflexionen Stellung nehmen.

Der Prozeß kann mit einer Vereinbarung abgeschlossen werden, die sowohl ein weiteres Gespräch wie bestimmte Aufgaben oder auch bestimmte Kooperationen vorsehen kann.

K6

Beispiel eines kooperationsorientierten Beratungsgesprächs (klassische Variante)

a) graphische Darstellung

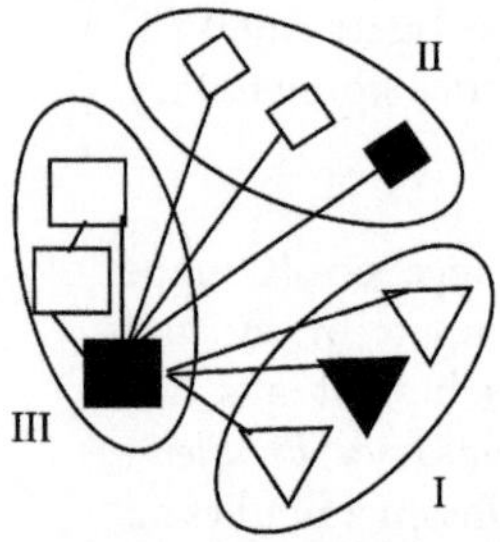

I. ▽ Beratungsfirma Auftraggeber: Kollegen		▼ Beratungsfirma: Auftraggeber, Initiator
II. ◇ Mitarbeiter Computerfirma		◆ Leiter der Computerfirma
III. □ Beraterteam reflektierend		■ Beraterteam: Moderator(en)

b) Beratungsprozeß – aufgeteilt in einzelne Prozeßschritte

1.	Verhandlung des Vorgehens mit den drei beteiligten Gruppen.	5–15 min.
2.	Der Moderator spricht nacheinander mit je einem Mitglied der Beratungsfirma (Auftraggeber); je 10–15 Min.	30– 45 min.
3.	Der Moderator spricht nacheinander mit je einem Mitglied der Computerfirma, je 10–15 min.	30– 45 min.
4.	Das Beraterteam reflektiert Inhalt und/oder Prozeß der vorangegangenen Dialoge.	10–15 min.
5.	Die Mitarbeiter der Computerfirma nehmen Stellung zu der Reflexion des Beraterteams.	5–10 min.
6.	Die Mitarbeiter der Beratungsfirma nehmen Stellung zu der Reflexion des Beraterteams.	5–10 min.
7.	Das Gesamtgespräch kann mit einer Vereinbarung abgeschlossen werden.	5–10 min.

Gesamtdauer eines kooperationsorientierten Beratungsgesprächs (je nach Komplexität) 1,5 h – 2,5 h

L Systemische Haltung (L1–L2)

K6 „Das Gute im Schlechten"

Design von: A. Exner/R. Königswieser

Weitere Anwendungsfelder: Blockaden, Energiezufuhr, Widersprüche

Zielsetzung: Indem man die Kehrseite eines Problems deutlich sichtbar macht, soll neue Bewegung in eine schwierige Situation gebracht werden.
Die Intervention soll einerseits eine gewisse Entdramatisierung, andererseits aber auch neue Energien mit sich bringen.

Zeitrahmen: ca. 1 Stunde

Teilnehmeranzahl: ca. 6 bis ca. 20

Räumliche Erfordernisse: 1 Sessel pro Person

Hilfsmittel: Schreibmaterial

Anmerkungen zur Wirkungsweise: Diese Intervention dient dazu, die positive Funktion eines Problems zu erfassen. Durch die positiven Konnotationen zum „Guten im Schlechten" werden individuelle und kollektive Wahrnehmungsmuster aufgebrochen und irritiert, was üblicherweise neue Optionen hinsichtlich der künftigen Handlungsweisen mit sich bringt.

Grundlegende Aussage:
Hier geht es darum, sich sozusagen beide Seiten einer Medaille anzusehen, um Impulse zu setzen und in einer festgefahrenen Situation wieder neue Energie in den Prozeß zu bringen.

1. Schritt: 10 min.
Input über die Möglichkeit, ein Problem von zwei Seiten zu betrachten.

2. Schritt: 10 min.
Um die Teilnehmer in zwei Gruppen einteilen zu können, läßt man sie ein Kontinuum bezüglich der Beurteilung der Situation stellen (von extrem negativ bis extrem positiv).
Die „negativsten" Teilnehmer bilden dann die Diskussionsrunde, die restlichen Teilnehmer fungieren vorerst als Zuhörer.

3. Schritt: 20–30 min.
Die Teilnehmer der Diskussionsrunde sitzen in einem Innenkreis und leuchten die negativen Aspekte der Situation aus.
Die Zuhörerrunde sitzt im Außenkreis und hat die Aufgabe, aus dem Schlechten, das ihr zu Gehör gebracht wird, das Gute herauszufinden und ihre positiven Konnotationen (3–4 Sätze) zu notieren.

4. Schritt: 10 min.
Die Notizen werden der Reihe nach (langsam) verlesen.

5. Schritt: 10 min.
Die Teilnehmer im Innenkreis beschreiben ihre Reaktionen auf das Gehörte.

L1 Die paradoxe Information

Design: R. Königswieser/U. Cichy

Weitere Anwendungsfelder:

Zielsetzung: Die üblichen Denk-, Wahrnehmungs- und Informationsmuster (hinsichtlich Weitergabe, Aufnahme und Verarbeitung) sollen durchbrochen werden.
Mit Hilfe einer Provokation soll ein resistentes Problem beseitigt werden.

Zeitrahmen: 2,5 Stunden

Teilnehmeranzahl: 5 bis 20

Räumliche Erfordernisse: keine besonderen

Hilfsmittel: Moderationskoffer,
Flip-chart

Anmerkungen zur Wirkungsweise: Diese Intervention ist hilfreich, wenn in komplexen Systemen „rigide Schleifen“ Entwicklungen blockieren.
Wenn sich zum Beispiel Mitarbeiter trotz ausgeklügeltster Informationssysteme über unzureichende Information beklagen, wenn auch nichtschriftliche Informationsmethoden ihre Wirkung verfehlen, und speziell wenn die Information bezüglich der Veränderungsprojekte sich als mühsam erweist, kommt dieses Design zum Tragen.

Grundlegende Aussage:
Hier geht es darum, mit einer Gruppe (z. B. Steuergruppe, Subprojektgruppe) eine paradoxe Intervention in das komplexe Gesamtsystem (Unternehmen) zu erarbeiten. Im konkreten Fall bezieht sich die Intervention auf den Informationsfluß bzw. die diesbezügliche Apperzeption.

1. Schritt: 30 min.
Situationsdefinition und Hypothesenbildung: Die Gruppenmitglieder sammeln Aussagen über Informationsgestaltung und -fluß im Unternehmen. Dann stellen sie Hypothesen auf, z. B. darüber, warum sich beim Versuch, die Informationsbedürfnisse besser zu erfüllen, kein Erfolg einstellt (notieren!).

2. Schritt: 20 min.
Input der Berater zum Thema „Paradoxe Intervention" (Definition, Ziele, Beispiele).

3. Schritt: 40 min.
Die Teilnehmer erarbeiten in Untergruppen Ideen für paradoxe Interventionen bezüglich Information (Flip-chart!).

4. Schritt: 30 min.
Die Untergruppen tauschen ihre Ergebnisse aus.
(Mögliche Vorschläge: Gerüchte streuen; Info-Wettbewerb; vertrauliche Aussendungen; totales Informationsverbot auf 2 Monate.)

5. Schritt: 20 min.
Die Gruppe entscheidet, welche der Vorschläge realisiert werden sollen, bzw. entsendet eine Delegation mit den Vorschlägen zu den „Entscheidern".

6. Schritt:
Die Vorschläge werden umgesetzt.

L2 Die „Problemlösungszwiebel"

Design: U. Königswieser/R. Königswieser

Weitere Anwendungsfelder:

Zielsetzung: In kurzer Zeit sollen Probleme aufbereitet, Sichtweisen erweitert und Lösungen gefunden werden.

Zeitrahmen: 1 bis 1,5 Stunden

Teilnehmeranzahl: 6 bis 18

Räumliche Erfordernisse: Sesselkreis in der Mitte des Raums, darum herum zwei konzentrische Halbkreise

Hilfsmittel: Schreibwerkzeug

Anmerkungen zur Wirkungsweise: Diesem Design liegt das Schleifenmodell zugrunde. Es hat sich besonders bei Zeitknappheit und in festgefahrenen Situationen bewährt. Der Vorteil liegt darin, daß verschiedene gedankliche Schwerpunkte parallel behandelt werden, wobei sich einzelne Gruppen jeweils auf einen bestimmten Schritt im Problemlösungsprozeß konzentrieren können. (Eine Vermischung dieser Schritte würde die Lösungsqualität vermindern.) Meist wird dadurch die Akzeptanz gegenüber einer Entscheidung erhöht.

M1

Grundlegende Aussage:
Hier wird die Schleife *Ist-Situation – Hypothesenbildung – Problemlösung* arbeitsteilig, aber dennoch gleichzeitig behandelt.

1. Schritt: 10 min.
Einteilung in drei Gruppen; jeweils 2 bis max. 6 Personen bilden die Problembeschreibungs- (1), die Hypothesenbildungs- (2) und die Problemlösungsgruppe (3).

2. Schritt: 20 min.
Gruppe 1 sitzt im Innenkreis, darum herum die anderen beiden Gruppen. Sinnvollerweise besteht die Gruppe 1 aus jenen Personen, die mit dem Problem und dem daraus erwachsenden Druck besonders konfrontiert sind. Sie sollen das Problem in all seinen Dimensionen – auch den emotionalen – beschreiben. Der Berater kann zur Vertiefung des Verständnisses förderliche Fragen stellen.
Gruppe 2 hört zu und formuliert bereits während dessen ihre Hypothesen, d. h. mögliche Gründe dafür, warum das Problem besteht bzw. aufrechterhalten wird. Dabei sollte man nicht vergessen, daß Hypothesen nur Annahmen und Konstruktionen bezüglich gewisser Sachverhalte sind.
Gruppe 3 hört ebenfalls zu und notiert bereits Lösungsansätze.

3. Schritt: 20 min.
Gruppe 2 sitzt im Innenkreis und tauscht ihre Hypothesen aus.
Der Berater stellt seinerseits Hypothesen auf.

4. Schritt: 20 min.
Gruppe 3 sitzt im Innenkreis und tauscht ihre Lösungsansätze aus, die auf den Äußerungen der anderen beiden Gruppen aufbauen. Auch hier kann der Berater prozeßorientierte Lösungsideen beitragen.

5. Schritt: 20 min.
Alle gemeinsam beurteilen nun die Lösungsvorschläge von Gruppe 3 und können diese noch ergänzen. Dann bestimmen die zur Entscheidung Autorisierten, was gemacht wird.

M1 Die „Problemlösungszwiebel“ (Umfeldvariante)

Design: R. Königswieser/U. Königswieser/U. Cichy

Weitere Anwendungsfelder: Relevante Umwelten, Umfeldanalyse

Zielsetzung: In kurzer Zeit soll – auch in relativ großen Gruppen – der Blick ins Umfeld erweitert werden. Diesbezügliche Probleme sollen aufbereitet und Lösungsansätze gefunden werden.

Zeitrahmen: 1,5 bis 2 Stunden

Teilnehmeranzahl: 6 bis 18

Räumliche Erfordernisse: Sesselkreis in der Mitte des Raums, darum herum zwei konzentrische Halbkreise

Hilfsmittel: Schreibwerkzeug
Pinnwand
Flip-chart

Anmerkungen zur Wirkungsweise: Diese Intervention bewährt sich besonders, wenn im Beratungsprojekt zu wenig Bewußtheit bezüglich des Umfelds herrscht und wenn die Schlüsselpersonen bisher zu wenig in die Prozesse miteinbezogen wurden.

Siehe auch bei „Problemlösungszwiebel"!

1. Schritt: 10 min.

Einteilung in 3 Gruppen.

2. Schritt: 20 min.

Gruppe 1 arbeitet im inneren Kreis daran, die für den Erfolg des Projekts relevanten Umfelder auf einer Pinnwand graphisch festzuhalten und deren Relationen zum Projekt (bzw. Erwartungen an das Projekt) hypothetisch zu beschreiben. (→ Umfeldanalyse)
Gruppe 2 hört zu und notiert gleichzeitig Ideen zu den Fragen:
Worauf müssen wir besonders achten?
Wen sollten wir speziell miteinbeziehen?
Gruppe 3 hört zu und notiert gleichzeitig mögliche operative Konsequenzen: Wenn das Projekt Erfolg haben soll, müssen wir kurzfristig (mittel-, langfristig) dies und jenes machen. Neben der zeitlichen Dimension sind in erster Linie inhaltliche Aspekte – auch auf der sozialen Ebene – gefragt.

3. Schritt: 20 min.

Gruppe 2 arbeitet im inneren Kreis an der Ergänzung der Graphik. Besonders berücksichtigt werden die Hypothesen zur Qualität der Beziehungen: Was fördert? Was bremst? Was ist stärker zu berücksichtigen bzw. miteinzubeziehen?

4. Schritt: 20 min.

Gruppe 3 arbeitet im inneren Kreis an der Visualisierung (Flip-chart) ihrer Hypothesen bezüglich möglicher Konsequenzen.

5. Schritt: 30 min.

Kontextabhängig entscheiden alle gemeinsam oder die autorisierten Personen über zu treffende Maßnahmen.

M2 „Geht nicht, gibt's nicht!"

Design: R. Königswieser

Weitere Anwendungsfelder: Umsetzungshilfe

Zielsetzung: Planung realisierbarer Umsetzungen; Reduktion von Ohmachtsgefühlen; die Kraft der Gruppe spürbar machen

Zeitrahmen: 1 Stunde

Teilnehmeranzahl: 10 bis 30

Räumliche Erfordernisse: freier Raum (ohne Tische)

Hilfsmittel: Kärtchen, Filzstifte

Anmerkungen zur Wirkungsweise: Besonders hilfreich als Abschlußintervention, wenn depressive Projektgruppen das Gefühl haben, wenig bewirken zu können, bzw. ihre Möglichkeiten, etwas zu tun, nicht erkennen können.

M3

Die zentrale Aussage lautet:
Jeder kann im eigenen Einflußbereich etwas tun, und wir können auch als Gruppe etwas umsetzen.
Wir können etwas für das ganze Unternehmen Relevantes initiieren.
Wer möchte auf welcher Ebene nachdenken?

1. Schritt: 5 min.
Der Raum wird in drei jeweils einer Untereinheit zugeordnete Felder unterteilt.
Jeder nimmt sich einen Sessel und setzt sich in das Feld, dem er selbst sich zuordnet.

Skizze

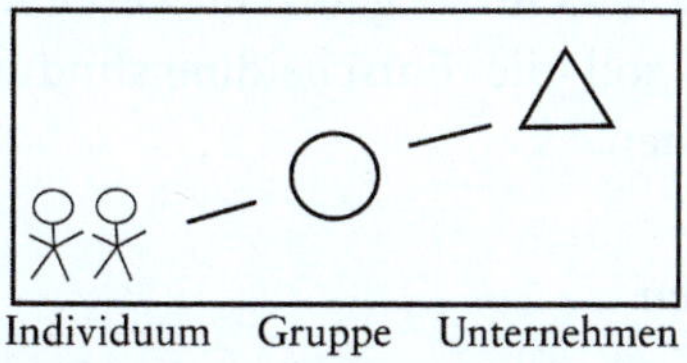

2. Schritt (Einzelarbeit, schriftlich): 15 min.
Jeder schreibt (standortbezogen) auf Kärtchen:
a) Was will ich als Individuum tun?
(Z. B. Probleme sofort ansprechen.)
b) Was wollen wir als Gruppe tun?
(Z. B. Follow-up organisieren; Veranstaltungen planen.)
c) Was soll das Unternehmen tun?
(Welche Aktivitäten wollen wir anregen bzw. unterstützen?)

3. Schritt:
Austausch der Ideen im Plenum 20 min.

4. Schritt: 15 min.
Die Gruppe entscheidet, was sie machen will und wer an wen die unternehmensbezogenen Umsetzungsvorschläge weiterleiten wird.

M3 Entscheidungsbeschleuniger

Design: R. Königswieser/A. Exner

Weitere Anwendungsfelder: Unterschiede, Positionierungen, Differenzierungen

Zielsetzung: Die Haltung der einzelnen bezüglich einer bestimmten Frage soll sichtbar gemacht werden. Auf diese Weise soll die Entscheidungsfindung beschleunigt werden.

Zeitrahmen: 10 bis 30 Minuten

Teilnehmeranzahl: 3 bis 30

Räumliche Erfordernisse: 1 Sessel pro Person

Hilfsmittel: keine besonderen

Anmerkungen zur Wirkungsweise: Diese Intervention ist besonders hilfreich, wenn in einem Entscheidungsprozeß – trotz ausführlicher qualitativer Diskussion – einige Teilnehmer eine endgültige Lösung hinauszögern, obwohl die Entscheidung inhaltlich eigentlich schon gereift ist.

Grundlegende Aussage:
Hier geht es darum, die jeweilige Position der Teilnehmer rasch transparent zu machen und so eher zu einer Entscheidung zu gelangen.

1. Schritt:
Die Teilnehmer sitzen in einem Kreis und diskutieren die zu entscheidende Angelegenheit. Die ausschlaggebende Frage sollte so formuliert werden, daß sie – bei Zustimmung – mit einem klaren „Ja" beantwortet werden kann. (Beispiel: Wollen wir innerhalb der nächsten zwei Jahre den südamerikanischen Markt erschließen?) Jene Teilnehmer, die eindeutig ja sagen können, rücken mit ihrem Sessel einen Meter zurück. Auf diese Weise wird deutlich sichtbar, wer noch Bedürfnis nach Diskussion hat bzw. „Nein" sagt.

2. Schritt:
Den im inneren Kreis verbliebenen Teilnehmern wird die Möglichkeit zu weiterem Informationsaustausch und zur Diskussion eingeräumt. Wer danach bereit ist, seine Zustimmung zu geben, rückt mit seinem Sessel ebenfalls zurück.

3. Schritt:
Entweder ist die Entscheidung damit bereits eindeutig gefällt, oder aber sie wird an das verantwortliche Entscheidungssystem zurückgegeben, und dieses legt dann aufgrund der aus der Intervention gewonnenen Informationen die weitere Vorgangsweise fest.

M4 Emotionale Bewältigung von Veränderung

Design: R. Königswieser/F. Boos

Weitere Anwendungsfelder: Großgrupppenveranstaltung

Zielsetzung: Hilfestellung zur emotionalen und rationalen Verarbeitung einschneidender Ereignisse in Organisationen;
Unterstützung der konstruktiven Schockverarbeitung

Zeitrahmen: 1 bis 2 Tage

Teilnehmeranzahl: 10 bis 30

Räumliche Erfordernisse: Jeder Teilnehmer sollte mit seinem Sessel ohne Schwierigkeiten den Standort wechseln können.

Hilfsmittel: Flip-chart

Anmerkungen zur Wirkungsweise: Erst wenn die schmerzlichen Seiten der errungenen Veränderungen aufgegriffen und bearbeitet werden, können Energien für konstruktive Veränderungen frei werden.
Teilnehmer: Vorstände und Topmanager eines Konzerns.

Literatur: Roswita Königswieser: „Die Auswirkung schockierender Nachrichten: psychische Bewältigungsmechanismen und Methoden der Überbringung“. In: DBW 5/1985, S. 51–61.

Grundlegende Aussage: Durch Hinschauen, statt Verdrängen, werden hier die schmerzlichen Seiten einschneidender Veränderungen bearbeitet.

1. TAG

1. Schritt: 120 min.
Präsentation der im Vorfeld durch Interviews erhobenen Ist-Situation.

2. Schritt:
Verarbeitung in Kleingruppen; Ziel ist eine gemeinsame Situationsbeschreibung.

3. Schritt: 30 min.
Input des Vorstands; Thema sind die Rahmenbedingungen eines zukünftigen, einschränkenden Organisationskonzepts.

4. Schritt: 60 min.
Plenares Hearing des Vorstands; der Vorstand wird in Anwesenheit aller in Kleingruppen befragt.

5. Schritt: 60 min.
Gruppenarbeit; Fragestellung: Was wird gleichbleiben? Was wird sich ändern? Was daran ist jeweils positiv oder negativ?

6. Schritt: 60 min.
Präsentation und Diskussion im Plenum.

7. Schritt: 10 min.
Reflecting team der Berater, latente Ängste, Aggressionen und Trauer werden direkt verbalisiert.

2. TAG

1. Schritt: Blitzlicht 40 min.

2. Schritt: Input: die Übermittlung schockierender Nachrichten. 30 min.

3. Schritt:
a) Einzelarbeit: Was bedeutet die Veränderung für mich persönlich? 15 min.
b) Dreiergruppen: Austausch 60 min.

4. Schritt: 30 min.
Plenum: Ein Kontinuum verdeutlicht die Einschätzung der Gestaltungsmöglichkeiten (von 0 bis 100 Prozent).

5. Schritt: 60 min.
Bildung von 4 Gruppen (nach ähnlicher Positionierung auf dem Kontinuum); Aufgabenstellung: Formulierung von Veränderungswünschen bezüglich des Konzepts; Entwicklung von Gestaltungsmöglichkeiten innerhalb der neuen, veränderten Organisation.

6. Schritt: Plenum: Austausch → Entscheidung. 60 min.

7. Schritt: 30 min.
Mit den jeweiligen Verantwortlichen werden Aktivitätenpläne und Termine erstellt.

8. Schritt: 30 min.
Abschlußrunde

M5 Prozeßorientierte Umstrukturierung (Workshops)

Design: K. Schweingruber

Weitere Anwendungsfelder: Großgruppenveranstaltungen

Zielsetzung: Gemeinsames Erkennen von Kern-Arbeitsabläufen bzw. -Prozessen;
Bewußtmachen der verschiedenen Bedürfnisse und Sichtweisen unter Miteinbeziehung von Kunden und Lieferanten;
Erarbeiten von innovativen Konzepten, gemeinsam mit den verantwortlichen Prozeßträgern;
bewußtes Aufgreifen von Sach- und Beziehungsthemen.

Zeitrahmen: 2 Tage (4 halbe Tage)

Teilnehmeranzahl: 10 bis 40

Räumliche Erfordernisse: je nach Teilnehmeranzahl

Hilfsmittel: Flip-charts,
Packpapier,
Kärtchen,
Moderationskoffer

Anmerkungen zur Wirkungsweise: Diese Intervention ermöglicht es, den Prozeßgedanken schon während der Ausarbeitung erlebbar zu machen.

Grundlegende Aussage:
Hier geht es darum, daß die in einen Prozeß Involvierten (und Vertreter der relevanten Umwelten) gemeinsam Bedürfnisse definieren und Konzepte zu deren Befriedigung entwickeln.

Workshop 1: 4 h
Vorbereitungen mit einer Projektuntergruppe (Kernteam):
- Das zu untersuchende Arbeitsgebiet (der Ablauf) wird visualisiert.
- Phasen, Vernetzungen, Rahmenbedingungen sollen erkannt und definiert werden.
- Die für den Workshop 2 wichtigen Fragen werden präzisiert.
- Die Teilnehmer werden aufs Zuhörenkönnen vorbereitet.
- Es wird definiert, wer als für den Prozeß wichtige Schlüsselperson zum Workshop 2 einzuladen ist (inkl. Kunden und Lieferanten), und die Einladung erfolgt.

Workshop 2: 4 h
Diagnose mit der Projektuntergruppe und den Schlüsselpersonen:
Entwicklungsthemen und Ansätze für Verbesserungen werden erarbeitet (Technik, Abläufe, Know-how, Verhalten, Organisation, Kommunikation etc.)
Mögliche Fragestellung:

> Was läuft gut – und weshalb? Wo liegen die Stärken?
> Was gilt es zu bewahren? Was macht Mühe?
> Wo liegen die Schwächen? Was sind deren Ursachen und Wirkungen?

Workshop 3: 4 h
Auswertung des Erarbeiteten mit der Projektuntergruppe:
- Das Gehörte und die daraus resultierenden Anregungen werden zusammengefaßt.
- Die Entwicklungsziele und -prioritäten werden definiert.
- Lösungsmöglichkeiten werden konkretisiert.
- Die Veranstaltung wird (hinsichtlich der zu erreichenden Ziele) bewertet.

Workshop 4: 4 h
Entscheidungen zur Umsetzung durch die Geschäftsleitung, die Schlüsselpersonen und die Projektuntergruppe:
- Es werden Anträge gestellt, und darüber werden Entscheidungen getroffen.
- Die Prioritäten der Umsetzung werden (unter Berücksichtigung der Ressourcen und der Rahmenbedingungen) erarbeitet.
- Man plant, die Kunden (in einem sinnvollen Zeitabstand) über umgesetzte Verbesserungen zu informieren.
- Eine erneute Evaluation (nach Bedarf) wird ins Auge gefaßt.

M6 „Das kann doch nicht wahr sein ..."

Design: R. Königswieser/U. Scheutz

Weitere Anwendungsfelder:

Zielsetzung: Bewußtmachen der mangelhaften Ausrichtung auf den Kunden;
Entwickeln von Gegenmaßnahmen;
Förderung von kundenorientiertem Denken.

Zeitrahmen: 1,5 bis 2 Stunden

Teilnehmeranzahl: 3 bis 20

Räumliche Erfordernisse: keine besonderen

Hilfsmittel: Moderationskoffer,
Flip-chart

Anmerkungen zur Wirkungsweise: Diese Intervention ist besonders in bürokratischen Organisationen, die sich bislang nur unzureichend an der Zufriedenheit ihrer Kunden orientieren, hilfreich. Es ist einfacher, erst einmal Geschichten über Erlebtes oder Gehörtes zu erzählen, ehe man sich in theoretische Diskussionen über zu treffende Maßnahmen einläßt.
Über die negativen Schilderungen wird emotional erfaßbar, worum es geht; Phantasie und Kreativität bezüglich der Realisierung von Veränderungen werden mobilisiert.

Grundlegende Aussage:
Hier geht es darum, durch das Auflisten negativer Erlebnisse und Eindrücke bezüglich des Umgangs mit Kunden im Gegenzug Maßnahmen zu entwickeln, die eine zufriedenstellende Ausrichtung auf den Kunden ermöglichen.

1. Schritt (Einzelarbeit): 5 min.
Jeder Teilnehmer notiert Beispiele für mangelnde Kundenorientierung.
(Es gelten auch Geschichten, die man gehört hat.)
Beispiel: Kunde: „Meine Dusche ist kaputt, wir haben nur eiskaltes Wasser!
Ich ersuche Sie, das jetzt fertig zu reparieren!"
Monteur: „Tut mir leid, es ist 16.00 Uhr, ich habe Feierabend.
Ich komme morgen wieder, wenn ich eingeteilt werde."

2. Schritt: 30 min.
Reihum erzählen die Teilnehmer ihre „haarsträubenden" Geschichten (3 Beispiele pro Person).

3. Schritt: 20 min.
Die Teilnehmer (bei größerer Anzahl unterteilt in Kleingruppen) überlegen gemeinsam, welche Aktivitäten gesetzt werden sollten, um ein Umdenken in Gang zu bringen, das mehr am Kunden orientiert ist.

4. Schritt: 20 min.
Das Erarbeitete wird im Plenum präsentiert.

5. Schritt: 35 min.
Die zu treffenden Maßnahmen werden nach Prioritäten gereiht.
Dann wird über das konkrete Vorgehen entschieden. (Maßnahmenplanung: Wer macht was wann?)

N Abschluß (N1–N3)

N1 Die anwesenden Abwesenden kommen zu Wort (Variante)

Design: BGN-Tradition
(aus diversen Quellen weiterentwickelt)

Weitere Anwendungsfelder: Relevante Umwelten, Umfeldanalyse

Zielsetzung: Meinungen und Stimmungen von relevanten Umwelten, die nicht anwesend sind, sollen (fiktiv) miteinbezogen werden;
unterschiedliche Meinungen zu komplexen Themen (im Rahmen von Besprechungen, Workshops etc.) sollen auf diese Weise bewußt und erlebbar gemacht werden, woraus sich auch eine Erweiterung der Perspektive ergibt.

Zeitrahmen: hängt von der Komplexität des Themas und der Teilnehmeranzahl ab.

Teilnehmeranzahl: ab 10 bis Großveranstaltung

Räumliche Erfordernisse: ausreichend groß, um die Personen (Gruppen) ablaufgerecht placieren zu können.

Hilfsmittel: Flip-chart

Anmerkungen zur Wirkungsweise: Diese Intervention ist besonders in komplexen Situationen hilfreich, wenn die Perspektiven Abwesender das Ergebnis eines Prozesses entscheidend beeinflussen könnten, wenn also die Gefahr besteht, daß der Blick eingeengt oder nur noch nach innen gerichtet wird, man sozusagen im eigenen Saft schmort.

Grundlegende Aussage:
Hier geht es darum, einflußreiche, wichtige Personen, die nicht anwesend sind, deren Ansichten aber für den Prozeß von Bedeutung wären, symbolisch hereinzuholen.

1. Schritt:
Brainstorming: Die Teilnehmer listen die für die spezielle Problematik relevanten Umwelten auf (Flip-chart).

2. Schritt:
Die Teilnehmer setzen Prioritäten, welche der abwesenden relevanten Umwelten die (etwa fünf) wichtigsten sind.

3. Schritt:
Es werden Teilnehmer (Personen oder Kleingruppen) ausgewählt, die die Rollen der Abwesenden übernehmen sollen. Sie werden für diese Aufgabe eingestimmt (Wer würde was wie machen, beurteilen etc.?). Dann werden sie so im Raum placiert (Kleingruppen sichtbar zusammengehörig), daß sie den weiteren Verlauf der Diskussion beobachten können (am besten in einem äußeren Kreis).

4. Schritt:
Die übrigen Teilnehmer führen den Prozeß (Präsentationen, Diskussionen etc.) in einem inneren Kreis fort.

5. Schritt:
In sinnvollen Abständen haben die Vertreter der relevanten Umwelten jeweils die Möglichkeit, ihre Meinungen, Wünsche, Beobachtungen und Gefühle zu äußern.

6. Schritt:
Die Teilnehmer im inneren Kreis arbeiten das auf diese Weise Erfahrene in den Prozeß mit ein.

N2 „Carpe diem!"

Design: R. Königswieser

Weitere Anwendungsfelder: Identitätsarbeit

Zielsetzung: Die für die Lebensqualität wirklich wichtigen Faktoren sollen ins Bewußtsein gerufen werden, und infolgedessen sollte sich im Team ein Gefühl der Ruhe, der Zuversicht und der Nähe zueinander entwickeln.

Zeitrahmen: 30 bis 45 Minuten

Teilnehmeranzahl: 3 bis 10

Räumliche Erfordernisse: Sesselkreis

Hilfsmittel: Schreibmaterial

Anmerkungen zur Wirkungsweise: Veränderungsprozesse gehen immer mit Streß, Zeitknappheit, Überforderungs- und Verlustgefühlen einher – dann ist diese Intervention sehr hilfreich.
Sie kann große Ruhe, Zuversicht und Energie in ein Team bringen. Das Bewußtmachen und Austauschen individueller Glücksmomente erzeugt emotionale Dichte und große Nähe im Team.

Grundlegende Aussage:
Hier geht es darum, sich schlaglichtartig kleine Begebenheiten, die die Lebensqualität und das Lebensgefühl erhöhen, vor Augen zu führen. Somit soll auf sehr einfache, aber eindringliche Weise klargemacht werden, daß Lebensqualität nicht so sehr eine Frage der Zeit, sondern vielmehr der Haltung und des Bewußtseins ist.

1. Schritt: 10 min.
Als Einstimmung liest der Berater (langsam und ruhig) einige prägnante Sätze vor, die jeweils eine beglückende Szene umreißen.
Z. B.: „Amseln beim Nestbauen zusehen ..."
„Ein Kind in den Schlaf wiegen ..."
„Am Wasser liegen und die Sonne auf der Haut spüren ..."
„Hungrig die ersten Bissen eines guten Brotes kauen ..."
„Nach beschwerlichem Aufstieg die Aussicht von einem Gipfel genießen ..."
„Rosa Apfelblüten – im Hintergrund blauer Frühlingshimmel ..."

2. Schritt (Einzelarbeit): 5 min.
Jeder Teilnehmer notiert einige vergleichbare Eindrücke bzw. Erlebnisse, die nicht allzu weit zurückliegen sollten.

3. Schritt: 15 min.
Der Reihe nach präsentieren die Teilnehmer ihre Glücksmomente (à ca. 1 min.).

4. Schritt: 3 min.
Schweigend (ohne Kommentare) läßt die Gruppe die präsentierten Szenen auf sich wirken.

N3 „Evaluationssonne"

Design: A. Doujak/T. Kehrer

Weitere Anwendungsfelder: Relevante Umwelten, Umfeldanalyse

Zielsetzung: Rasches Aufzeigen unterschiedlicher Bewertungskriterien hinsichtlich des Erfolgs einer Veranstaltung (eines Projekts);
Sichtbarmachen eines Gesamtbilds.

Zeitrahmen: 1 bis 2 Stunden

Teilnehmeranzahl: 6 bis 20

Räumliche Erfordernisse: am besten runder bzw. quadratischer Raum

Hilfsmittel: Klebeband,
Moderationskarten,
Stifte

Anmerkungen zur Wirkungsweise: Dieses Design eignet sich sowohl zur Reflexion als auch zur Metareflexion des Geschehens. (Welche Evaulierungsschemata verwenden wir? Welche Kriterien legen wir an? Worin liegen Gemeinsamkeiten bzw. Unterschiede in der Bewertung?)
Das Design macht einen Gesamteindruck sichtbar, körperlich spürbar und räumlich erlebbar.

N3

Grundlegende Aussage:
Hier geht es darum, in relativ kurzer Zeit unterschiedliche (individuelle) Bewertungskriterien sichtbar (spürbar, erlebbar) zu machen.

1. Schritt: 10 min.
In der Raummitte wird mit Klebeband ein Kreis auf den Boden geklebt. Davon ausgehend, kleben Sie radial halb so viele Streifen („Sonnenstrahlen"), wie Teilnehmer anwesend sind. Links und rechts vom Ende jedes Strahls wird jeweils ein Stuhl aufgestellt.

2. Schritt: 5 min.
Die Teilnehmer bilden Paare (Kriterium dafür ist die Annahme, sich in jeweils ähnlichen Ausgangspositionen zu befinden) und nehmen jeweils auf den Stühlen am Ende eines Strahls Platz.

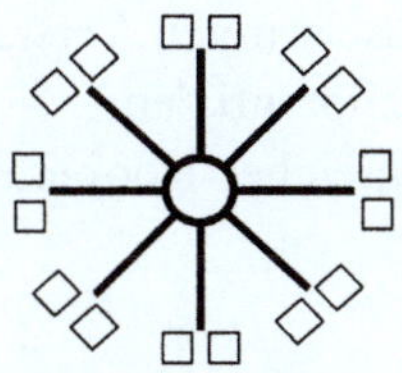

3. Schritt: 10 min.
Jedes Paar erarbeitet ein relevantes Kriterium zur Beurteilung/ Evaluierung der Veranstaltung und schreibt es auf eine Karte.

4. Schritt: 10 min.
Dann wird die Veranstaltung hinsichtlich der Erfüllung dieses Kriteriums auf einer Skala von 0–100 Prozent bewertet. Die Bewertung wird begründet und diskutiert.

5. Schritt: 20 min.
Der Reihe nach präsentiert und erläutert jedes Paar sein Kriterium (legt die Karte vor sich auf den Boden). Danach bezieht es – der Bewertung entsprechend (Innenkreis = 100 %, Ende der Strahlen = 0 %) – eine Position entlang des Strahls und begründet das mit qualitativen Argumenten.

6. Schritt: 10 min.
Zum Abschluß wird der Gesamteindruck in „Blitzlichtern" abgefragt.
(Reflexion: Wie erfolgreich war die Veranstaltung insgesamt?
Metareflexion: Welche Evaluationskriterien wurden verwendet?
Wo gibt es Gemeinsamkeiten bzw. Unterschiede?)

O Umsetzungshilfe (O1–O4)

O1 Markt der Erwartungen

Traditionelle Methode des Rollenaushandelns – weiterentwickelt von

Design: A. Exner/R. Königswieser

Weitere Anwendungsfelder: Problemlösung, Entscheidungshilfe
Großgruppenveranstaltungen

Zielsetzung: Klärung der wechselseitigen Erwartungen von Subsystemen (Bereichen) bzw. Schlüsselpersonen aneinander;
Vertiefung des wechselseitigen Verständnisses;
Abbau von Konfliktpotentialen;
Ermöglichung erfolgreicher Kooperation.

Zeitrahmen: 4 bis 6
(je nach Teilnehmeranzahl)

Teilnehmeranzahl: 3 bis 60

Räumliche Erfordernisse: 1 Tisch pro Gruppe,
1 Sessel pro Person

Hilfsmittel: je 1 Pinnwand pro Gruppe,
Kärtchen,
Filzstifte

Anmerkungen zur Wirkungsweise: Diese Intervention ist besonders bei veränderter (bzw. überhaupt erst einzurichtender) Zusammenarbeit von Gruppen (Bereichen) hilfreich, weil auf diese Weise Enttäuschungen von vornherein vermieden werden können.
Häufig wird dadurch das Denken in Prozeßketten bzw. die Arbeit in bereichsübergreifenden Teams gefördert, weil automatisch eine Gesamtsicht der Kooperation geschaffen wird.
Durch das öffentliche Aushandeln der Erwartungen wird die Verbindlichkeit der Abmachungen sprunghaft erhöht. Es ist daher besonders empfehlenswert, ein Protokoll zu führen.

Grundlegende Aussage:
Hier geht es darum, die wechselseitigen Erwartungen zu klären und somit das Verständnis füreinander zu vertiefen. Das wiederum soll die Basis für eine konfliktärmere, erfolgreiche Kooperation bilden.

1. Schritt: 5 min.
Einrichtung der Sitzordnung: Die Mitglieder der jeweiligen Gruppen (Bereiche, Teams) sitzen an Tischen beisammen – hinter ihnen jeweils eine Pinnwand.

2. Schritt: ca. 1 h
Jede Gruppe schreibt ihre jeweiligen Erwartungen an die anderen Gruppen (nicht Personen!) auf je ein Kärtchen, das an die Pinnwand gesteckt wird.
Mögliche Fragestellung:
Was sollen die anderen weiterhin so machen wie bisher? (Positives Feedback)
Was sollen die anderen anders machen als bisher? (Kritik)
Was sollen die anderen zusätzlich zum Bisherigen machen? (Wünsche)
Was bieten wir im Gegenzug an? (Angebote)

3. Schritt: 3 h
Jede Gruppe bekommt nun die Gelegenheit, jeweils allen anderen Gruppen (Bereichen, etwa Finanzen, Geschäftsführung, Vertrieb etc.) der Reihe nach zu erklären, wie die Kärtchen zu verstehen sind. Die wechselseitigen Erwartungen werden jeweils diskutiert, ausgehandelt und schließlich schriftlich festgehalten. (Protokoll)

4. Schritt: 30 min.
Gemeinsamer Abschluß (variable eigene Intervention).

Variante:
Bevor das Aushandeln beginnt, werden die Gruppen aufgefordert – quasi als Einstimmung –, in Anwesenheit aller der Reihe nach über die anderen zu „tratschen“ (ca. 5 Minuten pro Gruppe).
Es ist nur „positives Tratschen“ erlaubt!
(Design: Königswieser/Ahlemeyer, entwickelt aus der familientherapeutischen Tradition)

O2 Multiplikatorensuche

Design: R. Königswieser/U. Cichy/A. Doujak

Weitere Anwendungsfelder: Relevante Umwelten, Umfeldanalyse

Zielsetzung: Das Aufspüren der Schlüsselpersonen (Multiplikatoren), die mehr oder weniger in den Veränderungsprozeß involviert sind;
Analyse und Diagnose bezüglich der Energieflüsse innerhalb des Veränderungsprozesses;
Strategiefindung hinsichtlich der Intensivierung der Breitenwirkung des Prozesses;
das Erreichen einer „kritischen Masse".

Zeitrahmen: 1,5 bis 2 Stunden

Teilnehmeranzahl: 10 bis 60

Räumliche Erfordernisse: keine besonderen

Hilfsmittel: Flip-chart,
Stifte,
Schreibwerkzeug

Anmerkungen zur Wirkungsweise: Diese Intervention ist hilfreich, wenn bezüglich der Breiten- bzw. Tiefenwirkung eines Beratungsprojekts Unsicherheit besteht. Sie vermag auch Klarheit darüber zu verschaffen, warum die Ausbreitung bzw. Umsetzung des Prozesses möglicherweise nur (zu) langsam vor sich geht.

Grundlegende Aussage:
Hier geht es darum zu klären, ob bereits genügend (alle wichtigen) Schlüsselpersonen in das Projekt involviert sind.

1. Schritt (Einzel- oder Gruppenarbeit): 30 min.
Die jeweiligen Subprojektleiter bzw. die Untergruppen überlegen:

a) Wer ist in unser Subprojekt in hohem Maß, etwas oder nur am Rande involviert? Die entsprechenden Namen werden notiert.
b) Warum stockt die Ausbreitung des Prozesses?
   Welche Schlüsselpersonen fehlen?
   Besteht Handlungsbedarf?
   Die Ergebnisse der Überlegungen werden auf Flip-charts visualisiert.

2. Schritt: 30–40 min.
Austausch der Ergebnisse und Diskussion.

3. Schritt: 30 min.
Die Teilnehmer überlegen die Fragen:
Welche Konsequenzen wollen wir hinsichtlich des Subprojekts ziehen?
Welche Konsequenzen wollen wir hinsichtlich des Gesamtprojekts ziehen?
Die Ergebnisse der Überlegungen werden visualisiert.

O3 Von der Person zur Organisation

Design: R. Königswieser

Weitere Anwendungsfelder: Problemlösung, Entscheidungshilfe

Zielsetzung: Sensibilisierung für emotionale Begleiterscheinungen von Veränderung;
Kennenlernen der Teammitglieder;
Generierung kreativer Ideen bezüglich der Begleitung von Veränderungsprozessen;
Sichtbarmachen des Zusammenhangs zwischen Leiden und Lernen.

Zeitrahmen: 2 bis 4 Stunden

Teilnehmeranzahl: 3 bis 10

Räumliche Erfordernisse: 1 Stuhl pro Person

Hilfsmittel: Flip-chart,
Moderationskoffer,
Pinnwände,
Schreibmaterial

Anmerkungen zur Wirkungsweise: Diese Intervention ist besonders hilfreich, wenn eine Gruppe nachdenkt, welchen Beitrag sie leisten könnte, um schwierige, angstbesetzte Veränderungsprozesse (Reengineering, Outsourcing, Stellenabbau, Kooperationsverbindungen etc.) zu bewältigen bzw. mitzugestalten.
Die Übung verschafft Zugang zu persönlichen Ängsten und Erfahrungen und macht bewußt, daß diese zumeist Entwicklungsimpulse geben. Darüber hinaus entsteht in der Gruppe Wärme und Energie, und die Ängste lassen sich reduzieren – was ja bekanntlich ein gruppenspezifisches Phänomen ist.

Grundlegende Aussage:
Hier geht es darum, von Erlebnissen auf der persönlichen Ebene über solche auf der Ebene der Organisation auf Gemeinsamkeiten zu kommen. Auf dieser Basis sollen Ideen für Maßnahmen, die den Unternehmenswandel erleichtern können, generiert werden.

1. Schritt (Einzelarbeit): 15 min.
Jeder Teilnehmer notiert jeweils drei Beispiele zu den beiden folgenden Frageblöcken:

a) Welche schmerzlichen Veränderungen erlebten Sie in den letzten drei Jahren?
Was hat Ihnen am meisten geholfen, den Wandel zu verarbeiten?

b) Welche Veränderungen im Unternehmen erlebten Sie als schmerzlich?
Wie wirkten sie sich auf die Entwicklung des Unternehmens aus?
Was hat am meisten geholfen, den Wandel zu verarbeiten?

2. Schritt: à ca. 8 min.
1. Erfahrungsaustausch: Der Reihe nach präsentieren die Teilnehmer vorerst ihre persönlichen Erlebnisse.

3. Schritt: 15 min.
Analyse: Die Teilnehmer versuchen, Gemeinsamkeiten und „rote Fäden“ zu finden – vor allem bezüglich der Frage: Was hilft am meisten? (Visualisieren!)

4. Schritt: 30– 60 min.
2. Erfahrungsaustausch: Der Reihe nach präsentieren nun die Teilnehmer ihre Eindrücke bezüglich des Unternehmens.

5. Schritt: 20 min.
Analyse: Wieder suchen die Teilnehmer Gemeinsamkeiten und halten diese schriftlich fest.

6. Schritt: 30 min.
Nach diesen Animationsschritten gehen nun die Teilnehmer gemeinsam daran, Ideen bezüglich künftiger Maßnahmen (Interventionsideen) zu generieren. (Visualisieren!)

7. Schritt: 60 min.
Entscheidung: Die Teilnehmer diskutieren die Vorschläge, schaffen Prioritäten und fällen eine Entscheidung über die zu treffenden Maßnahmen. Ein Aktionsplan wird erarbeitet: Wer macht was bis wann?

O4 Die „Gerüchtelawine"

Design: BGN-Tradition

Weitere Anwendungsfelder:

Zielsetzung: Weitergabe von Information durch persönliche (und daher glaubwürdige) Kommunikation; Nutzbarmachung inoffzieller Kommunikationskanäle.

Zeitrahmen: 30 Minuten

Teilnehmeranzahl: 2 bis 200

Räumliche Erfordernisse: je nach Teilnehmeranzahl

Hilfsmittel: Pinnwand,
Schreibwerkzeug,
Kärtchen

Anmerkungen zur Wirkungsweise: Da jedes persönliche Gespräch besser ist als schriftliche (anonyme) Kommunikation, wird durch diese Intervention die Effizienz der Information um ein Vielfaches gesteigert; das betrifft sowohl deren Glaubwürdigkeit als auch deren Beachtung generell.
Jeder „Informant" hat die Freiheit, das für ihn Wichtige auf seine Weise zu übermitteln.
Die Intervention ist hilfreich, um die Resultate von Veranstaltungen (Projekttreffen, Sounding-boards etc.) in Umlauf zu bringen.

Grundlegende Aussage:
Hier geht es darum, Informationskanäle, die üblicherweise Gerüchten vorbehalten sind, zu nutzen. Das heißt, Information soll zwischen Menschen, die eine vertrauensvolle Beziehung zueinander haben, weitergeleitet werden.

O4

1. Schritt: 5 min.
Am Ende der jeweiligen Veranstaltung (Projekttreffen etc.) überlegt jeder Teilnehmer, wen im Unternehmen er hinsichtlich der gemachten Erfahrungen bzw. gewonnenen Erkenntnisse und gefaßten Entschlüsse informieren möchte. Die Namen der zu informierenden Personen (3–5) werden auf Kärtchen notiert (1 Name pro Kärtchen).

2. Schritt: 15 min.
Die Kärtchen werden – alphabetisch geordnet – an eine Tafel (neben dem Ausgang) gepinnt. Helfer sorgen dafür, daß im Falle mehrfacher Nennung einer Person Ersatzkärtchen geschrieben werden.

3. Schritt:
Selbstorganisation.

P Großgruppenveranstaltungen (P1–P6)

P1 Der Projektmarkt

Design: R. Königswieser

Weitere Anwendungsfelder: Relevante Umwelten, Umfeldanalyse

Zielsetzung: Koordination komplexer Sachverhalte und Vorgänge;
Erschließung diverser Potentiale (Energie, Synergie, Kreativität)

Zeitrahmen: 1 Tag

Teilnehmeranzahl: 30 bis 120

Räumliche Erfordernisse: Platz für die „Marktstände"
Podium, 1 Stuhl pro Person

Hilfsmittel: Moderationskoffer,
Overheadprojektor,
Pinnwände,
Schreibmaterial

Anmerkungen zur Wirkungsweise: Im Gegensatz zur Arbeit in einer Steuergruppe werden bei dieser Intervention alle Teilnehmer an den verschiedenen Subprojekten (Projektteams) in den Prozeß miteinbezogen. Dieser wird durch den „Projektmarkt" erlebbar gemacht. Das wiederum fördert die Kreativität und erhöht die Akzeptanz hinsichtlich des Prozesses.

Grundlegende Aussage:
Hier geht es darum, daß auf möglichst einfache und direkte Weise zwischen unterschiedlichen Projektgruppen Kommunikation ermöglicht werden soll und somit komplexe Zusammenhänge sichtbar werden.

Einleitung: 10 min.
Begrüßung durch die (interne und externe) Projektleitung und Erläuterung des Ablaufs.

1. Schritt: 30 min.
Die Teilnehmer der einzelnen Untergruppen (Projektteams) erarbeiten gemeinsam eine Art „Marktstand", um ihr Subprojekt zu präsentieren.

a) Unser Stimmungsbild (gemalt oder als Metapher formuliert).
b) Basisinformation: unser Thema, unser Ziel; Meilensteine, Stolpersteine etc.
c) Vermutete Querverbindungen zu den anderen Subprojekten.

Ein Delegierter wird bestimmt.

2. Schritt: à 7 min.
Die Delegierten präsentieren jeweils ihr Subprojekt.
Nach jeder Präsentation können die anderen Untergruppen (Projektteams) ihren Gesprächsbedarf anmelden. Die gewünschten Beziehungen werden auf einer Pinnwand – für alle sichtbar – festgehalten. 30 min. – 2 h

3. Schritt: ca. 2 h
Die verschiedenen Untergruppen (Projektteams) übernehmen selbst die Organisation der notwendigen Gespräche. Sollte die Zeit nicht reichen, werden Termine vereinbart.

4. Schritt: 20 min.
Jede Untergruppe bereitet ihr Resümee vor.
Fragestellung: Was ist klar? Was ist noch offen? Was haben wir abgemacht?

5. Schritt: 30–60 min.
Die Resümees werden präsentiert und protokolliert.

6. Schritt: 10–20 min.
Jede Untergruppe wird kurz befragt, wie sie den Tag erlebt hat.

Variante (ab Schritt 5):
Die Delegiertenrunde sitzt im Innenkreis und präsentiert dem Plenum die Resümees.
Ein „open chair" ermöglicht kurze Einwürfe, Fragen und sonstige Reaktionen der übrigen Teilnehmer.
(Moderation durch den externen Berater)

P2 Entscheidungen in Großgruppen (Workshop)

Design: H. Exner/A. Exner

Weitere Anwendungsfelder: Problemlösung, Entscheidungshilfe

Zielsetzung: Gemeinsame Willensbildung, Entscheidungsfindung bzw. Zielsetzung in einer Großgruppe von „Einzelkämpfern“.

Zeitrahmen: 6 bis 8 Stunden

Teilnehmeranzahl: ca. 100

Räumliche Erfordernisse: großer Plenarraum,
runde Tische für ca. 8 Personen,
1 Stuhl pro Person,
evtl. Nebenräume (f. Gruppen)

Hilfsmittel: Flip-charts,
Pinnwände,
Moderationskoffer,
Tesa-Krepp,
Folienschreiber,
Mikrophon (schnurlos)

Anmerkungen zur Wirkungsweise: Mit Hilfe dieser Intervention können in Großgruppen relativ rasch Entscheidungen bezüglich der Problemlösungen getroffen werden.
Die Arbeitsgruppenleiter sind an den Vorbereitungen beteiligt.
Es sind mehrere Berater (Moderatoren) erforderlich.

Grundlegende Aussage:
Hier geht es darum, eine große Gruppe von Personen, die gewöhnlich im Alleingang agieren, so zu organisieren, daß relativ rasch – auch bezüglich sehr komplexer Probleme – Entscheidungen möglich werden.

1. Schritt:
Alle Teilnehmer nehmen auf einem Kontinuum Aufstellung (Klebekreppstreifen) und visualisieren auf diese Weise ein Stimmungsbild.
Mögliche Fragestellung:Wieviel Energie bringen Sie mit (sehr wenig – sehr viel)?
Die Berater machen stichprobenartig Interviews bezüglich der Positionierung.

2. Schritt:
Aufgrund der Aufstellung werden Gruppen (zu ca. 8 Personen) gebildet.
Diese sollen die Themenschwerpunkte erarbeiten.
a) Präsentation der vorbereiteten Themenliste durch einen Arbeitsgruppenleiter.
b) Einzelarbeit: Bewertung der Themen.
c) Aufgrund der einzelnen Bewertungen bestimmt die Gruppe, welche Themen behandelt werden sollen.

3. Schritt:
Es werden Untergruppen gebildet, um die einzelnen Themen zu behandeln.
a) Das Problem wird beschrieben.
b) Erwartungen bezüglich einer Problemlösung werden formuliert.
Die Ergebnisse werden auf Folie geschrieben, und es wird ein Sprecher gewählt.
(Die Berater betreuen die Gruppen während dieser Arbeit.)

4. Schritt:
Die Ergebnisse der Untergruppen werden im Plenum präsentiert (Sprecher).
Danach wird bestimmt, was absolute Priorität in der Behandlung hat.

5. Schritt:
Die Teilnehmer machen auf einem Kontinuum sichtbar, ob sie mit der vorgeschlagenen Vorgangsweise einverstanden sind oder nicht. Aufgrund der Aufstellung werden neuerlich Gruppen gebildet, die die jeweilige Problematik nochmals bearbeiten.

6. Schritt:
Präsentation der Gruppenergebnisse im Plenum.
Zusammenfassung des Veranstalters.

7. Schritt:
Den Abschluß bildet ein Kontinuum.
Fragestellung: Wie schätzen Sie nun die Chancen, das gemeinsame Ziel zu erreichen, ein? (0–100 Prozent)

P3 Zukunftskonferenz

Design: M. Keil
(Weiterentwicklung von Weisbord)

Zielsetzung: Das Gesamtsystem soll mit Hilfe der Beteiligung einer großen Anzahl von Mitarbeitern in möglichst kurzer Zeit verändert werden.
Eine gemeinsame Vision soll erarbeitet werden, aus der heraus dann eine gemeinsame Arbeitsbasis geschaffen werden soll und weitere Aktionsschritte geplant werden können.
Die Teilnehmer sollen ein hohes Maß an Verantwortung für die Veränderung selbst tragen, und das soll Lösungsorientierung und Energetisierung zur Folge haben.

Zeitrahmen: 2 Tage

Teilnehmeranzahl: 30 bis 100

Räumliche Erfordernisse: sehr großer, heller Raum; genügend Platz für Untergruppen (7 bis 9 Personen); zwei freie Wände für „Plakate“.

Hilfsmittel: Flip-charts (1 pro Untergruppe), Materialien für Rollenspiele, Schnurlosmikrophon(e), Fotoapparate und/oder Polaroidkamera

Anmerkungen zur Wirkungsweise: Aufgrund ihres „Event“-Charakters und der innovativen und analogen Methoden trägt diese Intervention dazu bei, den Veränderungsprozeß bei den Teilnehmern zu verankern.
Zu beachten ist, daß sich in Großgruppen Gefühle verstärken und kumulieren. (Symptomträgern zur Seite stehen!)
Die Intervention ist sehr hilfreich, wenn der Wunsch, einen Weg in eine gemeinsame Zukunft zu suchen, besteht. Das Management muß die Aktionspläne der Mitarbeiter anerkennen und ernsthaft um die Umsetzung bemüht sein.
Wichtig ist, daß mindestens 20 Prozent der Teilnehmer aus externen Interessengruppen kommen, denn das erst verleiht der Veranstaltung die Qualität, Perspektiven öffnen zu können.

Grundlegende Aussage:
Hier geht es darum, in einer möglichst großen und breit gestreuten Gruppe Strategien für eine gemeinsame Zukunft zu erarbeiten – und zwar unter möglichst geringem Zeitaufwand.

1. Schritt:
Begrüßung, Einführung, Regeln: In gemischten Gruppen (7–9 Personen) hören die Teilnehmer einen Mini-Input zum Ablauf der Veranstaltung und zur Gruppenselbstorganisation.

2. Schritt:
Brennpunkt Vergangenheit: Anhand einer Zeitachse (über eine Wand) analysieren die Teilnehmer – in Interessengruppen vereint – die bisherigen Muster und präsentieren die Ergebnisse anschließend im Plenum.

3. Schritt:
Brennpunkt Gegenwart: In den Interessengruppen wird die aktuelle Situation des Unternehmens diskutiert. Anschließend entwickeln alle Teilnehmer gemeinsam (plenar) eine riesige kollektive „mind map" (freie Wand). Das Erarbeitete wird wieder in Interessengruppen analysiert und diskutiert, und zwar hinsichtlich der jeweiligen Verantwortung, Prioritäten und Pläne. Die Ergebnisse werden anschließend der Reihe nach im Plenum präsentiert.

4. Schritt:
Brennpunkt Zukunft: In gemischten Gruppen erarbeiten die Teilnehmer ideale Zukunftsszenarien, die sie dann mittels analoger Methoden (Sketches etc.) im Plenum präsentieren. Aufgrund herausgefilterter Übereinstimmungen wird eine gemeinsame Basis erarbeitet, auf der aufbauend man konkrete Ideen und Projekte entwickeln und eine Übereinkunft bezüglich einer gemeinsamen idealen Zukunft treffen kann.

5. Schritt:
Aktionsplanung: In den Interessengruppen wird eine gemeinsame Veränderungsstrategie entwickelt und ein konkreter kurz- bzw. mittelfristiger Aktionsplan erstellt. (Wer macht was bis wann?) Das Erarbeitete wird anschließend im Plenum präsentiert.

P4 Workshop mit Mitarbeitern eines Ressorts

– zum Thema „Märkte – Ressourcen – Ziele"

Design: B. Heitger

Zielsetzung: In Rückblick und Reflexion sollen individuelle Team-, Bereichs- und Ressortperspektiven zu einer gemeinsamen Sicht verknüpft werden (Schwerpunkte: Markt, Ressourcen, Potentiale);
Strategie- und Zielentwicklung im dezentralen und know-how-intensiven Kontext;
Auf- und Ausbau übergreifender, personenorientierter Netzwerke.

Zeitrahmen: 1 bis 2 Tage

Teilnehmeranzahl: 30 bis 100

Räumliche Erfordernisse: möglichst quadratischer Raum;
genügend Platz für Managementkreis und rundum angeordnete Bereichsgruppen;
1 Stuhl pro Person

Hilfsmittel: 3 Pinnwände pro Bereichsgruppe, Moderationsmaterialien, 1 Flip-chart, Präsentationsunterlagen (Overheadfolien) und Arbeitsunterlagen (Programm, Aufgaben) pro Teilnehmer;
Overheadprojektor, Leinwand, Flip-chart, evtl. Mikrophone fürs Plenum.

Anmerkungen zur Wirkungsweise: Diese Intervention liefert wichtige Bausteine für die Gestaltung zukünftiger Arbeitsschwerpunkte auf individueller Team-, Bereichs- und Ressortebene. Sie dient als Rahmen für Selbst-„commitment" (Empowerment) und Zielvereinbarungen.
Die Intervention erfordert sorgfältige Vorbereitung und straffe Moderation (Großgruppe!).
Um den Prozeß danach im Fluß zu halten, ist mit dem Auftraggeber unbedingt eine Nachbereitung zu vereinbaren!

Grundlegende Aussage:
Hier geht es darum, die individuelle Reflexion mit verschiedenen Bereichsperspektiven zu verknüpfen und somit zu einer gemeinsamen Sicht des Markts, der Ressourcen und Potentiale zu kommen.

1. Schritt: 30 min.
Einstimmung im Plenum; Zielsetzung: Was verbinde ich mit diesem Tag?
(1 Wort pro Teilnehmer)

2. Schritt: 30 min.
Der Managementkreis präsentiert Schwerpunkte des vergangenen und fürs kommende Jahr.

3. Schritt: 5 min.
Jeder Bereich präsentiert seine Perspektiven, Funktionen, Strategien und Trends.

4. Schritt: 10 min.
Die einzelnen Teilnehmer in den Bereichsgruppen halten fest, welche Fragen sie klären möchten.

5. Schritt: 20 min.
Der jeweilige Bereichsleiter präsentiert in seiner Gruppe Rolle und Schwerpunkte seines Bereichs, und zwar bezogen aufs vergangene und aufs kommende Jahr.

6. Schritt: 45 min.
Das Präsentierte wird bearbeitet und diskutiert (Bezug zu Bereich, Geschäftsfeld, Gesamtunternehmen). Wo bestehen Chancen bzw. Risiken?

7. Schritt: 5 min.
Jeder einzelne überlegt, was er an Kollegen weitergeben will.

8. Schritt: 10 min.
Bildung von „Wanderdialoggruppen" (Querschnittsgruppen, in denen jeder Bereich durch mindestens 1 Mitglied vertreten ist).

9. Schritt: 35 min.
In den „Wanderdialoggruppen" stellen der Reihe nach die jeweiligen Bereichsvertreter die Arbeitsergebnisse ihres Bereichs vor.

10. Schritt: 20 min.
Erfahrungsaustausch in den Bereichsgruppen (Was ist wichtig, überraschend? Gesamtbild und Highlights werden fürs Plenum festgehalten).
Moderatoren interviewen die Bereichsgruppen (à 3 min.).

11. Schritt: 20 min.
Präsentation laufender und neuer Projekte (Steuergruppe) im Plenum (Ziele; bisherige Ergebnisse, Umsetzungsprioritäten)

12. Schritt: 15 min.
Einzelarbeit in den Bereichsgruppen: zentrale Erkenntnisse bzw. Fragen.
Welche Aufgaben haben für mich im kommenden Jahr Priorität?
(Input für das Zielvereinbarungsgespräch mit dem Vorgesetzten).

13. Schritt: 10 min.
Jeder Mitarbeiter präsentiert seine Schwerpunkte in seiner Bereichsgruppe.

14. Schritt: 30 min.
Der Managementkreis wird interviewt (Bewertung des Tages; zentrale Fragen bzw. Erkenntnisse in den Bereichen; Konsequenzen insgesamt und bezüglich Strategie und Umsetzung).

15. Schritt: 35 min.
Bewertung des Workshops mit Hilfe der Positionierung in einem Koordinatensystem (viel bzw. wenig Nützliches; viel bzw. wenig Neues);
Murmelgruppen; Statements.

16. Schritt: 10 min.
Zusammenfassung des Tages durch das Management im Plenum.

P5 Großveranstaltungs-Kick-off

Design: B. Klipstein (weiterentwickelte BGN-Tradition)

Weitere Anwendungsfelder:

Zielsetzung: Das Zusammenführen verschiedener Kulturen (z. B. nach einer Fusionsentscheidung).
Es sollen rasch gemeinsame Visionen, Strategien und Ziele gefunden werden.

Zeitrahmen: 1 bis 1,5 Tage

Teilnehmeranzahl: 50 bis 100

Räumliche Erfordernisse: Tische (rund) für 8–10 Personen, Platz für Präsentationen, evtl. Podium

Hilfsmittel: gute technische Ausrüstung (Mikrophone, große Leinwand, Overheadprokektor etc.), Moderationskoffer

Anmerkungen zur Wirkungsweise: Ein wichtiger Erfolgsfaktor dieser Intervention ist die exakte Vorbereitung!
Dazu gehören auch das Aufbauen des Berater-Klienten-Systems und die Abstimmung mit den Auftraggebern (in 1 bis 2 Treffen).
Weiterhin ist die Tischordnung ausschlaggebend: Eine Tischrunde sollte sich unbedingt jeweils aus Vertretern der verschiedenen Kulturen, Systeme etc. zusammensetzen. Schon die gemeinsame Arbeit wirkt integrierend und hilft, Vorurteile abzubauen.

Grundlegende Aussage:
Hier geht es darum, in der gemeinsamen Visionsarbeit Vertreter unterschiedlicher Kulturen einander näherzubringen, damit Ziele und Strategien bezüglich der künftigen Zusammenarbeit gefunden werden können.

Einleitung: 10 min.
Kurze Begrüßung durch den Auftraggeber und Erklärung des Ablaufs.

1. Schritt: ca. 40 min.
Die Teilnehmer an den Tischen (Vertreter der verschiedenen Systeme) stellen sich kurz vor und bearbeiten dann folgende Fragen:
Welche Gemeinsamkeiten haben wir?
Welche Erwartungen haben wir an den Workshop?
Die Untergruppe bestimmt einen Delegierten.

2. Schritt: à 2 min.
Nacheinander präsentieren die Delegierten die Ergebnisse ihrer Untergruppe dem Plenum.

3. Schritt:
a) Input des Vorstands (max. 2 Personen) zur aktuellen Situation. 40 min.
b) Die Untergruppen an den Tischen diskutieren das Gehörte (Worin stimmen wir zu? Was bereitet uns Sorge?) und 60 min.
c) formulieren 2–3 Fragen an den Vorstand (schriftlich, Metaplankarten).

4. Schritt:
Die Delegierten präsentieren die jeweiligen Ergebnisse der Diskussion. à 2 min.
Während dessen sammeln die Berater die Karten mit den Fragen ein (clustern!).

5. Schritt: 90–120 min.
Die Berater stellen die (geclusterten) Fragen an den Vorstand, und dieser nimmt Stellung.

6. Schritt: 60 min.
Visionsarbeit: Die Untergruppen an den Tischen imaginieren eine Situation, die (fünf Jahre) in der Zukunft liegt, wobei das Unternehmen außergewöhnlich erfolgreich abschneidet.
Fragestellung: Was hat der Vorstand beigetragen, um diesen Erfolg zu ermöglichen?
Was war unser Beitrag dazu?

7. Schritt:
a) Die Delegierten präsentieren die jeweiligen Ergebnisse dem Plenum. à 2 min.
b) Die Berater fassen die Ergebnisse zusammen (Visualisierung!). 20 min.

P6 Komplexe Strukturentscheidung

Design: R. Königswieser/T. Hagedorn

Weitere Anwendungsfelder:

Zielsetzung: Entscheidungsfindung in komplexen, widersprüchlichen Situationen;
Lichtung von Planungschaos;
Erzeugung von Konsens.

Zeitrahmen: 1,5 bis 2 Tage

Teilnehmeranzahl: 3 bis 20

Räumliche Erfordernisse: 1 großer Raum (1 Stuhl pro Person) und Gruppenräume

Hilfsmittel: Moderationskoffer,
Flip-charts,
Pinnwände,
Overheadprojektor

Anmerkungen zur Wirkungsweise: Diese Intervention ist besonders hilfreich, wenn es komplexe Widersprüche z. B. zwischen Linie und Projektorganisation gibt, die mit Unklarheiten bezüglich der Verantwortlichkeit bzw. mit Planungschaos einhergehen.
Dieser Entscheidungsprozeß kann die oft vorhandene Diffusität zwischen strukturellen und operativen Entscheidungen klären, vorausgesetzt, alle Schlüsselpersonen nehmen daran teil.
Gruppen sind tatsächlich Hyperexperten für komplexe Aufgaben.
Wichtig: Es werden bereits vorher erarbeitete Grundkonzepte zur Veranstaltung mitgebracht.

Grundlegende Aussage:
Hier geht es um eine möglichst im Konsens gefundene Entscheidung zwischen Linien- und Projektorganisation.

1. Schritt: 30 min.
Eröffnung; Einführung; Warm-up.

2. Schritt: 20 min.
In gemischten Gruppen (Linie und Projekt) wird ein Bild entworfen:
„So stellen wir uns eine ideale gemeinsame Zukunft vor."
Jeder Teilnehmer steuert einen visionären Satz bei (visionalisieren).

3. Schritt: 20 min.
Die Bilder (z. B. „Orchester ohne Solisten") werden präsentiert.

4. Schritt: 20 min.
In homogenen Gruppen (Entwicklung, Produktion etc.) wird an einem Grundkonzept für den jeweiligen Bereich gearbeitet. Jede Gruppe bestimmt einen Präsentator, und es werden 3 Feedbackgeber aus den verschiedenen Bereichen fixiert (schriftlich).

5. Schritt: 1–2 h
Präsentation der Konzepte (à 10 min.) und spontane Reaktion der Feedbackgeber. Danach können Verständigungsfragen gestellt werden.

6. Schritt: 1 h
Zuerst werden die Gemeinsamkeiten als „Pflöcke" herausgearbeitet und visualisiert, danach die zentralen Unterschiede als „Knacknüsse" visualisiert und diskutiert.

7. Schritt: 30 min.
Mit Hilfe eines Kontinuums (dafür, dagegen) wird die Grundentscheidung gefällt (notieren).

8. Schritt: 3 h
In Untergruppen (nach Interesse, z. B. Rollenklärung) Bearbeitung der „Knacknüsse".

9. Schritt: 10 min.
Input über Entscheidungszuständigkeiten bezüglich nichtkonsensualer Inhalte.

10. Schritt: 45 min.
Präsentation der Gruppenergebnisse (à 7 min.) und kurze Reaktion (vor allem der Betroffenen).

11. Schritt: 1–2 h
Je nach Entscheidungsreife wird im Konsens entschieden oder an die entsprechenden Zuständigen delegiert bzw. ein Aktionsplan (wer, was, bis wann) zur späteren Bearbeitung festgehalten.

12. Schritt: 20 min.
Festhalten noch offener Themen (z. B. Information an die Mitarbeiter, Strukturentscheidung durch die Geschäftsleitung; Umsetzungsplanung).

13. Schritt: 1,5 h
Die offenen Themen werden von den zuständigen Personen (Gruppen) bearbeitet.

14. Schritt: 1 h
Die Ergebnisse werden (à 7 min.) präsentiert, darauf wird reagiert, und es werden Entscheidungen getroffen (visualisiert).

15. Schritt: 30 min.
Ein Aktionsplan wird erstellt (visualisiert).

16. Schritt:
Als Abschlußrunde wird eine kleine Feier mit symbolischen Elementen gestaltet (z. B. mit Sekt anstoßen; kleine Geschenke etc.).

4.3 Das Feuer von Großgruppen

Einleitung

Wir sind in den letzten Jahren mit zunehmender Selbstverständlichkeit dazu übergegangen, in unsere Architekturen von Beratungsprozessen Großveranstaltungen einzubauen. Diese stellen zwar immer ein großes Risiko dar, bieten aber auch Chancen ganz besonderer Art.

Seit längerem sind wir auf der Suche nach Erklärungen dafür, warum in derartigen Großveranstaltungen soviel Energie, Spannung, ja Aufregung zu spüren ist. Hier wollen wir versuchen, dieses mächtige Designelement näher zu beleuchten.

Wir werden zuerst die **Funktionen von Großveranstaltungen** innerhalb unserer Interventionsarchitekturen darstellen. Dann versuchen wir anhand von **zwei Praxisbeispielen**, das Feuer von Großgruppen etwas spürbarer zu machen. Anschließend wollen wir anhand von **acht Thesen** die Beschreibung von konventionellen und neuen **Prinzipien zur Gestaltung von Großgruppen** und mit dem Aufzeigen von Faktoren, die für das Moderieren von Großveranstaltungen wichtig sind, das Bild dieses wichtigen Interventionselements abrunden.

Funktionen von Großveranstaltungen

Bei den nachfolgend angeführten angestrebten Wirkungen von Interventionen haben sich Großveranstaltungen in unserer Beraterpraxis als funktional herausgestellt:

- Energiearbeit leisten, Vitalisierung des Systems;
- Resonanzen des Gesamtsystems einholen;
- Multiplikatoreffekt der Teilnehmer nutzen;
- Beitrag zu Kulturveränderung leisten;
- viele Menschen gleichzeitig erreichen;
- Akzeptanz hinsichtlich Veränderungsprozessen erhöhen;
- Durchbrechen der üblichen Informations- und Kommunikationsmuster – dadurch Impulse zur Weiterentwicklung setzen;
- Gemeinschaftserlebnis ermöglichen;
- Wissen (besonders implizites) generieren.

Beispiele von Großveranstaltungen

Großgruppen sind ein so wichtiges Interventionselement, daß wir diesem einen eigenen Suchbegriff in diesem Buch zugeordnet haben (siehe Kap. 4.2.2), um es von möglichst vielen Seiten betrachten zu können. Hierzu möchten wir einen Teil des emotionalen Geschehens in Großgruppen mit zwei Beispielen illustrieren.

Energiestoß

Ein Sounding-board-Tag: 130 Repräsentanten eines großen deutschen Energieunternehmens wurden für einen eintägigen Workshop von der „Steuergruppe" (sie hat die Gesamtverantwortung für den Kulturveränderungsprozeß) eingeladen, ihre Resonanz auf die eigene Arbeit des letzten halben Jahres zu äußern. Die zehn Steuergruppenmitglieder sind vorbereitet, die Konzeptergebnisse ihrer zehn Subprojekte in ungewohnter, d. h. nicht rein kognitiver, Weise zu präsentieren. Ziel des Tages ist es, darüber zu orientieren, ob die wichtigsten Themen in der richtigen Weise angegangen wurden, um eine lernende Organisation zu schaffen und den kulturellen Wandel voranzutreiben. Die Gesamtsituation des Unternehmens ist angespannt, denn der Marktdruck ist groß, die Angst um den Arbeitsplatz blockiert viele Mitarbeiter. Das ehemals staatliche Unternehmen will seine Unternehmenskultur in Richtung Unternehmertum, Prozeßdenken, Zivilcourage und Teamarbeit weiterentwickeln.

Die Teilnehmer sitzen in einem großen Saal zu zehnt an runden Tischen. Nach der Eröffnung folgt ein informativer Überblick über das gesamte Projekt. Danach erfolgen siebenminütige Kurzpräsentationen über die einzelnen Subprojekte. Jeweils dazwischen geben immer drei Teilnehmer ein spontanes Feedback.

Die zwischen den Präsentationen und nach den jeweiligen Feedbacks immer wieder eingeplanten Diskussionen der Gruppen an den runden Tischen sind lebendig und offen. An jedem Tisch sitzt ein Steuergruppenmitglied. Die anwesenden Vorstände und Betriebsratsvertreter sitzen ebenfalls jeweils bei einer Gruppe. Immer wieder gehen wir mit Mikrofonen an die Tische und fragen nach den zentralen Themen, Anregungen und Resonanzen.

An Stellwänden kann man in den Pausen Informationen über die Subprojekte einholen und Dialoge führen. Es hängen die Fotos aller Subprojektteilnehmer aus, die Projekte sind beschrieben, es gibt die Möglichkeit, seine Meinung zu den Informationen an den Stellwänden in mündlicher und schriftlicher Form abzugeben.

Die Projektgruppen scheinen auch in einem Wettstreit um Anerkennung und Kreativität zu stehen. Das Spannungsniveau im Raum baut sich rasch auf, ist fast körperlich zu greifen. Für Augenblicke werden die Präsentierenden fast zu Helden oder Opfern, oft genügt schon ein Funke, um kollektive Gefühle auszulösen. Alle Live-Erlebniselemente, wie Sketches, Vorführungen etc., lassen die Energie, die Aufmerksamkeit in die Höhe schnellen; abstrakte Analysen, Folien, Vorgelesenes, Gruppenberichte hingegen erzeugen rasch Langeweile.

Vor plenaren Diskussionen wird den Teilnehmern an den Tischen immer wieder die Möglichkeit gegeben, sich vorweg eine Meinung zu bilden. Die Offenheit der Gespräche erstaunt alle – besonders die Vorstände. Nach einem gemeinsamen Mittagessen regen wir an, daß sich die Teilnehmer für unterschiedliche Aufgabenstellungen, die sich aus den Diskussionen des Vormittags ergeben haben, zur Verfügung stellen. Das Resümee wird wieder an den „Heimattischen" gezogen. Der Tag endet mit einer gemeinsamen Schiffahrt.

Einige Teilnehmerstimmen zum Abschluß: „Ich bin – erstmals seit langem – wieder stolz, in diesem Unternehmen zu arbeiten." „Ich möchte bei dem Kulturprojekt mitarbeiten." „Die positive Energie der Veranstaltung hat mir Kraft gegeben." „Hoffentlich war das keine Eintagsfliege!"

Die Zitrone

Ein zweitägiges Sounding-board in einem Industrieunternehmen: 14 Projektgruppenleiter (gleichzeitig Mitglieder der Steuergruppe) stellten nach einjähriger Arbeit die endgültigen Konzepte und Umsetzungsvorschläge ihrer Projektgruppen vor. 100 Personen waren eingeladen, ihre Meinung zu den Ergebnissen des 1. Jahres zu äußern und die Umsetzungsphase mitzugestalten.

Den ganzen ersten Tag verbrachte man mit kreativen, gut vorbereiteten Präsentationen der einzelnen Projekte, mit ausführlicher Diskussion und klaren – positiven – Resonanzen. Es schien ein Erfolg zu werden ...

Der zweite Tag sollte – nach der Danksagung an die erste Steuergruppe, die von einer neuen abgelöst werden sollte – der Zukunft gewidmet sein:

Auf dem Plan standen Umsetzungsentscheidungen, die Konstituierung der nächsten (zweiten) Steuergruppe usw.

Der Veränderungsprozeß hatte es mit sich gebracht, daß vier Schlüsselpositionen mit jungen, dynamischen Führungskräften besetzt worden waren. Einige ältere Führungskräfte wurden trotz langjähriger Dienste ihrer Funktionen enthoben, aber nicht gekündigt. Sie repräsentierten die alte Unternehmenskultur – mit den Inhalten Fleiß, Tradition, Loyalität, Gehorsam, Einzelkämpfertum etc. Träger der neuen Kultur hingegen vertreten Werte wie: prozeßorientierte Teamarbeit, Innovation, Dynamik, Experimentierfreudigkeit, soziale Kompetenz, Mut u. a. m.

Am Morgen des zweiten Tages sagte einer der „Degradierten", Herr A., – ein Mann der 2. Ebene – im Rahmen eines kurzen Rundumblitzlichts: *„Man hört, daß den früheren Zeiten nachgetrauert wird. Wir haben es nötig, uns mit unseren Beratern Animateure und Therapeuten ins Unternehmen zu holen, die doch nur ein Surrogat für das, was wir früher hatten, sein können."*

Der Vorstandsvorsitzende, der uns geholt hatte und sich mit dem Prozeß sehr identifizierte und der auch letztlich die unpopulären Personalentscheidungen getroffen hatte, wurde bleich.

Das Programm ging weiter. Die erste Steuergruppe schilderte in berührenden Bildern ihre Verzweiflung, ihre Ungeduld, ihr Schwanken und ihre Kämpfe – und letztlich den Durchbruch.

Es entstand sehr viel Emotionalität im Raum. Auch wir drei externen Berater präsentierten als „Staff" unser Resümee in analoger Form: mittels einer Zeichnung und verschiedener Musiksequenzen.

Dann kamen alle Steuergruppenmitglieder in die Mitte des Saals, setzten sich in den dort vorbereiteten Sesselkreis und warteten gespannt auf das geplante Abschlußritual – das Dankeschön für ihre Arbeit in der ersten Projektphase durch den Vorstandsvorsitzenden. Plötzlich schritt dieser quer durch den Raum, überreichte dem erschrockenen „Kritiker" (dem „Degradierten") eine Zitrone und sagte mit gepreßter Stimme: *„Was du gesagt hast, war wirklich schlimm! Ich kann das nicht so stehen lassen. Wir sprechen unter vier Augen darüber weiter."* Diese öffentliche Ächtung war wie eine Hinrichtung. Das anschließende Überreichen der Geschenke an die Steuergruppe wirkte gequält. Bleierne Schwere lag im Raum, Stille, Ratlosigkeit, Lähmung ...

Nach blitzschneller Unterredung im Beraterstaff setzte sich unsere Projektleiterin (R. Königswieser) in den Innenkreis zur Steuergruppe und sagte:

„Wir haben ja immer wieder alles für den Prozeß Relevante reflektiert. Wie also haben Sie diese Szene erlebt? Ich für meine Person bin sehr betroffen, aber ich kann beide Herren verstehen."

Daraufhin kamen spontan und mit großer Emotion die Kommentare: *„Ich verstehe zwar die Gefühle beider, aber Herr M. (Vorstand) hat überreagiert." „Ich war wie gelähmt, wußte nicht, was ich machen sollte." „Jetzt, wo wir darüber sprechen, geht es mir schon besser. Ich hatte Angst." „Ich glaube, es war ein Mißverständnis. Herr A. hat reale Strömungen ausgedrückt, mit denen wir uns auseinandersetzen müssen." „Wir alle müssen kommunikativ noch viel lernen."* Nachdem jeder Verständnis und Betroffenheit geäußert hatte, sagte Herr M.: *„Ich habe einen Fehler gemacht. Ich habe selektiv gehört. Es tut mir leid."*

Große Berührtheit, Erleichterung im Raum. Im Anschluß äußerte sich noch kurz Herr A.: *„Ja, ich hatte es anders gemeint!"*

Wir forderten einige der „Zuschauer" auf, auch noch ein paar kurze Statements zu ihren Eindrücke abzugeben. *„Ich bin beeindruckt, wie wir diesen Konflikt besprochen haben. Keinerlei Schuldzuschreibungen!" „Jetzt weiß ich erst, worum es bei diesem ‚weichen Thema' des Projekts geht. Da mache ich mit Begeisterung mit!" „Ich habe dreimal Mut erlebt: einmal von Herrn A., daß er das so gesagt hat, einmal von Herrn M., daß er sich diese spontane Reaktion gestattet hat, und einmal von Frau K., daß sie das mit uns so aufgearbeitet hat." „Wenn wir mit allen Spannungen so umgehen könnten, wären wir ein Haus weiter."*

Die Schwere und Erstarrung der Großgruppe war Erleichterung, Wärme und Bewegung gewichen. Wir machten Pause.

Die Schilderung dieser Szene ging wie ein Lauffeuer durch das Unternehmen. Das Ereignis wurde zum Anlaß genommen, über die positiven und die gefährlichen Seiten freierer Emotionen und weniger kontrollierter Konflikte zu sprechen.

Um ein Haar wäre alles schiefgegangen. Ein häufiger Kommentar im nachhinein: *„Wir hätten das Projekt aus Gründen der Unglaubwürdigkeit abbrechen müssen, wenn wir diesen Zwischenfall nicht hätten aufarbeiten können."*

Thesen

Warum ist ein und derselbe Inhalt bzw. Meinungsunterschied im kleinen Kreis undramatisch, wirkt aber im öffentlichen Raum wie eine Bombe? Wie kann man die „Kollektivseele" verstehen?

Die für uns treffendsten Analysen finden sich immer noch bei Le Bon und Freud. Le Bon beschrieb die Phänomene, die bei großen Menschenansammlungen auftreten folgendermaßen: „An einer psychologischen Masse ist das Sonderbarste dies: Welcher Art auch diese zusammengesetzten Individuen sein mögen, wie ähnlich oder unähnlich ihre Lebensweise, Beschäftigung, ihr Charakter oder ihre Intelligenz ist, durch den bloßen Umstand ihrer Umformung zur Masse besitzen sie eine Kollektivseele, vermöge deren sie in ganz anderer Weise fühlen, denken und handeln, als jeder für sich fühlen, denken und handeln würde."

Le Bon und Freud beschreiben, wie sich bei Großveranstaltungen das

- überwältigende Gefühl kollektiver Macht herstellt.
- Sie sprechen von „Ansteckung" der Gefühle, von der Suggestibilität, dem Enthusiasmus, der Faszination, die rasch aufgebaut wird, von der Liebes- und Haßbereitschaft;
- allerdings auch von der Gefahr der Regression, der mangelnden Differenzierbarkeit, dem Abnehmen der „Ich-Funktionen", z. B. der Kritikfähigkeit, und dem Hang zum magischen Denken;
- und gleichzeitig – auch das ist psychologisch möglich – von einer hohen Sittlichkeit der Masse, die weit über die Moral der einzelnen hinauszugehen pflegt.
- Freud erklärt die libidinöse Energie auch mit der libidinösen Besetzung der Autorität (des Führers), über deren Idealisierung und Heldenimage das eigene Selbstwertgefühl mittels Identifikation erhöht wird.
- Freud spricht im Zusammenhang mit Massenphänomenen vom Wiederaufleben der „Urhorde".

Die folgenden Thesen sollen beleuchten, was mit uns geschieht, wenn wir in großer Zahl in einem Raum zusammen sind, und Anregungen dafür geben, wie die auftretenden Phänomene für Interventionen zu nützen sind.

1. These: Großgruppen mobilisieren Gefühle.

In unserer modernen Gesellschaft werden Gefühle zumeist stark kontrolliert. Diese Kontrolle geht, wie Elias in seiner Theorie über den Zivilisationsprozeß schildert, mit der Kultiviertheit einher. Besonders im Berufsleben sind wir gezwungen, unsere Gefühle zu kontrollieren. Großgruppen sind jedoch – wenn man sie schwingen läßt – voll pulsierender Emotionalität.

Je sicherer wir unser Leben organisiert haben, desto mehr scheinen wir den Spannungsausgleich zu brauchen. Wir sehen uns gerne Krimis an, sind von Geschichten mit ungewissem Ausgang fasziniert. Auf Großveranstaltungen spüren wir um so mehr „thrill", je mehr spontanes Erleben eingebaut ist. Das Miteinbeziehen der Teilnehmer, das Miterleben authentischer Reaktionen, die Erfahrung von Offenheit, all das mobilisiert Großgruppenenergie. Selbst wenn man das Geschehen nur passiv mitverfolgt, werden in einem Gefühle mobilisiert.

2. These: Der Hunger nach Sinnlichkeit wird spürbar.

Die gesellschaftliche Modernisierung hat eine abstrakte Gesellschaft geschaffen.

Je komplexer die Organisationen, desto mehr müssen ihre Mitglieder mit verzweigten Wirkungsketten innerhalb ihrer Aktivitäten, mit schriftlicher Kommunikation, mit Unübersichtlichkeit und Unsteuerbarkeit rechnen. Intellektualisierung und Abstraktion sind die notwendige Anpassungsleistung.

Der Hunger nach Spürbarem, Erlebbarem, nach Direktheit, die Sehnsucht nach Einfachem, nach Unkompliziertem ist sehr groß.

Vielleicht kommen deshalb simple, kurze Sketches, Persiflagen (z. B. über den gelebten Führungsstil), Live-Interviews zu heißen, aktuellen Problemen, analoge Darstellungen von angestrebten Visionen, kurze Theaterstücke über Informationsvermittlungs- und Kommunikationsprobleme besser an als ausgefeilte Analysen und rational-abstrakte Darstellungen. Überraschende Inszenierungen, Gefühle ansprechende Darstellungen schaffen es verblüffend gut, komplexe Inhalte verständlich zu machen, die Herzen zu öffnen.

3. These: Menschen wollen „gesehen" werden, dazugehören.

In verschiedensten Lebenskontexten leiden wir unter einem Verlust an Gemeinschaftlichkeit. Die Anonymität von Großstädten, von Großorganisationen, die Struktur unserer Arbeit und die Technisierung sorgen dafür, daß die Menschen einander weniger treffen als früher. Der Verdünnung gemeinschaftsstiftender Begegnungen nimmt der Person eine wichtige Möglichkeit, eine sinnlich wahrnehmbare soziale Bestätigung zu erfahren.

Eine wichtige Funktion des italienischen Platzes oder des Wiener Kaffeehauses besteht darin, im öffentlichen Raum gesehen, wahrgenommen zu werden – dazuzugehören. Auszugehen, sich „herzurichten", sich zu schmücken gehört dazu. Das Wahrgenommenwerden modelliert die eigene Identität. Man sieht sich im sozialen Spiegel der anderen.

Auch Großveranstaltungen sind ein Raum öffentlicher Gemeinschaft zwischen einander zum Teil fremden Menschen und vermitteln daher das Gefühl von Zugehörigkeit.

4. These: Menschen möchten die Guten und Bösen sehen.

Die Moderne bedeutet auch Entzauberung und Profanierung unseres Lebens. Es gibt keine wirklichen Könige, Helden oder bösen Feinde mehr – diese leben nur noch in Fernsehserien, Romanen oder Boulevardzeitschriften. Man ist ja differenziert, rational, unromantisch und aufgeklärt.

Es ist erstaunlich, wie blitzschnell es in Großgruppen zu kollektiven, libidinösen Besetzungen kommt: der Sympathische, der Unsympathische, der Gute, der Böse.

Beim Auftritt von z. B. Gruppen, Vorständen oder Moderatoren springt die launische kollektive Sympathie oder Antipathie schnell über. Es scheint beinahe ein archaisch-regressives Bedürfnis zu geben, Menschen zu Helden oder Bösewichten hochzustilisieren.

Gerade dieses Phänomen wird uns noch in These 5 beschäftigen. Besonders die Zuschauerrolle toleriert das Ausleben von Gefühlen nicht nur, ja sie fordert es sogar. Wer unberührt dasitzt, wirkt deplaziert. Deutliche Reaktionen wie lautes Klatschen werden erwartet – sonst stimmt etwas nicht.

5. These: Die Gefahr, sein Gesicht zu verlieren, ist permanent vorhanden.

Großveranstaltungen mit Live-Elementen zeichnen sich durch ein beträchtliches Überraschungspotential aus (vgl. „Die Zitrone"). Es können unerwartete Erfolge, aber auch Pannen und Mißgeschicke passieren. Diese sind das Salz in der Suppe. Stockende Vortragende, provozierende Sketches, aus der Rolle fallende Vorgesetzte bieten Nichtalltägliches, Spektakuläres, versetzen die Anwesenden in Wachheit und Aufregung. Je nach Identifikation zittert man mit oder empfindet Schadenfreude. In keinem Fall aber läßt es einen kalt. Was in kleineren Gruppen unbedeutend ist, kann in großen Menschenansammlungen extrem wichtig sein. Der „öffentliche Raum" steigert Bedeutungen, weil die Gefahr, sich zu blamieren, sein Gesicht zu verlieren, wegen der sozialen Reichweite viel größer ist. Intuitiv weiß man das und reagiert mit Aufregung, Lampenfieber, oft mit Angst.

6. These: Das Element des Wettkampfs, des sozialen Vergleichs ist zumindest latent immer vorhanden.

Wenn verschiedene Projektgruppen oder Teilnehmer Ergebnisse ihrer Arbeit präsentieren, werden ihre Leistungen automatisch miteinander verglichen, das heißt sie stehen im Wettbewerb zueinander. Somit stellt sich auch der Nervenkitzel des Wettkampfs ein. Wer ist besser, wer wird gewinnen? Das Element des Wettstreits, des Spiels ist uralt. Man denke an die Cäsarischen Worte: „Das Volk braucht Brot und Spiele."

7. These: Menschen wollen wissen, wo ihr Platz in der Gemeinschaft ist.

Durch vielfältige Entfremdung und Komplexität der Lebens- und Arbeitswelt fühlen wir uns oft als „Rädchen" eines Riesengetriebes, als Nummer, als Unperson, als fremdbestimmt. Wenn – besonders in betriebsöffentlichen Kontexten – Mitarbeiter ernst genommen werden, indem man ihre Resonanzen einholt, sie nach ihrer Meinung fragt, sie in Meinungsbildungsprozesse miteinbezieht, indem sie nicht nur „von vorn berieselt" und „überzeugt" werden, sondern ein echter Dialog stattfindet, man ihnen zuhört und sie sogar als Akteure im Rampenlicht stehen, dann führt das zu Aktivität und Zufriedenheit sowie dem Gefühl, ein wertvolles Mitglied der ganzen Gemeinschaft zu sein, für die man auch gerne ein Stück Verantwortung übernimmt. Interessanterweise wirkt die Botschaft „Du wirst von uns gebraucht!" in einer öffentlichen Veranstaltung um ein Vielfaches mehr als in einem kleineren Rahmen. In diesem Sinne bekommt man einen wichtigen Platz in der Gemeinschaft. Das wiederum gibt Selbstsicherheit und erzeugt Motivation.

8. These: Menschen brauchen Rituale und Symbole.

Wir leben in einer an Symbolen und Ritualen armen Zeit der Entsinnlichung. Aber gerade Rituale und Symbole sprechen archaische Bedürfnisse an; sie stiften Sinn, vermitteln wortlos Orientierung, stellen Vertrautheit her und geben Sicherheit.

So kann vor vielen Menschen z. B. durch die Überreichung kleiner Geschenke an bestimmte Gruppenmitglieder einerseits ein klares Projektende gesetzt werden, andererseits kann dadurch auch der Wert der für die Gemeinschaft geleisteten Arbeit vermittelt werden, indem man auf diese Weise Wertschätzung und Respekt ausdrückt.

Wenn die „Mächtigen" mit dem „Volk" an einem Tisch sitzen, spricht das eine deutlichere Sprache als unglaubwürdige Versicherungen („Wir sitzen alle im selben Boot!"). Auch für diese Form der Zeichensetzung ist der öffentliche Raum von besonderer Bedeutung, weil somit Normen gesetzt werden, Erwartungsbündel internalisiert und Werte vorgelebt werden, die im ganzen System Spuren hinterlassen. Im öffentlichen Raum geschieht dies rascher und nachhaltiger als bei bilateralen Begegnungen.

Prinzipien zur Gestaltung von Großgruppen

Unabhängig vom Ziel und Kontext der Veranstaltung gibt es unserer Erfahrung nach zentrale Prinzipien, Annahmen im eigenen Kopf, Weltbilder und Haltungen, die für das Gelingen von Großveranstaltungen wichtig sind.

In diesem Zusammenhang sind die Ausführungen von M. Leith (1997), die im Rahmen des CLGI (The Center for Large Group Interventions) dargestellt sind, sehr hilfreich.

Wir beziehen uns im folgenden auf die von Leith entwickelten Prinzipien, der dabei zwischen konventionellem und neuem Denken unterscheidet, und ergänzen sie fallweise durch eigene Erfahrungen.

Zur Planung, Vorbereitung

1) *Konventionelles Denken:* „Die wesentlichen Hierarchien sollen die Veranstaltung planen."
   - *Neues Denken:* „Eine Projektgruppe (bunte Zusammensetzung aus verschiedenen Bereichen, Hierarchieebenen, Strömungen) soll die Veranstaltung planen." Der Geist der Veranstaltung muß sich in der Gruppe – hinsichtlich Arbeitsweise, verbaler Kommunikation und sinnlicher Erfaßbarkeit – widerspiegeln. Das Motto ist: „Die Veränderung beginnt hier und jetzt – bei uns."
2) *Konventionelles Denken:* „Mache ein auf die Minute genaues Programm." Davon darf nicht abgewichen werden. So ist es professionell, und man verhindert Chaos.
   - *Neues Denken:* „Plane das Grundkonzept, mache ein Grobdesign, sorge für klare Rahmenbedingungen (Sitzordnung, Rollen usw.). Darüber hinaus vertraue dem Prozeß." Achte sorgsam auf die kollektive Stimmung, sprich behutsam die latenten Themen an, und verändere das Programm innerhalb des fixen Rahmens, wenn die Situation es erfordert.

Zu den Teilnehmern

3) *Konventionelles Denken:* „Gehe davon aus, daß die Teilnehmer etwas geboten bekommen wollen, passiv sind."
   - *Neues Denken:* „Gehe davon aus, daß die Teilnehmer aktiv sind und ihre Energien der für die Veranstaltung wesentliche Beitrag sind."
4) *Konventionelles Denken:* „Sorge als Moderator durch vorsorgliche Absprachen dafür, daß Leute bestimmte Fragen stellen, Meinungen äußern, damit sich der Verlauf der Veranstaltung in deinem Sinn gestaltet."
   - *Neues Denken:* „Sorge dafür, daß die unterschiedlichen, spontanen, authentischen Meinungen offen auf den Tisch kommen. Vertraue deinen Hypothesen bei der Vorbereitung, dann bist du nicht zu sehr überrascht über unterschiedliche Anliegen. Sei offen für den Prozeß."
5) *Konventionelles Denken:* „Beziehe nicht allzu viele verschiedene Menschen mit ein, der Prozeß könnte sonst außer Kontrolle geraten."
   - *Neues Denken:* „Beziehe so viele verschiedene Menschen ein wie nötig, um das Ziel der Veranstaltung zu erreichen." Die Einladungskriterien sind als Intervention von größter Bedeutung. Wieder gelten die Prinzipien, alle Kapitalformen des Systems im Raum repräsentiert zu haben: Mächtige, Betroffene, Know-how-Träger (das Thema betreffend). Es sollten die unterschiedlichen Strömungen des Unternehmens abgebildet sein.

Zum Prozeß/zur Struktur

6) *Konventionelles Denken:* „Die Veranstalter und die Referenten sind verantwortlich für das Gelingen der Veranstaltung."
   - *Neues Denken:* „Die Großgruppe (d. h. jeder einzelne) ist verantwortlich für das Gelingen der Veranstaltung."
7) *Konventionelles Denken:* „Großgruppen sind irrational und können sich keine gemeinsame Meinung bilden, schon gar nicht gute Entscheidungen treffen. Man muß straff moderieren."
   - *Neues Denken:* „Menschen wollen für sich und ihr Umfeld Verantwortung übernehmen. Sie sind imstande, gute Entscheidungen zu treffen, wenn sie die dafür relevanten Informationen haben und klare Rahmenbedingungen vorhanden sind." Voraussetzung ist ein passendes Interventionsdesign, wie z. B. öffentliche Delegiertenrunden.
8) *Konventionelles Denken:* „Großveranstaltungen benötigen eine Autoritätsfigur, die für Ordnung sorgt. Das verhindert Chaos."

- *Neues Denken:* „Die erfolgreichsten, lebendigsten Veranstaltungen haben ein hohes Maß an Selbstorganisation. Sorge als Moderator für ein Klima der Offenheit, in dem sich Leute etwas zu sagen getrauen. Begleite die Menschen durch den aufregenden Prozeß des gemeinsamen Lernens."

9) *Konventionelles Denken:* „Die Musik spielt vorne. Die Kommunikation geht vom Podium zum Publikum. Wichtig ist die ‚Kinobestuhlung'. Es gibt für Fragen und Statements geordnete Rednerlisten, damit nicht Anarchie ausbricht. Vermeide um jeden Preis Chaos."
   - *Neues Denken:* „Aktiviere Gespräche zwischen den Teilnehmern bzw. Gruppen. Sorge für Dialog. Sei froh, wenn Leute Risiken eingehen und Position beziehen – fördere das, und fördere Netzwerkbildungen zwischen den Teilnehmern (bilde z. B. Kleingruppen an runden Tischen, lege Teilnehmerlisten mit Telefonnummern auf etc)."

10) *Konventionelles Denken:* „Die Referenten, Experten und Vortragenden sollten auf alles eine Antwort wissen. Ihre Präsentationen sollten Sicherheit geben."
   - *Neues Denken:* „Experten sind meist langweilig. Sie sollten Impulse setzen, die die Teilnehmer zum Gedankenaustausch animieren. Es ist unglaubwürdig, auf alles eine Antwort zu wissen. Wir müssen lernen, gemeinsam mit Unsicherheit umzugehen.

11) *Konventionelles Denken:* „Zeit ist kostbar und muß zielorientiert genutzt werden." Zu lange Pausen und Gespräche zwischen Teilnehmern sind vergeudete, unproduktive Zeit.
   - *Neues Denken:* „Plane genügend Zeit für Kommunikation zwischen den Leuten ein, dies fördert das gute Arbeitsklima." Schon zu Beginn ist Zeit für ein „warm-up" einzuplanen. Gruppengespräche, Pausengespräche, gemeinsames Essen, geselliges Ausklingen usw. sind unstrukturierte, aber produktive Arbeitszeiten.

12) *Konventionelles Denken:* „Frage die Teilnehmer nicht nach ihren Vorstellungen, sondern gib Ziele vor."
   - *Neues Denken:* „Ermuntere die Teilnehmer, ihre Erwartungen und Vorstellungen zu formulieren und so auch individuelle und kollektive Verantwortung zu übernehmen."

13) *Konventionelles Denken:* „Verlasse niemals die Ebene der linken Gehirnhälfte, also der Rationalität, des analytischen Denkens, d. h. arbeite mit Vorträgen, Folien, Unterlagen."
   - *Neues Denken:* „Baue die ganze Veranstaltung so auf, daß auch die

Ebene der rechten Gehirnhälfte, d. h. Gefühle, Körperlichkeit, Sinnlichkeit, zum Schwingen kommt. Verwende analoge Interventionen, z. B. Musik, Bewegung, Bilder. Gemeinsames, unkonventionelles Erleben fördert die Kooperationsbereitschaft und stellt Nähe her."

14) *Konventionelles Denken:* „Sorge dafür, daß eine geschäftliche Atmosphäre vorhanden ist, um eine professionelle Veranstaltung abzuwickeln. Die Hierarchien sollten sich sachlich und neutral verhalten. Persönliche Themen sind fehl am Platz."
   - *Neues Denken:* „Um eine produktive, kreative Atmosphäre zu erreichen, muß es emotional und menschlich zugehen." Authentizität, Leidenschaft, Betroffenheit stärken das Gemeinschaftsgefühl. Erst persönliche Bezüge stellen den tieferen Zusammenhang mit den Veranstaltungsthemen her.

15) *Konventionelles Denken:* „Die Leute müssen sich immer wohl fühlen."
   - *Neues Denken:* „Lernen bzw. Veränderung kann oft sehr unbequem und verunsichernd sein. Laß das zu, aber schaffe Voraussetzungen dafür, daß über die Verunsicherung gesprochen werden kann (z. B. in Kleingruppen)."

16) *Konventionelles Denken:* „Wissen ist Macht. Wichtige Informationen sind nicht für alle da."
   - *Neues Denken:* „Gehe mit Informationen so großzügig und transparent wie möglich um. Das baut Vertrauen und Glaubwürdigkeit auf. Am Ende sollten die Teilnehmer wissen, wie es weitergeht."

Zum Lernen

17) *Konventionelles Denken:* „Der Fokus des Lernens liegt auf der individuellen Ebene."
   - *Neues Denken:* „Der Fokus des Lernens liegt auch auf der kollektiven Ebene."

18) *Konventionelles Denken:* „Menschen lernen am besten, wenn sie die richtigen Informationen bekommen. Überzeugen heißt reden."
   - *Neues Denken:* „Menschen lernen am besten durch Erleben. Sorge also dafür, daß Inputs diskutiert werden, daß gemeinsam experimentiert werden kann, daß Theorie-Inputs erst nach dem Erleben gegeben werden und daß das Erlebte reflektiert wird. Überzeugen heißt fragen, im Dialog sein."

Zu den Problemlösungen

19) *Konventionelles Denken:* „Es geht darum, die Wurzel des Übels zu analysieren und dann zu eliminieren, um so das Problem zu lösen."
   - *Neues Denken:* „Es geht zualleroberst darum, eine Vision von einer guten gemeinsamen Zukunft zu haben, die von möglichst vielen geteilt wird. Auf dem Weg der Umsetzung und durch das forcierte Ausschöpfen der Ressourcen lösen sich die Probleme oft von selbst."
20) *Konventionelles Denken:* „Die Welt ist zu komplex, um verstanden zu werden. Vereinfache Dinge auf die zentralen Botschaften, und sei immer positiv. Tritt die unangenehmen Dinge nicht breit."
   - *Neues Denken*: „Die Welt ist komplex, und Dinge sind nie schwarz oder weiß. Versuche, ein differenziertes Bild zu zeichnen, und akzeptiere vor allem weder Tabus noch Schönfärbereien. Menschen sind hoch sensibel und merken, wenn man sie für dumm verkaufen will. Sage, wenn nötig, die ganze Wahrheit, auch wenn sie hart sein sollte. Damit erhöht sich die Wahrscheinlichkeit, gemeinsam aus einer schwierigen Situation herauszufinden."
21) *Konventionelles Denken:* „Veränderung ist ein zielorientierter Prozeß von A nach B. Wenn man einen genauen Plan hat und sich die Leute konsequent daran halten, ist dies realisierbar."
   - *Neues Denken:* „Veränderung ist kein linearer, sondern ein zirkulärer, permanenter Prozeß. Kaum ist man bei einem Teilziel angekommen, verschiebt sich die Definition des nächsten Ziels. Will man der Wirklichkeit Rechnung tragen, muß der Plan angepaßt werden. Der Schlüssel liegt in permanenten Reflexionsschleifen und in der Verschmelzung von Planung und Umsetzung."

Zur Vorgangsweise

22) *Konventionelles Denken:* „Mit mehr als 20 Personen kann man nicht interaktiv arbeiten. Teile die Leute in Untergruppen, und lasse sie getrennt in ruhigen Räumen arbeiten."
   - *Neues Denken:* „Man kann mit mehreren hundert Leuten interaktiv arbeiten. Wenn du sie in Untergruppen teilst, sollen sie trotzdem alle in einem Raum arbeiten; das erhöht die gesamte Energie und das Gefühl, einer Gemeinschaft anzugehören."
23) *Konventionelles Denken:* „Kleingruppen brauchen einen professionellen Moderator, sonst kommen sie zu keinem guten Ergebnis."
   - *Neues Denken:* „Kleingruppen brauchen eine genaue Aufgabenstel-

lung, aber nicht unbedingt einen professionellen Moderator. Ein Gruppenmitglied kann z. B. das Zeitmanagement, ein anderes die Visualisierung, ein drittes die Präsentation übernehmen. Diese Rollen können nach dem Rotationsprinzip vergeben werden."

24) *Konventionelles Denken:* „Konkurrenz zwischen den Teilnehmern ist gut, sie verhindert, daß die Autoritäten in Frage gestellt werden."
- *Neues Denken:* „Konkurrenz ist normal und bestenfalls zu minimieren. Dialoge produzieren oft Gewinner und Verlierer. Versuche dennoch, ein Klima der Offenheit gegenüber anderen Positionen zu etablieren."

Zu den Rahmenbedingungen

25) *Konventionelles Denken:* „Leute kommen nicht gerne zu einer Großveranstaltung, wenn sie früh (9. oo Uhr) beginnt und spät (21. oo Uhr) endet."
- *Neues Denken*: „Wenn Leute den Sinn der Veranstaltung verstehen und wissen, daß sie Mitverantwortung haben, ist die Zeit kein Thema."

26) *Konventionelles Denken:* „Eine Großveranstaltung funktioniert am besten mit Kinobestuhlung – den Blick nach vorne gerichtet."
- *Neues Denken:* „Man sitzt am besten in kleinen Kreisen (4 bis 10 Personen) oder an runden Tischen (Bistrobestuhlung). Das erinnert nicht an die Autoritätsbilder der Schule und setzt die Aktivität und die Energie der einzelnen in der Geborgenheit der Gruppe frei."

27) *Konventionelles Denken:* „Sorge für professionelle Technik: Folien, Videos, Dias usw."
- *Neues Denken:* „Achte darauf, daß die Technik nicht dominiert, daß frontale Referate auf ein Minimum beschränkt sind." Leute erinnern sich nicht an Hochglanzfolien, sondern an ihr Erleben, an die Beziehungen, die sie geknüpft oder vertieft haben, an den Platz, an dem sie sich sozial gefühlt haben.

28) *Konventionelles Denken:* „Pausen und Essen sind nicht wichtig."
- *Neues Denken:* „Essen und Trinken bedeutet mehr als nur Nahrungsaufnahme – es bietet Gelegenheit zu Begegnung und gemeinsamem Erleben. Essen ist ein Ritual, das Menschen einander näher bringt. Wenn die Leute eine lange Anreise haben, sorge dafür, daß sie sofort eine Erfrischung bekommen. Ein liebevolles Essen zu servieren vermittelt symbolisch Wertschätzung."

Zusammenfassend kann man die Resultate des konventionellen bzw. neuen Denkens im Kontext der Gestaltung von Großveranstaltungen wie folgt darstellen:

Resultate des konventionellen Denkens	Resultate des neuen Denkens
Abhängigkeit von Autoritätsfiguren (Verantwortung, Erfolg, Mißerfolg)	Individuelle und kollektive Verantwortung für Erfolg und Mißerfolg
Kritisieren des Verhaltens der Autoritäten, ihrer Entscheidungen (ihre Sache)	Übernehmen der gemeinsam gefundenen Richtungen (unsere Sache)
wenig Kooperation	viel Kooperation
Reaktion auf Veränderung: halbherzig, resignativ, ambivalent, widerständlerisch	Reaktion auf Veränderung: engagiert, bejahend, verläßlich
kein kollektives Lernen	lernende Organisation

Moderation von Großveranstaltungen

Abschließend möchten wir noch einige Faktoren, die uns bei der Moderation von Großveranstaltungen wichtig erscheinen, darstellen:

- eine kraftvolle energetische Präsenz;
- eine positive Persönlichkeit, die Vertrauen, Reife, Gelassenheit, Integrität ausstrahlt;
- Neutralität – es sollten weder Partikularinteressen noch manipulative Tendenzen spürbar sein;
- hohe Sensibilität für kollektiv Unbewußtes und für latente Themen;
- systemische Werthaltung (Vertrauen in Selbstorganisation, Prozesse usw.);
- Lust an offenen Prozessen;
- Anschlußfähigkeit an die Kultur, die Werte, die Sprache des Systems;
- der unerschütterliche Glaube an die Großgruppeninterventionsmethoden;
- Bewußtheit bezüglich der eigenen Stärken und Schwächen.

Literatur

Bette/Schimank. „Auszeit vom Alltag. Freistoß für die Seele". In: Psychologie Heute, 7/97, S. 60– 65.

Bohm, David. *Der Dialog.* Klett-Cotta, Stuttgart 1998.

Bunker, Barbara B.; Alban, Billie T. *Large Group Intervention.* Jossey-Bass Publishers, San Francisco 1997.

Claessens, Dieter. *Das Konkrete und das Abstrakte.* Suhrkamp, Frankfurt a. M. 1994.

Elias, Norbert. *Prozeß der Zivilisation.* Suhrkamp, Frankfurt a. M. 1997.

Freud, Sigmund. *Massenpsychologie*, in: Gesammelte Werke. S. Fischer, Frankfurt a. M. 1972, 7. Auflage.

Königswieser, Roswita. „Teams als Hyperexperten des Komplexitätsmanagements". In: Ahlemeyer/Königswieser u. a. *Komplexität managen*, Gabler Verlag, Wiesbaden 1997.

Königswieser, Roswita; Exner, Alexander; Pelikan, Jürgen. „Systemische Intervention". In: Zeitschrift für Organisationsentwicklung 2/95.

Kreeger, Lionel. *Die Großgruppe.* Klett, Stuttgart 1977.

Le Bon, Gustave. *Psychologie der Massen.* Kröner Verlag, Stuttgart 1982.

Leith, Martin. CLGI (Center for Large Group Intervention), Amsterdam 1997.

Nonake, Ikujiro; Takeuchi, Hirotaka. *Die Organisation des Wissens.* Campus, Frankfurt a. M. 1997.

Parin, Paul. *Die Weißen denken zuviel.* Europäische Verlagsanstalt, Hamburg 1993.

Webern, Gunthard. *Zweierlei Glück.* Carl Auer Verlag, Heidelberg 1997.

5 AUTOREN UND MITAUTOREN

5.1 AUTOREN

Dipl.-Ing. Alexander Exner
geb. 1947 in Wien

Geschäftsführender Gesellschafter der Beratergruppe Neuwaldegg, Wien. Mitglied der Forschergruppe Neuwaldegg, Wien. Aufsichtsrat und Mitglied des Strategieteams der Palfinger AG, Salzburg. Tätigkeitsschwerpunkte sind: Unternehmensführung, strategische Unternehmensplanung, Personal, Organisation, systemische Organisationsberatung, Begleitung komplexer Veränderungsprozesse und Beraterweiterbildung.

Informationen über Seminare und Beraterweiterbildung:
Beratergruppe Neuwaldegg GmbH
Gregor-Mendel-Straße 35, A-1190 Wien
Tel.: 0043/1/3688070-0, Fax: 0043/1/3688070-60
E-Mail: office@neuwaldegg.at
Internet: www.neuwaldegg.at

Dr. Roswita Königswieser
geb. 1943 in Wien

Geschäftsführende Gesellschafterin von KÖNIGSWIESER & NETWORK (Wien, München, Bremen, Aachen). Studien der Pädagogik, Tiefenpsychologie, Soziologie und Philosophie, Lehrtrainerin für Gruppendynamik; Kernkompetenz: systemische Beratung in komplexen Veränderungsprozessen in internationalen Unternehmen, Integration von Prozess- und Fachberatung, wissenschaftliches Arbeiten und Publikationen, Weiterbildung für Veränderungsmanager und Berater.

Informationen über Seminare und Beraterweiterbildung:
KÖNIGSWIESER & NETWORK
Systemische Beratung und Entwicklung GmbH
Hofzeile 29, A-1190 Wien
Tel.: 0043/1/3684691, Fax: 0043/6412/51024
E-Mail: info@koenigswieser.net
Internet: www.koenigswieser.net

5.2 MITAUTOREN

Privatdozent Dr. Heinrich W. Ahlemeyer
geb. 1950 in Bielefeld

Unternehmensberater und Geschäftsführer der sistema consulting gmbh in Münster/Westfalen; Leiter des Instituts für systemische Sozialforschung (SYS).
Tätigkeitsschwerpunkte: Führung, Kooperation und Konflikt, Großgruppen, Team-Coaching, Evaluation.

Dr. Frank Boos
geb. 1953 in Erlangen

Geschäftsführender Gesellschafter der Beratergruppe Neuwaldegg, Wien.
Mitglied der Forschergruppe Neuwaldegg, Wien.
Leiter des Bereichs Organisation und Personal der Prochema GmbH, Wien.
Tätigkeitsschwerpunkte: Systemische Organisationsberatung, Begleitung komplexer Veränderungsprozesse in unterschiedlichen Kulturen, Organisation und Projektmanagement.

Dipl.-Betriebswirt Uwe Cichy
geb. 1962 in Frankfurt

Freier Unternehmensberater.
Kooperationspartner der Beratergruppe Neuwaldegg, Wien.
Mitglied der Forschergruppe Neuwaldegg, Wien.
Tätigkeitsschwerpunkte: Systemische Organisationsberatung, Begleitung komplexer Veränderungsprozesse, Unternehmensstrategie, Controlling und die Begleitung von Familien in Nachfolgefragen.

Dr. Klaus G. Deissler
geb. 1949 in Schwelm, NRW

Diplompsychologe; Mitglied des Koordinationsgremiums des „Verbandes internationaler Institute für Systemische Therapie" (ViIST) und der „Wirtschaftsstudiengruppe" (WiSt).
Herausgeber der „Zeitschrift für systemische Therapie".
Mitherausgeber von „DiskurSys" – Internetjournal für Systemische Therapie und ihre Randgebiete".
Tätigkeitsschwerpunkte: Psychotherapie, Konsultation/Supervision, Organisationsberatung.

Dr. Alexander Doujak
geb. 1965 in Klagenfurt

Geschäftsführender Gesellschafter der Beratergruppe Neuwaldegg, Wien.
Mitglied der Forschergruppe Neuwaldegg, Wien.
Tätigkeitsschwerpunkte: Systemische Organisationsberatung, Begleitung komplexer Veränderungsprozesse, Training und Beratung in den Bereichen Projektmanagement, Management von unternehmensweiten Projekt-Portfolios, Strategische Unternehmensplanung.

Mag. Hella Exner
geb. 1948 in Wels

Selbständig.
Tätigkeitsschwerpunkte: Coaching, Weiterbildung in Coaching, Supervision, Konfliktbewältigung in Unternehmen, systemische Organisationsberatung.

Mag. Dr. Ulrike Froschauer
geb. 1957 in Wien

Univ.-Assistentin am Institut für Soziologie an der Universität Wien.
Tätigkeitsschwerpunkte: Qualitative Sozialforschung im Bereich von organisationssoziologischen Themen; Erstellung von Organisationsanalysen; qualitative Evaluation von Beratungsprozessen.

Univ.-Prof. Dr. Peter Heintel
geb. 1940 in Wien

Professor für Philosophie und Gruppendynamik am Institut für Philosophie der Universität Klagenfurt; Vorsitzender der Interuniversitären Kommission des Instituts für interdisziplinäre Forschung und Fortbildung in Klagenfurt; Leiter der Abteilung „Studienzentrum für Weiterbildung"; 1974–1977 Rektor der Universität Klagenfurt; Lehrbeauftragter an der Universität Graz; Gastprofessor an der Universität Hamburg.
Tätigkeitsschwerpunkte: Organisationsberater in zahlreichen in- und ausländischen Unternehmen.

Dr. Barbara Heitger
geb. 1958 in Münster BRD

Geschäftsführende Gesellschafterin der Beratergruppe Neuwaldegg, Vorstand der Forschergruppe Neuwaldegg und Mitherausgeberin der „Zeitschrift für Organisationsentwicklung" und der „Managerie".
Tätigkeitsschwerpunkte: Systemische Organisationsberatung und Beraterausbildung, Coaching, Forschung

Rudolf Hlavacsek
geb. 1939 in Wien

Geschäftsführender Gesellschafter der Beratergruppe Neuwaldegg. Mitglied der Forschergruppe Neuwaldegg, Wien. Tätigkeitsschwerpunkte: Organisationsberatung und Organisationsentwicklung, Reengineering, Value Management, Managementtraining und Weiterbildung.

Mag. Heinz Jarmai
geb. 1950 in Wien

Geschäftsführender Gesellschafter der Beratergruppe Neuwaldegg, Wien. Direktor der Stiftung „Risiko Dialog", St. Gallen/CH. Tätigkeitsschwerpunkte: Beratung und Coaching von Veränderungsprozessen in Profit- und Nonprofitorganisationen; Strategie- und Organisationsberatung; Management- und Beraterweiterbildung zu obigen Themen.

Dr. Marion Keil
geb. 1960 in Essen

Gesellschafterin der Beratungsfirma synetz, Köln/Troisdorf. Tätigkeitsschwerpunkte: systemische Organisationsberatung, Großgruppeninterventionen im Rahmen komplexer Veränderungsprozesse, interkulturelle Kommunikation und Beratung, Beraterweiterbildung.

Dipl.-Sozialpädagogin Barbara Klipstein
geb. 1943 in München

Geschäftsführende Gesellschafterin der Firma Spektrum GmbH, Gesellschaft für Organisationsberatung und Personalentwicklung, München. Tätigkeitsschwerpunkte: Leadership-Entwicklung, Führungswechsel-Beratung, Begleitung von Veränderungsprozessen.

Mag. Ulrich Königswieser
geb. 1966 in Wien

Berater bei der Ernst & Young Unternehmensberatung, Wien.
Tätigkeitsschwerpunkte: Arbeitseinsatz in der Strategieentwicklung und Verbesserung von Geschäftsprozessen in Industrie und Handel sowie, branchenübergreifend, Training und Organisationsentwicklung – mit den Schwerpunkten: Begleitung von Veränderungsprozessen, Führung und Gruppendynamik.

Mag. Erwin Lebic
geb. 1953 in Friesach/Kärnten

Gesellschafter der Beratergruppe Neuwaldegg, Wien.
Mitglied der Forschergruppe Neuwaldegg, Wien.
Gesellschafter von Corda Geiger, Landeck.
Tätigkeitsschwerpunkte: Arbeit an Strategie, Struktur und Kultur in Unternehmen, Begleitung von Transformations- und Redesignprojekten.

Mag. Michael Patak
geb. 1962 in Wien

Geschäftsführender Gesellschafter der Beratergruppe Neuwaldegg, Wien. Mitglied der Forschergruppe Neuwaldegg, Wien. Lehraufträge an der Wirtschaftsuniversität Wien und an der Universität Klagenfurt. Tätigkeitsschwerpunkte: Organisationsentwicklung, Management von Nonprofit-Organisationen, Projektmanagement, Führungskräftetrainings.

Univ.-Prof. Dr. Jürgen Pelikan
geb. 1940 in Breslau

Professor und Vorstand am Institut für Soziologie der GRUWI-Fakultät der Universität Wien; Leiter des Ludwig-Boltzmann-Instituts für Medizin- und Gesundheitssoziologie, WHO-Kooperationszentrum für Krankenhäuser und Gesundheitsförderung; Gruppendynamik-Trainer und Lehrberater in der ÖGGO.
Tätigkeitsschwerpunkte: Systemtheorie, Organisationsentwicklung, Qualitätsmanagement, Gesundheitssystemanalyse, Gesundheitsförderungsforschung.

Alexander Rall
geb. 1956 in Heidelberg

Referent für Aus- und Fortbildung bei Coopers & Lybrand Deutsche Revision in Frankfurt am Main. Tätigkeitsschwerpunkte: Implementierung komplexer Personalentwicklungssysteme, Organisationsentwicklung, systemische Beratung, multimediale Lernsysteme, Coaching.

Dipl.-Ing. ETH Klaus Schweingruber
geb. 1939 in Bern

Mitglied der Beratergruppe für Unternehmensentwicklung BGU.
Tätigkeitsschwerpunkte: Beratung und Steuerung von Entwicklungs- und Veränderungsprozessen in Organisationen (Strukturen, Systeme, Abläufe), Zukunftswerkstätten, Leitbilder und Strategien, Führung und Zusammenarbeit, Projektmanagement, Total Quality Management. Langjährige Erfahrung in Industrie, Dienstleistungsunternehmen und Verwaltungen.

Mag. Willi Sieber
geb. 1949 in Hard am Bodensee

Leiter der Geschäftsstelle Bregenz
des Österreichischen Ökologie-Instituts.
Tätigkeitsschwerpunkte: Gemeinde- und Regionalentwicklung, Umweltmanagement-Beratung.

6 LITERATUR

Ausgewählte vertiefende Literatur der Autoren und Mitautoren

Ahlemeyer, Heinrich W.; Königswieser, Roswita u. a. (Hrsg.). *Komplexität managen. Strategien, Konzepte und Beispiele zum Komplexitätsmanagement.* Gabler Verlag, Wiesbaden 1997.

Boos, Frank; Doujak, Alexander. „Komplexe Projekte“. In: Ahlemeyer; Königswieser u. a. (Hrsg.). *Komplexität managen.*

Capra, Fritjof; Exner, Alexander; Königswieser, Roswita. „Changes in Management – Management of Change: The Systemic Approach“. In: World Business Academy Perspectives. Vol. 3/1992, S. 7 ff.

Deissler, Klaus G.; Keller Thomas; Schug Roswitha. „Kooperative Gesprächsmoderation. ‚Selbstreflektive Systemische Diskurse‘ – ein Bouquet von Ideen und Methoden für (Organisations-)Beratung als sozialer Konstruktionsprozeß“. In: Deissler, Klaus G. *Sich selbst erfinden? Von systemischen Interventionen zu selbstreflektiven Gesprächen.* Waxmann, Münster 1997.

Exner, Alexander. „Unternehmensidentität“. In: Königswieser; Lutz (Hrsg.). *Das systemisch-evolutionäre Management*, S. 191–203.

Exner, Alexander. „Das Unsteuerbare steuern? Gedanken und Erfahrungen aus der Managementpraxis“. In: Schmitz; Gester; Heitger (Hrsg.). *Managerie 1– Systemisches Denken und Handeln im Management.* Carl-Auer-Verlag, Heidelberg 1992, S. 203–212.

Exner, Alexander; Boos, Frank; Heitger, Barbara. „Soziale Netzwerke sind anders“. In: Zeitschrift für Organisationsentwicklung 1/92, S. 54–61.

Exner, Alexander; Königswieser, Roswita; Titscher, Stefan. „Unternehmensberatung – systemisch. Theoretische Annahmen und Interventionen im Vergleich zu anderen Ansätzen“. In: DBW 3/87, S. 265–284.

Exner, Alexander; Panholzer, Peter. „Bestehen Strategien gegen Chaos? Erfahrungen aus der Praxis der Palfinger-Gruppe“. In: Beratergruppe Neuwaldegg (Hrsg.). *Strategie: Jazz oder Symphonie?* Reihe Management unterwegs, Band 3. Service-Fachverlag, Wien 1995.

Froschauer, Ulrike; Lueger Manfred. *Das qualitative Interview zur Analyse sozialer Systeme.* Wiener Universitätsverlag, Wien 1992.

Heitger, Barbara; Boos Frank (Hrsg.). *Organisation als Erfolgsfaktor.* Service-Fachverlag, Wien 1994.

Jarmai, Heinz. „Die Rolle externer Berater im Change Management“. In:

Reiß u. a. (Hrsg.). *Change Management.* Schäffer-Poeschel, Stuttgart 1997.

Königswieser, Roswita. „Die Auswirkung schockierender Nachrichten: psychische Bewältigungsmechanismen und Methoden der Überbringung". In: DBW, Heft 1/1985, S. 51–61.

Königswieser, Roswita. „Probleme mit einem gelebten Selbstbild". In: Gabler's Magazin 5/1989, S. 22–25.

Königswieser, Roswita. „Konfliktintervention – ein Modell". In: Hernsteiner Fachzeitschrift für Managemententwicklung 3/94, S. 16–20.

Königswieser, Roswita. „Gelassenheit". In: Königswieser; Lutz (Hrsg.). *Das systemisch-evolutionäre Management,* S. 250–260.

Königswieser, Roswita. „Wahrnehmungsfilter". In: gdi impuls 3/87, S. 37–44.

Königswieser, Roswita u. a. „Kommunikationsabbruch – nein danke. Ansätze für ein Dissensmanagement". In: Königswieser u. a. (Hrsg.). *Risiko-Dialog. Zukunft ohne Harmonieformel.* Deutscher Instituts-Verlag, Köln 1996, S. 277–301.

Königswieser, Roswita; Heintel, Peter. „Teams als Hyperexperten des Komplexitätsmanagements. Gruppen und deren Potentiale zur Bewältigung der Komplexität". In: Ahlemeyer; Königswieser (Hrsg.). *Komplexität managen.*

Königswieser, Roswita; Jarmai, Heinz. „Problemdiagnose". In: Königswieser; Lutz (Hrsg.). *Das systemisch-evolutionäre Management*, S. 18–21.

Königswieser, Roswita; Lutz, Christian. „Systemorientierte Zukunftsarbeit im Unternehmen". In: gdi impuls 1/87, S. 3–7.

Königswieser, Roswita; Lutz, Christian (Hrsg.). *Das systemisch-evolutionäre Management. Neue Horizonte für Unternehmer.* Orac-Verlag, Wien 1990.

Königswieser, Roswita; Lutz, Christian. „Planung – Korsett oder Experiment? Thesen und Beispiele aus systemischer Sicht". In: gdi impuls 3/93, S. 48–56.

7 STICHWÖRTER